SHIPIN HUNDASHI CHUANGXIN QIAOKELI CHANPIN KAIFA

食品混搭式创新：
巧克力产品开发

刘 静　邢建华　编著

化学工业出版社

·北京·

内 容 简 介

混搭是一种快捷的创新方式，本书对食品行业的混搭式创新进行解读，以乳品、饮料、酒类、冷饮、焙烤食品、糖果、水果、坚果、花儿九类食品与巧克力进行混搭为例，对混搭的流程、路径、方式进行详细解读，揭示其规律，同时给出了示例配方和工艺。本书给出了三种读法/路线，每一章都给出了内容思维导图，每章的举例都给出了引导思维的坐标图，帮助读者建立相应的知识结构和思维方式，从而形成自己的混搭设想。

本书将设计思维、实操方法、经典案例融为一体，兼具理论性和实用性，深入浅出，内容详尽，可供食品行业的生产厂商和技术人员开发新产品时参考，也可作为高等院校食品相关专业师生的教学参考书。

图书在版编目（CIP）数据

食品混搭式创新：巧克力产品开发/刘静，邢建华编
著. —北京：化学工业出版社，2022.9
ISBN 978-7-122-41793-0

Ⅰ.①食… Ⅱ.①刘… ②邢… Ⅲ.①巧克力糖-产品开发 Ⅳ.①TS246.5

中国版本图书馆 CIP 数据核字（2022）第 115211 号

责任编辑：傅聪智
责任校对：宋　玮
装帧设计：王晓宇

出版发行：化学工业出版社有限公司
　　　　　（北京市东城区青年湖南街 13 号　邮政编码 100011）
印　　装：大厂聚鑫印刷有限责任公司
710mm×1000mm　1/16　印张 17　字数 298 千字
2022 年 11 月北京第 1 版第 1 次印刷

购书咨询：010-64518888
售后服务：010-64518899
网　　址：http://www.cip.com.cn
凡购买本书，如有缺损质量问题，本社销售中心负责调换。

定　　价：68.00 元

在当今中国经济中，食品业是发展最快的产业之一，庞大的市场为食品企业带来广阔的利润增长空间，同时也面临着更多的挑战。巨大的需求群体吸引了更多的资本入驻，加剧了市场竞争形势。企业要想在市场上保持竞争优势，就需要重视创新投入，注重新产品的开发，以新产品占领市场、巩固市场，不断提高企业的市场竞争力。

我们深知创新的可贵，因为不创新，只能成为跟随者。

"创新理论之父"约瑟夫·熊彼特在1912年出版的《经济发展理论》一书中提出"旧元素，新组合"，他认为，从经济学和创业的角度来说，创新就是在旧元素、新组合的时空背景下，将新元素镶嵌到老的系统中，并结合新的时代背景经过精心的排列组合和化学反应，创造新事物。

据此，对于组合式创新，我们用一个直观而简单的词语来表述，那就是混搭；混搭是一种开放式的创新，是跨界组合，将系统内外的不同要素组合在一起，将不同性质、性能、质构的事物组合在一起，碰撞出火花，形成新的事物，给人新的感受。

基于此，我们编写了本书，对食品行业的混搭式创新进行解读，以巧克力＋九类食品进行混搭为例，对混搭的流程、路径、方式进行详细解读，以方便大家理解。

"巧克力＋"是巧克力产品开发的全新思维方式，引导思维走出局限，实现突破，获得更广阔的发展空间。我们以巧克力资源与各类食品为两轴，制成坐标，如图1所示，在两轴相交的点都有混搭的可能。

符号"＋"意为加号，代表组合、混搭，但这并不是简单的两者相加，而是深度融合，其中关键就是创新、求变、自我革命。

"＋"是开放，去掉过去的制约环节，把孤岛式创新连接起来。

"＋"是连接，连接创造价值，丰富的连接能够帮助我们看到更多的可能性，让我们从小圈子中跳出来，看到更广阔的世界。

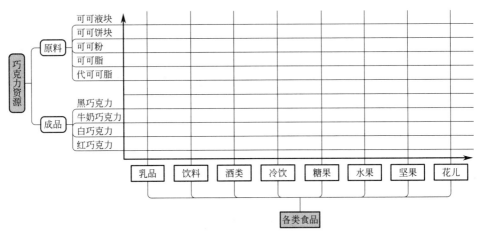

图 1　巧克力与其他食品混搭的可能性

本书有三种读法/路线，如图 2 所示，不同的路线能够看到不同的风景。

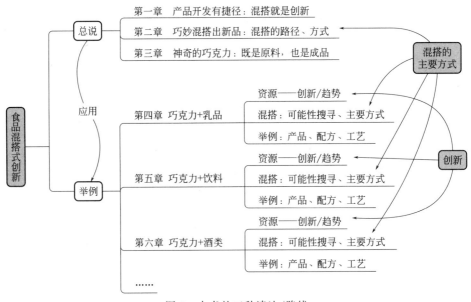

图 2　本书的三种读法/路线

一是顺读，依次序往下读，先总说，然后举例；总说是概括性的，给人以初步印象，各种举例通过一个个具体的例子，将各种混搭操作叙述出来，让人更容易理解。

二是按混搭的方式来看，也是总分的方式，先看总说（混搭的路径、方式），然后看各章混搭的主要方式，这样专门看这部分，对于巧克力与不同食品的混搭，跨界借鉴，会有触类旁通的感觉。

三是创新/趋势，举例中每章的资源部分，列出了这类产品的创新之道/发展趋势，不同的产品各有特色，挑出这部分，综合在一起阅读，他山之石，可以攻玉，有利于开拓思维，进行产品创新。其中有总结性的提法，例如：四化（品种多样化、天然健康化、加工精深化、包装颜值化）、三低（低糖、低脂、低胆固醇）、二高（高蛋白、高膳食纤维）、一无（无添加，更深层地说，是指无添加主义）。可以将这方面的内容纳入混搭的可能性搜寻范围。

这三种读法/路线，最终的指向是形成混搭的结构化思维、全局性的视野。为了方便理解，每一章都画了思维导图，每章的举例都以巧克力资源与该类食品资源为两轴，画出坐标，在两轴相交的点都有混搭的可能。读者可以去补充、细化，形成自己的混搭设想。

通过这种画图分析，将各个要素罗列出来，进行分析，与竞争对手的产品博弈，只是在其中的某些节点上，甚至只是某个节点，在其他的点上，可以扳回局面，对特殊的点进行拆分、拆换，也可以改写局面。

这种筹划、分析、计算，就是兵圣孙子所说的"庙算"了。《孙子兵法·计》中说："多算胜，少算不胜，而况于无算乎！吾以此观之，胜负见矣。"

在这种博弈结构之中，深入进去，形成体系，是出奇制胜的基本功。这种认识的深度，就是思维的高度，将带领我们进入一个全新的世界。这是一个有价值的维度，在这个维度中拉开差距，对手和你就不在一个跑道上了。将这种不平等最大化，就能够收到奇效。就如《孙子兵法·势》中所说："凡战者，以正合，以奇胜。故善出奇者，无穷如天地，不竭如江河。"

刘静

2022 年 6 月

目录

产品开发有捷径：
混搭就是创新

牛顿曾经说过："如果说，我比别人看得更远一些，那是因为我站在了巨人的肩膀上。"意思是，我的成功并不是从 0 开始，前人已经做出了巨大的贡献，替我打下了坚实的基础。

同理，这也是产品开发的捷径，创新并不是从 0 开始，而是在别人的工作基础上进行整合，善于利用已有的资源收到预期的效果，在最短的时间内拿出新产品。

我们以巧克力与各类食品的混搭为例，来解读这种产品开发方式。

巧克力是一种特别富有营养的食品，它有棕褐而光亮的色泽，坚实而容易脆裂的组织，优美的可可风味，细腻而润滑的精致品质。长期以来，巧克力一直深受人们的欢迎和喜爱，甚至于被奉为"上帝的食品""神之食物"（food of the Gods），是糖果之冠。

本章内容如图 1-1 所示。巧克力＋各类食品，进行混搭，巧妙结合，相互补充，相互滋润，看起来赏心悦目，尝起来恰到好处，就会演绎成为美妙而快乐的感官体验，给人们带来品尝的乐趣和丰富的想象。

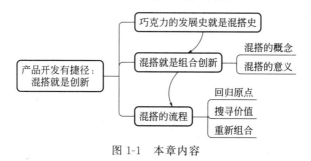

图 1-1　本章内容

第一节　巧克力的发展史就是混搭史

巧克力的历史可追溯至若干世纪前，墨西哥的阿兹特克人（Aztecs，墨西哥的印第安人）视可可豆为等同于货币与酬神的祭品，所以当时价值非常昂贵。他们用可可豆制作一种苦涩、辛辣味、充满泡沫的饮料，被称为"chocolatl"，大意是"苦味的可可水"。

据植物学家考证，可可树原生长在亚马孙河和奥里诺科河盆地的热带雨林中，是一种野生植物，最早的可可树已有四千多年的历史。

公元1500年，西班牙殖民者科尔特斯受到阿兹蒂克部落酋长的赏赐，品尝了最原始的巧克力饮料，并带回可可树种。当科尔特斯把这带有苦涩味道的巧克力献给西班牙皇帝时，西班牙朝廷当时的反应不大。后来，西班牙人让巧克力"甜"起来，他们将可可粉及香料拌和在甘蔗汁中，成了香甜饮料。

到了1876年，一位名叫彼得的瑞士人别出心裁，在上述饮料中再掺入一些牛奶，这才完成了现代巧克力创制的全过程。十七世纪到十八世纪，这种巧克力饮料是贵族们的奢侈品，被称为"液体黄金"。

最为关键的发明是荷兰人范·豪尔顿的可可压榨技术。十九世纪初，荷兰人将可可豆焙炒、去壳、精磨，并成功地从可可豆仁料中有效提取出可可脂和可可粉，又在可可液块和可可脂中加糖制成直接食用的固态甜巧克力。这一技术为巧克力生产工艺奠定了可操作性，巧克力的基料黏度和流动性可以有选择地得到控制，从而成为巧克力的配料程式、加工过程的技术条件、确定装备标准与规范的依据。

瑞士人在巧克力的配料基本组成中引入乳固体的成分，大大地改进了巧克力的品质，丰富了巧克力的类型，使巧克力产品在色泽、香味、细腻性、口溶性、稳定性等各个方面都有极大的改观。从此，巧克力步入工业化的时代。

从美洲原住民的苦味可可水到成为美味的巧克力，巧克力的发展史就是与其他食品的混搭史，就像是一场漫长的接力赛。正是有了很多人的尝试和努力，才有了我们舌尖上的美味。

第二节　混搭就是组合式创新

一、混搭的概念

混搭是流行于时尚界的专用术语，"混"是混合、掺杂，"搭"是搭配、连接，组合在一起，主要指将不同风格、材质等元素按照个人喜好拼凑在一起，达到一种独特的效果，从而体现出完全个人化的风格。客观地说，混搭是一门难度较大的艺术，讲究一种融合的美感，是矛盾中的和谐。

混搭以一种渐起的文化风格被理解，混合了不同空间、时间、文化、风格的元素，彰显出独特魅力。混搭从时装界发起，迅速扩展到建筑、装饰、设计等领域。随着时代的发展，混搭作为一种文化立场和意识形态表现，像文化符号一样漫延到各种产品设计和我们的日常生活之中。

"混搭"一词的范围不断扩大，被不断赋予新的含义，不同技术和学科之间的结合，也是"混搭"。其本质就是连接，即不同的概念、不同的功能、不同的东西之间的连接。

在这里，巧克力＋各类食品，就是指普通食品和巧克力进行混搭，创造出特殊的口感和滋味，丰富和扩大产品的花色品种，提升品质，实现增值。

二、混搭的意义

世界本来是一体的，为了认识世界，我们进行分门别类的区分，区分出不同的事物，但是这样的认识同时也把客观世界肢解了，由此引发出许多问题。我们当前的知识、领域、行业分得过细，乃至进入了发展的瓶颈，限制了人们的思维。要想打破这一状况，必须进行多学科、多领域的合作，因此，我们需要混搭；把这种观念引入产品设计之中，就为我们带来了全新的视野。

混搭，代表一种新锐的设计理念和审美方式的融合。

混搭是通过不同渠道来实现嫁接，它不仅是素材的叠加，更是一种全新的再造。混搭通过跨界思维，在继承所跨之界的各自优秀特性的基础上，创造出不同寻常的新价值。

混搭把传统产品与新的科技手法、新的组合方式相结合，把不同风格的事物综合起来，创造出全新的产品，达到全新的效果，为顾客带来了不同的体验，这就是创新。

混搭秉承双赢的理念，做到兼收并蓄，博采众长，做到多元交叉，打破常规，拓宽产品和市场，拓宽思维的深度和广度，迈上新台阶。

第三节　混搭的流程

巧克力与各类食品的混搭流程为：

回归原点→搜寻价值→重新组合

一、回归原点

巧克力不同于一般食品，甚至不同于一般糖果，在大众的印象中，它成为一种方便而高贵的食品。巧克力所给予人的感官反应，是其他食品不能提供的愉悦而难忘的感觉。就其营养价值而言，巧克力又是日常饮食中一种极好的营养补充食品。这就拉开了巧克力和普通食品的距离。

回归原点，就是巧克力和其他食品都是食品，把它们放到食品中去考虑，这是出发点。

巧克力和其他食品一样，都具有食品的四大属性：

① 感官性（也称为愉悦功能），即在品尝食品的过程中，使人得到色、香、味、形和触觉等的美好享受。

② 营养性（也称为营养功能），即满足人体生长发育和生理功能对营养素的需要。

③ 安全性，这是对食品在食用时不会使消费者受害的一种担保。

④ 功能性，这是指食品在具备色、香、味、形等基本功能的基础上，附加的特殊功能，从而成为功能性食品。

理念、思考与思路回到原点，这是思维的出发点。巧克力和其他食品都属于食品，这是原点，由此出发，进行搭配。

二、搜寻价值

民以食为天，我国地大物博，食物资源丰富，加工手段繁多，食品的面很广，可分为十六大类三百多个小类，包括饮料、水果、乳制品、蔬菜、粮食、焙烤食品、特殊营养食品等，这些是相关联的产品，是顾客的其他选择，存在着买方价值（即顾客看中的价值，打动他的价值），这是我们的搜寻范围。

在后面的各章中，我们以各类食品的资源与巧克力资源为两轴（两条线），组成坐标，并画图，两轴相交的点都有混搭的可能，就形成纵横思考的方向和思考区域，形成一幅思维导图。读者可以将各类食品资源中具体的品种罗列出来，从两轴相交的点上去搜寻各种混搭的可能性，沿着这两条线纵横思考，就会达到一定的深度和广度，更上一层楼。

在搜寻过程中，要界定好目标消费者，洞察目标消费心态，从消费者需求中寻找产品概念，并落实到混搭设计中。

从顾客的角度出发，将"听""看""想""记"与"交流"结合起来，研究顾客的需求和感知，分析顾客想从中获得什么，搞清楚什么原因决定顾客的选择，分析顾客为什么会在它们之间做出权衡取舍，观察不同市场在买方价值元素上的共同点，从多个市场的不同角度诠释同一类顾客的特征，抓住顾客关键选择要素，将会获得敏锐的市场洞察力。

为了确定需求，可以采取"分析研究"和"观察体验"两种形式。

① 分析研究，即通过逻辑分析，理性地探究顾客的需求。最终得到的需求是否准确有赖于逻辑分析的合理性。

② 观察体验，一直是很多擅长创新的企业所推崇的，例如通过"现场、现物、现实"的触摸，从内心层面了解顾客的需求。这些顾客需求信息不仅仅停留在纸面上的"顾客需求 1；顾客需求 2"，更重要的是顾客所需要的主观感觉和产品需要具备与之对应的概念。

三、重新组合

在不同领域发生交汇、融合时，我们往往能获得不落俗套的创新想法。

产品设计是相通的，我们将那些促使顾客权衡的关键元素提取出来，进行筛选，剔除或减少其他元素，重新组合，糅合到产品之中，使巧克力与其他食品巧妙结合、各取其长，形成独特的香气与滋味，塑造新的价值优势，向顾客提供全新的体验，将顾客对产品的潜在需求转化为现实需求，就能重建市场，开辟一个崭新的市场空间。

从大脑活动的角度讲，创新就是"发散、聚敛"，在脑海中做的伸缩动作，先做加法，后做减法。上一步"搜寻价值"，是发散的过程，它需要自由奔放，无视障碍存在，拼命延伸思想。而到了这一步"重新组合"，需要筛选、集中、整合，将思想收回到顾客需求和企业自身现状上来，得到简洁、精练、具有实际意义的最佳方案，并实施。

各类食品，合久必分，分久必合，这是相关联的价值元素之间的组合形式的调整，是前进的运动方式。不拘常规，敢于突破，不破不立，有破有立，大破大立，破立结合，破是手段，立是目的，进行创造性的破坏，打破传统的产业界线，在原有的基础上实现飞跃。

第二章

巧妙混搭出新品：
混搭的路径、方式

当下食品的品牌众多，同质化现象严重，无法对追求个性的消费者形成持久的新鲜感和吸引力。

巧克力＋各类食品，巧妙混搭，组合创新，让众人眼前一亮，创造出意想不到的效果，在注重形美、味美的同时，满足不同消费者对口味和营养的追求，自然受到广大顾客的青睐。

本章内容如图 2-1 所示，从混搭的路径、方式来讲述如何实现混搭。

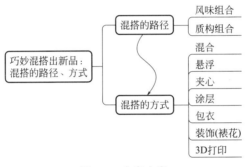

图 2-1　本章内容

第一节　混搭的路径

路径是指到达目的地的路线。

巧克力与各类食品进行混搭，有两条路径：风味组合、质构组合。只要抓住其中一条，产品就可以立足。严格来说，质构是风味的组成部分，为了更好地理解混搭的操作，我们在这里将它们分开来谈论。

巧克力与各类食品混搭，就是沿着这两条路径展开，常见的例子是各种糖果心体、焙烤制品、水果制品、膨化食品等可食心体，它们经过仔细选择与创意加工，与巧克力完美结合，可以形成一系列质构与风味独特的巧克力制品。

一些世界上负有盛誉的巧克力制品大多具备这种多层次的风味口感特色，充分显示巧克力与糖果或果仁、水果制品组合的综合效果。

一、风味组合

食品风味是不同食品之间相互区别的重要特点。风味组合是指巧克力与其他食品进行巧妙结合、各取其长，形成独特的香气与滋味，提升品质，实现增值。

（一）风味的概念

食品风味是一个综合而广义的概念，它包括挥发性气味物质，也包括非挥发性的口味物质，还包括刺激三叉神经产生辣、麻、涩等感觉的物质。

人类在进食时要经过眼、鼻、口三道关卡，只有通过这三道关卡检验后，认为合格的食物，才会吃下去。当食品入口并开始咀嚼，液体食品也要经过类似咀嚼的口腔活动，在这个活动中会产生味觉和口感。一般食品或多或少都含有挥发性成分，这些成分在口腔活动过程中甚至之前进入鼻腔而产生嗅觉。这三者都是各自独立的感觉，但在进食时三者常常浑然一体，形成知觉。

食品的滋味与香味之间有密切的联系，食品的香气除了用鼻腔可以直接闻到外，在咀嚼食品的过程中，香气进入鼻咽部与呼出的气体一起通过鼻小孔进入鼻腔。人们把鼻腔直接闻到的称为香气；食物进入口腔后，进入鼻腔感觉到的称为香味。食品的香气、滋味和入口获得的香味统称为食品风味（狭义上）。广义上的食品风味是视觉、味觉、嗅觉和触觉等多方面感觉的综合反映。

在英语中，把食品的香气、味道和口感综合起来用"flavor"一词来表示。在汉语中，没有相应的词汇来表达这些含义，只好用"风味"一词来代替，它是指以口腔为主的感觉器官对食品产生的综合感觉（嗅觉、味觉、视觉及触觉）。Flavor译为风味，有"情趣、情调"的意思，还可用作动词，意为"调味，增加风趣"，可见其中蕴含着令人愉快的情感体验。因为风味是一种感觉现象，所以食品风味带有强烈的个人爱好、地区的和民族的倾向。

（二）风味的分析

风味的分析主要有感官评价和仪器分析。

1. 感官评价

食品风味的可接受性和人们对它的喜好程度，只能通过感官品评来认定或判断，人对风味感官感觉的灵敏度超过现代的分析仪器。

（1）感官评价的概念

感官评价（sensory evaluation）是用于唤起、测量、分析和诠释通过视觉、嗅觉和听觉而感知到的食品及其组成物质的特征或者性质的一种科学方法。感官实验的一些信息有助于更好地认识感官的性质，而这种认识随之又会对测试规程和测量人群受到刺激后产生的响应产生重大的影响。

（2）感官评价的组成

对于风味化学而言，感官评价主要包括以下三个组成部分：

① 香气：由口中的食品的挥发性成分引起的通过鼻腔获得的嗅觉感受。

② 味道：由口中溶解的物质引起的通过咀嚼获得的感受。

③ 化学感觉因素：它们对于口腔和鼻腔等的刺激。

（3）感官评价的方法

现代感官评价技术主要应用三大类方法对风味进行比较和评价：差别检验、描述性分析以及偏好测试。

差别检验主要是用以确定两种产品之间是否存在感官差别。

偏好测试是以物品来获知人的特性，考察消费者对食品的喜好。

在描述性分析方法中，经过训练的评价员可以对食品的各个感官属性进行定性检测和定量描述。

定性方面，包括确定食品的外观、风味、滋味和质地等属性。

定量方面，评价员可以把感知到的刺激强度进行量化，并刻画出样品感官属性的详细信息，进而通过统计分析方法将其与理化数据相关联，探索二者之间的相关性。

2. 仪器分析

人员评价因个人喜好问题会带来误差，因而在食品工业中需要寻求一些能够鉴定其风味成分，鉴别食品气味及风味的客观、自动非破坏性的技术。

气相色谱-质谱联用（GC-MS）已成功分析了多种化合物。

电子鼻作为一种集分析、识别、检测功能于一体的仪器，因其准确、快捷、重复性好等优点，越来越得到人们的重视。

电子舌能够获取液体样本的味觉特征的总体信息，可以对液体样本的成分进行定量测量，是一种具有高灵敏度、可靠性、重复性特点的检测味觉品质的新技术。

（三）巧克力风味

近年来，我国的巧克力加工业迅猛发展，各种巧克力成为许多百姓的日常膳食组成。对于巧克力的可接受性，风味是其质量的最重要判定因素之一。

香气和滋味的呈现是巧克力制作过程中的关键，巧克力香气极其复杂，是超过 550 种化合物的混合物，并且随着分析方法的进步，分析出的化合物在不断增加。

从胶体结构角度分析，巧克力是以脂肪为分散介质，以糖、可可粉、乳粉等为分散相的复杂多相分散体系。巧克力的熔化特性主要取决于所选用基料油脂的类型和性质，不同化学组成和性质的基料油脂形成不同的巧克力特性。

浓郁的巧克力香味基本上取决于可可豆中香味物质的平衡比例，这是因为某些香味特征只来自可可固体物，部分则来自可可豆的脂肪。经过发酵、干燥和焙炒之后的可可豆，加工成可可液块、可可脂和可可粉后会产生浓郁而独特的香味，这种天然香气构成巧克力的主题。大部分巧克力风味组成都在加工过程中产生，这些加工生成的物质对巧克力的外观、质地和口感都十分重要，因此加工过程的调控是生产商应重视的环节。

可可中含有可可碱和咖啡喊，带来令人愉快的苦味，可可中的单宁质有淡淡的涩味，可可脂能产生肥而滑爽的味感。可可脂是让巧克力闻之味道芬芳、入口即化、口感滑顺舒畅的奥秘所在。乳制品的存在赋予巧克力以乳和可可的混合香味，加工过程中乳蛋白和糖形成的焦糖使巧克力产生焦香味。

可可的苦、涩、酸，可可脂的滑，砂糖的甜，乳粉的乳脂香味，借助磷脂、香兰素等辅料，再经过精湛的加工工艺，使这些互不相溶的组分很好地结合在一起，使巧克力不仅保持了可可特有的滋味，而且令它更加和谐、愉悦和可口。

（四）风味的搭配

各类食品与巧克力进行混搭，可以用多种变化来满足消费者的需要。例如，马来西亚盛产榴莲，巧克力制作厂商就把榴莲加入巧克力，可以同时品尝到榴莲和巧克力独特的味道。也有制造商采取冷冻后的水果果肉注入巧克力粒中，除了水果与巧克力的香味，也可以品尝到水果果肉的口感。

这种搭配的关键，既要保留各自的风味，还要不失去平衡，从而起到协同增效的作用，形成味觉的浓度和冲击力，给顾客留下深刻的记忆。

各类食品与巧克力混搭时，要注意在生产中的可行性以及保质期。例如，希望产品保持固体形态时，就不要将任何水基的食品与巧克力混搭，因为巧克力接触到水就会变软。水果遇上巧克力时，水果多汁，和巧克力进行混搭，首先要去掉水分。

二、质构组合

质构组合是以实现产品的创新为目的，围绕消费者的感受，调整产品组成结构的要素，以不同的质构作为道具，优化组合，使产品具有一个更加高效、合理的结构，创造出特殊的体验。

这种组合往往带来陌生的新鲜感，独特得令人惊叹，触动内心，这种感觉发生在消费者心灵的深层，在心里对产品重新定义。

（一）质构的定义

质构（texture）一词原指"编""织"的意思，后来人们用来表示物质的组织、结构和触感等。

由于不同类型的食品所具有的质构特性不同，如饼干和薯片的脆性，芹菜的脆性，糖的硬度，牛排的嫩度，巧克力曲奇的耐咀嚼性，因此早期对质构的定义很不明确。

美国食品科学技术学会（IFT）规定食品的质构是指眼睛和口中的黏膜及肌肉所感觉到的食品的性质，包括粗细、滑爽、颗粒感等。

国际标准化组织（ISO）规定的食品质构是指用"力学的、触觉的、可能的话还包括视觉的、听觉的方法能够感知的食品流变学特性的综合感觉"。

食品的质构特性是消费者判断食品质量和新鲜度的主要的标准之一。当一种食品进入人们口中的时候，通过软、硬、脆、湿度、干燥等感官感觉能够判断出食品的一些质量，如新鲜度、陈腐程度、细腻度以及成熟度等。

（二）质构的分析

食品质构的分析方法主要有感官评价和仪器测定。

感官评价，指具有一定判断能力和经验的评审员，用科学的方法对质构评价术语进行分类、定义，使之可以成为进行交流的客观信息。如描述果蔬质构特性可以采用脆性、硬度、绵软性、粉性等。

仪器测定，是指用仪器模拟各种感官指标，定量描述食品质构变化的过程，因此仪器测定更客观，标准化程度更高。

目前，用于测量质构特性的常用仪器为质构仪，也称物性仪。质构仪的测定原理是模拟人的触觉，围绕作用力、距离、时间三个因素进行测试，其主要反映的是与力学特性密切相关的食品质地特性。质构仪可配置多种传感器，检验食品的多种机械性能参数和感官评价参数。质构仪的测定方式有压缩检测（硬度、脆度）、插入（穿刺）检验、剪切和切断试验（果蔬的新鲜度，肉的嫩度等）等。

目前，声学检测技术也应用于食品质构的检测，主要用于脆度特性的测定，通常使用音讯检测装置与质构仪相连，同时测定脆性食品的力-位移曲线和声压。

（三）质构组合的目的

在很大程度上可以说，创新即重组。质构组合的目的，在于从质构特征出发，按照一定的规则进行组合，"把熟悉的东西变成不熟悉的东西"，在感官感受上求得创新。

这种组合带来的变化，有些属于量的变化，有的属于质的变化；有的属于结构性变化，有的属于功能性变化；有的是在原先的组合形式上增加新的要素，有的是先在产品的不同层次上分解原来的组合，然后再以新的意图组合起来。总之都必须改变事物各组成部分间的相互关系，追求特殊的感官感受。组合作为一种创造手段，可以更有效地发挥现有各种元素的潜力。

这类产品以不同的质构作为道具，围绕消费者的感受，创造出特殊体验。它追求不同的质构组合所带来的第一口咬、第一次咀嚼和咀嚼过程中所获得的感官感受。组合的质构不同，差异越大，感受越深；配置得当，才能发挥整合效应。一口咬下去，在咀嚼过程中，有穿越不同质构的别样感受，伴随不同的口感在味蕾上缓缓绽放，一种特别的滋味涌上心头，那是一种美妙的体验。

不同质构的差异组合，是支撑这类产品的内容；如果失去了这个立足点，就失去了特色。

（四）质构组合的方式

质构组合的方式为三态组合。固态、液态、气态是指三种不同的物体形态，是人们常说的"物质三态"。我们熟悉的是三态之间的转化，例如：熔化，固态→液态；汽化，液态→气态，等等。这样的转化前后都是单一的物体形态。

对于食品来说，固态的是硬脆的，或者有固定形状的，液态的是流动的，气态的容易逃之夭夭，这其中的质构差异很大。三态组合就是将两种或两种以上的物体形态组合在一起，共同存在，让这种差异感在食品中体现出来。

例如，酒心巧克力，最外层是巧克力壳，中间是糖做的硬壳，最里面有液体酒；巧克力和糖是固-固组合，和酒就是固-液组合，给人的感觉就不同了。

第二节　混搭的方式

巧克力＋各类食品，进行混搭的方式有多种，主要有以下六种方式：混合、悬浮、夹心、涂层、包衣、装饰（裱花）、3D打印。由此制成各类形形色色的产品，有的以糖衣方式，中心包有核果类、饼干类或酒等，也有的制成加工用的巧克力，如巧克力米粒、巧克力酱等，通常用于蛋糕的装饰、饼干夹心、冰淇淋外壳等。

一、混合

这是将巧克力与其他食品互相混杂在一起，并使混合物的成分、浓度达到一定程度的均匀性。分为两种：

（一）混合后浇注类

这类产品称为混合型巧克力制品，分为两种情况：

1. 粉体混合

以各种粉体食品，按一定比例与纯巧克力相混合，浇注成型，制成巧克力制品。例如花粉巧克力等。

2. 颗粒混合

以各种碎粒的果仁、果脯或膨化谷物等脆裂食物，按一定比例与纯巧克力相混合，用浇注成型的生产工艺，制成各种规格和形状的排、块、粒的产品。例如杏仁、榛子或花生等果仁巧克力、脆米巧克力和什锦糖屑巧克力等。

（二）混合后不浇注类

通常为粉体混合，例如，将可可粉混合于糕点混合粉、冰淇淋粉等，混合后没有浇注成型工序，即为成品，或者压片成型。

这类混合的目的，是使多组分物质含量均匀一致，保证产品外观色泽一致、有效组分含量均匀、准确；混合结果直接关系到产品的外观及内在质量，混合操作是保证产品质量的主要措施之一。尤其是添加功能性原料、营养强化剂，或者压成片剂时，更应注意。

这类混合的方式有以下特点：

1. 组分比例相差悬殊

一般采用"等量递增法"混合。其方法是：取量小的组分与等体积的量大组分同时置于混合器中混匀，再加入与混合物等量的量大组分稀释均匀，如此倍量增加至加完全部量大的组分为止，混匀，过筛。此法又称为逐级稀释法。

2. 组分密度不同或色泽不同

一般采用"打底套色法"混合。其方法是：将量小组分或密度小的组分或色深的组分先加入混合器中垫底，再加入等量量大的组分或色浅的组分或密度大的组分，混合均匀后，再加入与混合物等量的量大的组分混匀，直至全部混匀。

3. 含液体组分

在配方中，如含有少量液体成分，如香精、香料、挥发油、提取物（黏稠浸膏）等，在混合时，可用配方中其他组分的细粉或赋形剂吸收至不显潮湿为宜，或用少量乙醇溶解黏稠浸膏或稀释后与其他组分粉末混合均匀。

4. 其他

有些组分的粉体性质也会影响混合均匀性，如粒子的形态、粒度分布、含水量、黏附性等，应注意它们对混合均匀性的影响。

二、悬浮

这里的悬浮是指将巧克力添加到液态食品中的混合操作。

（一）巧克力的固-液混合

巧克力添加到饮料之类的液态食品中，属于固-液混合，需要将可可粉微粒化并悬浮，将可可脂微粒化、乳化，因此广义地理解，这种混合包括乳化、均质、悬浮。

1. 乳化

巧克力混合于饮料之中，巧克力中所含的可可脂与水不相溶，分成两层，密度小的可可脂在上层，密度大的水在下层。需要加入乳化剂经过强烈的搅拌或者均质，使可可脂分散在水中，形成乳状液，这个过程叫乳化。

乳化剂是一类表面活性剂，分子内具有亲水基和亲油基，当它分散在分散质的表面时，形成薄膜或双电层，可使分散相带有电荷，这样就能阻止分散相的小液滴互相凝结，使形成的乳浊液比较稳定。

2. 均质

均质是使悬浮液、乳化液体系中的可可粉、可可脂微粒化、均匀化的处理过程，这种处理同时降低可可粉和可可脂尺度、提高可可粉和可可脂分布均匀性。

绝大多数的液态食品（包括牛乳、饮料在内）的悬浮稳定性，都可以通过均质处理加以提高。这类液态食品的悬浮稳定性，与分散相的粒度大小及其分布均匀性密切相关，粒度越小、分布越均匀，其稳定性越大。

均质主要通过均质机来进行。均质机可分为旋转式和压力式两大类。胶体磨是典型的旋转式均质设备。此外，搅拌机、乳化磨也属于旋转型均质设备。最为典型的压力型均质设备是高压均质机，这是所有均质设备中应用最广的一种。此外，超声波乳化器也是一种压力型均质设备。

3. 悬浮

巧克力所含的可可粉微粒（颗粒）分散在饮料等液体中称为悬浮。

浸没在液体中的颗粒，当它的浮力等于它的重量时，它在液体中的状态称为悬浮。悬浮物体的特点是它所受到的浮力和它的重力相等，悬浮物体可以停留在液体中的任意高度。

在悬浮型饮料的加工过程中，如果发生沉淀、絮凝和相分离等现象，对饮料的外观和口感都会产生影响。

（二）悬浮的要点

悬浮的要点主要有三点：

1. 斯托克斯沉速公式

斯托克斯沉速公式是 1850 年美国物理学家斯托克斯（G. G. Stokes）从理论上推算的球体在层流状态沉速的公式，又称"球状实体在液体中下沉时所受阻力的方程"，公式如下：

$$V = 2r^2 (\rho_2 - \rho_1)/9\mu$$

式中　V——沉降速度；

　　　r——颗粒半径；

　　　ρ_2——颗粒密度；

　　　ρ_1——液体密度；

　　　μ——液体黏度。

从斯托克斯公式可以看出：液体中颗粒的沉降速度与颗粒半径成正比，与颗粒和液体的密度差成正比，与液体黏度成反比。

但是，还有许多研究者认为依据该公式来解释颗粒饮料的货架悬浮问题，还有很多不尽人意之处，认为：颗粒长期稳定悬浮的条件是凝胶，而不是液体的黏度。

2. 胶凝才能悬浮

悬浮颗粒饮料是一个复杂体系，"胶凝才能悬浮"理论是颗粒悬浮饮料技术和配方设计的基础。

对固体而言，胶凝现象一般可以简单描述为：亲水胶体的长链分子相互交联，从而形成能将液体缠绕固定在内的三维连续式网络，并由此获得坚固严密的结构，以抵制外界压力，从而最终能阻止体系的流动。也就是说，胶体通过分子链的交互作用形成三维网络，从而使水从流体转变成能脱模的"固体"。对于颗粒悬浮饮料而言，就是选择这种倾向，将此原理应用于饮料之中。关键是胶凝能力所形成的凝胶三维网络结构是否有足够的承托力，把颗粒"固定"在相应的网络内。

3. 胶体选择

从理论上讲，一切能产生凝胶的单体或复合胶都可用作悬浮剂，可以从 GB 2760 中的增稠剂以及其他动物胶、植物胶、微生物胶中筛选。

没有胶凝，就没有悬浮，只会产生黏度、不会形成凝胶的胶体不可能单独成为悬浮剂。所有的食品胶都有黏度特性，并具有增稠的功能，但只有其中一部分的食品胶具有胶凝的特性。许多食品胶单独存在时不能形成凝胶，但它们混合在一起复配使用时，却能形成凝胶，即食品胶之间能呈现出增稠和凝胶的协同效应，如卡拉胶和槐豆胶，黄原胶和槐豆胶，黄蓍胶和海藻酸钠等。这些增效效应的共同特点是：经过一定的时间后，混合胶液能形成为高强度的凝胶，或使得体系的黏度大于体系中各组分单独存在时的黏度的总和，即产生$1+1>2$的效应。

　　一般来说，含有较多亲水基团的多糖容易形成凝胶，支链较多的多糖对酸、碱、盐的敏感性较小，不易形成凝胶，但有可能与其他胶复配形成凝胶。阴离子多糖在有电解质存在下易形成凝胶，通常通过加入电解质和螯合剂来调节凝胶形成速度和强度。表2-1列出了一些食用胶的胶凝特性，表2-2列出了几种胶体的悬浮性状比较。

表 2-1　食品胶的胶凝特性

食品胶	溶解性	受电解质影响	受热影响	胶凝机制	胶凝特别条件	凝胶性质（对固体而言）	透明度
明胶	热溶	不影响	室温融化	热凝胶		柔软有弹性	透明
琼脂	热溶	不影响	能经受高压锅杀菌	热凝胶		坚固、脆	透明
κ-卡拉胶	热溶	不影响	室温不融化	热凝胶	热凝胶	脆	透明
κ-卡拉胶与槐豆胶	热溶	不影响		热凝胶	热凝胶	弹性	透明
ι-卡拉胶	热溶	不影响		热凝胶	钙离子	柔软有弹性	透明
海藻酸钠	冷溶	影响	非可逆性凝胶，不融化	化学凝胶	与 Ca^{2+} 反应成胶	脆	透明
高酯果胶	热溶	不影响		热凝胶	需要糖、酸	伸展的	透明
低酯果胶	冷溶	影响		化学凝胶	与 Ca^{2+} 反应成胶		透明
阿拉伯胶	冷溶	不影响		热凝胶		软、耐咀嚼	透明
黄原胶与槐豆胶	热溶	不影响		热凝胶	复合成胶	弹性、似橡胶	浑浊

表 2-2　几种胶体的悬浮性状比较

胶体	饮料口感	耐酸热分解性	使用量/%	悬浮温度/℃	增效剂
琼脂	口感清爽，风味释放能力强	弱	0.1～0.15	20～28	CMC 等
卡拉胶	有黏稠感，风味释放能力较弱	弱	0.04～0.06	20～35	K^+、Ca^{2+}、Mg^{2+}、聚甘露糖等

续表

胶体	饮料口感	耐酸热分解性	使用量/%	悬浮温度/℃	增效剂
黄原胶-魔芋胶	黏稠感强，风味释放能力弱	中	0.03～0.05	25～45	磷酸盐、柠檬酸盐
黄原胶-槐豆胶	黏稠感较强，风味释放能力较弱	中	0.03～0.05	25～45	磷酸盐、柠檬酸盐
海藻酸钠（高 G）	口感较清爽，风味释放能力中	弱	0.1～0.2	—	Ca^{2+}、缓冲剂等
海藻酸钠（高 M）	黏稠感较强，风味释放能力弱	弱	0.1～0.2	—	Ca^{2+}、缓冲剂等
低酯果胶	口感较清爽，风味释放能力中	较强	0.2～0.4	25～35	Ca^{2+}、Mg^{2+} 等
结冷胶（低酰）	口感清爽，风味释放能力强	较强	0.01～0.02	25～38	K^+、Na^+、Ca^{2+}、Mg^{2+} 等
结冷胶（高酰）	口感较清爽，风味释放能力中	较强	0.01～0.02	55～75	K^+、Na^+、Ca^{2+}、Mg^{2+} 等

注："—"表示暂无相关研究数据。

胶体的酸热降解是影响悬浮型颗粒饮料稳定性的关键因子，酸热条件能加剧胶体的分解失效，最明显的有琼脂、卡拉胶、甘露聚糖类，果胶与结冷胶的耐酸热性稍强。胶体的分解，会严重影响悬浮效果。在生产实践中，如果配料过程中胶体加热时间过长，加酸时间过早，或由于贮料桶容量过大，造成热料贮存时间过长，都会造成悬浮困难，或同一批量产品中初灌装产品与末灌装产品质量不一致的情况。

为了解决这个问题，在生产中可采取热溶胶，冷配料，超高温瞬时灭菌，限量贮料，限时灌装的工艺。用此工艺生产悬浮型颗粒饮料，可明显降低悬浮剂的使用量，并使同一批次产品质量保持一致。

在生产实际中，真正能作为悬浮剂在生产中应用的胶体，还必须具备以下几个条件：

第一，符合食品添加剂的安全性要求；

第二，具有很好的风味释放性能，口感优良；

第三，具有优越的耐酸热分解能力；

第四，抗析水性能强；

第五，具有较高的凝胶温度点，便于工艺操作；

第六，用量省，具有较好的经济性能。

饮料中最常用的悬浮稳定剂有：羧甲基纤维素钠（CMC）、藻酸丙二醇酯（PGA）、黄原胶、果胶、瓜尔豆胶、琼脂，以及近年来崭露头角的结冷胶。由于价格因素，在实际生产中，悬浮体系中应用广泛的应该是 CMC、黄原胶、瓜尔豆胶及琼脂，而 PGA、果胶以及结冷胶，虽然悬浮效果明显，但价格较高，因此较少单独使用，一般都与其他胶体复配使用。

采用单一的食用胶作为悬浮剂，不仅用量大、成本高，而且很难达到理想、持久的悬浮效果。一般采用复配胶比用单一胶的效果好，能够充分发挥不同胶体的协同增效作用。

（三）悬浮稳定性测定

悬浮稳定性可采用多种方式进行测定。

1. 样品稳定性快速测定

巧克力添加到液体食品中，形成悬浮体系，其稳定性可进行快速测定。

稳定性分析仪（turbiscan lab）是一种新型的稳定性测试仪器，该仪器应用多重光散射的原理，通过激光光源对样品从下至上扫描，检测器收集透射光和背散射光的数据，每隔一定时间进行扫描，经过多次扫描，就能得到一张图谱。由于透射光和背散射光强度是直接由分散相的质量浓度和平均直径决定的，因此由图谱就可以确定样品的质量浓度或者颗粒粒径的变化，并以此来表征产品稳定性或不稳定性特征。

采用稳定分析仪对巧克力悬浮体系进行快速稳定性分析：准确无误（垂直）地加入样品于样品池中，高度为 42mm，保证样品池中无气泡，将其放置于稳定性分析仪样品池中，采用程序扫描模式进行测定。

扫描参数设置：温度，$50℃\pm0.5℃$；扫描模式，间隔 1min，扫描 2h。

2. 样品沉淀率的测定

取一定质量的巧克力悬浮体系中的液体于 10mL 离心管中，放置于冷冻离心机中，设置温度为 25℃，转速为 4200r/min，离心时间为 15min。弃去上清液的离心管置于干燥箱中烘干水分。用下面的公式来计算沉淀率：

$$W_C = 100\% \times (W_2 - W_o)/W_1$$

式中　W_C——沉淀率；

　　　W_o——离心管的质量；

　　　W_1——离心管和悬浮体系液体离心之前的总质量；

　　　W_2——离心管和沉淀的质量。

3. 样品悬浮稳定性的测定

取一定质量的巧克力悬浮体系中的液体于 10mL 离心管中，放置于冷冻离心机中，设置温度为25℃，转速为4200r/min，离心时间为15min。取上清液于660nm处测量其吸光度值，每个样品重复三次，取平均值。

三、夹心

巧克力＋各类食品，以夹心方式混搭，结果分为两类：夹心巧克力、巧克力夹心。

夹心巧克力，是以巧克力为皮料，以其他食品为心料，构成的夹心食品。

巧克力夹心，是以其他食品为皮料，以巧克力为心料，构成的夹心食品。

（一）夹心巧克力

一般多为浇注成型的夹心巧克力。不同的心料，如奶油、果仁浆、清凉方登或水果酱，浇注在巧克力中间，形成巧克力基料包裹流体或半流体状心料的制品就是夹心巧克力。夹心巧克力的心体一般可分成四大类：坚果颗粒、坚果碎粒、黏稠状的糖膏或酱料、液状的酒。

国际上对夹心巧克力的名称作了规定：凡外层纯巧克力用量超过60%的，称为巧克力，例如，牛奶杏仁浆巧克力、苹果果酱巧克力等；凡外层纯巧克力用量低于60%的，称为巧克力糖果，例如巧克力酒心糖、巧克力牛轧糖等。

夹心巧克力的生产分为两种形式：手工生产、机器生产。

1. 手工生产夹心巧克力

手工生产夹心巧克力是最基础的方式，其流程如图2-2所示。

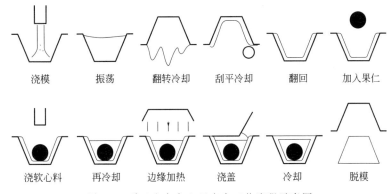

| 浇模 | 振荡 | 翻转冷却 | 刮平冷却 | 翻回 | 加入果仁 |

| 浇软心料 | 再冷却 | 边缘加热 | 浇盖 | 冷却 | 脱模 |

图2-2 手工生产夹心巧克力工艺流程示意图

首先，将巧克力块加热至全部熔化后，降温至30℃倒入裱花袋，进行浇模。将裱花袋里的巧克力挤满模具，振荡、摇匀模具里的巧克力。

翻转、倒置模具，使多余的巧克力沿模壁流下；巧克力的凝固点在25℃左右，倒入模具中的巧克力达到凝固点的时间很短，因此倒置要快；静置片刻，待模具中的巧克力凝固，刮去多余的留在模具壁上的巧克力，多余的可重复加热利用。

将模具翻回，加入果仁、软心料，再进行冷却，进行边缘加热，再将裱花袋里的巧克力挤满模具（浇盖），冷却到 25℃ 左右，夹心巧克力成型。

倒置模具，并轻轻磕几下，取出成品，包装即可。

2. 机器生产夹心巧克力

采用夹心巧克力浇模成型机，以巧克力原料为外壳、中间分别注填固态颗粒或碎粒（如杏仁、榛仁、花生仁等）黏稠态的糖膏、酱料、液态的酒类等，产品的外形呈颗粒或条块状。

传统夹心巧克力的一种成型方法是倒模浇注成型，它是将巧克力浆料浇注到模板中，稍加冷却后模板翻转 180°，将其中未固化的巧克力浆料倾倒掉再恢复原状，而沾附在模上的巧克力浆料经冷却制成壳模，再经过第 2 个浇注机头注入夹心料，最后经过第 3 个浇注机头覆盖上巧克力浆，把心料封在中间制成产品。

倒模制壳成型生产夹心巧克力的工艺比较复杂，生产工序繁复，流水线长。

一次性浇注成型的生产线就变短了。在连续浇模成型生产线上，把浇注机的机头贮料缸分成两个部分，分别贮放巧克力浆料和心料，依靠两侧活塞分别进料的浇注时间差，对产品的心料和壳料同时进行浇注，成为一次浇注成型的夹心巧克力。

（二）巧克力夹心

巧克力夹心是以巧克力为心料，以其他食品为皮料，构成夹心食品，通常以皮料进行命名。例如，巧克力夹心糖等。

夹心糖是以糖果做外衣，内包各种馅心，口味随着馅心不同而变化。内馅有软夹心和酥夹心两种：软夹心的内馅，多采用各种果酱或棉花糖，也有用高档酒作为夹心的；酥夹心的内馅，采用各种果仁调制成酱，经隔水加热至 43℃ 左右，然后装入糖果外皮内制成。这类糖果的品种很多，有果酱夹心、果味夹心、酒味夹心、乳酪夹心、龙虾酥心、果仁酥心等。其中，以巧克力作心就称为巧克力夹心糖。其夹心方式通常为硬糖夹心、挤出夹心等。

硬糖夹心，皮料为硬质糖果，主要特点是连续灌浆成型。其操作原理是：由灌浆机通过泵的作用，将巧克力浆料压入保温辊床的中心送料管，此时保温辊床上的糖膏将中心料管均匀地包在中心，通过拉条机的作用，将糖条均匀拉出，同时浆料通过中心料管的压力，均匀地冲进糖条中，进入成型机，冲压成含浆料均匀的糖块，经冷却筛冷却后，即可包装。灌浆机的流量，可根据浆料的浓度进行调整。

挤出夹心，皮料为充气糖果、太妃糖等，通过挤出机挤出成型。挤出机的挤出口设置成嵌套结构，外侧设置环形的皮料挤出口，皮料挤出口的内侧设置圆形的心料挤出口，皮料挤出口和心料挤出口分别同步挤出皮料和心料，形成夹心糖条，再经过扣压成型，成为夹心糖果。夹心挤出机需要设置两个料腔，分别填装皮料和心料。

四、涂层

巧克力＋各类食品，以涂层的方式进行混搭，就是为食品穿上一件巧克力外衣。

（一）涂层的概念

涂层，也称为涂淋，俗称吊排、挂皮，它是在预先制成一定形态的焙烤产品或者糖果心体外面，吊挂涂布一层均匀的巧克力外衣，形成心料夹在巧克力中间的产品，外观及花色品种随心体形态和种类而变化。

涂层巧克力制品的品种繁多，一般按心体而分，除了糖果、糖排心体外，还有烘焙食品类的饼干、萨其马、蛋糕派等。通过涂淋巧克力的方式，这些小食品的花式、风味、口感等都会发生变化，形成一系列质构与香味非常独特的巧克力涂层制品。

（二）涂层设备

以前的涂层设备是涂衣机与冷却隧道连接，调温后的巧克力浆料倾入涂衣机料缸中进行涂衣。

现在是涂衣机与连续调温机及冷却隧道相连接，巧克力浆料贮存在保温缸中，由输送泵输入连续调温机，进入涂衣机，送到机头分布槽，涂布到心体表面，多余浆料落下至涂衣机盛料斗中，由回料泵送回保温缸进行循环；涂上巧克力浆料的心体，进入冷却隧道进行冷却。

（三）涂层料与心体

1. 涂层料

巧克力涂层料主要由砂糖和可可成分组成。可可脂含量约为 $35\%\sim40\%$，砂糖及非脂可可成分为 $60\%\sim65\%$，经过混合均质精制而成。砂糖和可可成分决定巧克力涂层的风味和色泽，而可可脂成分决定涂层熔化和凝固的温度。

巧克力涂层料的组成必须充分考虑产品特性和成型的工艺要求，并根据心体的风味与品质特点选择，既可采用深色巧克力浆料，也可采用牛奶巧克力浆料，但都要求具有良好的流散性和涂布性能。通常甜度高的心体外涂深色巧克力浆料，防止巧克力制品太甜。

巧克力涂层料可定义为：干固物悬浮于脂肪内的物态体系。在此体系内，所有的干固物作为分散相，而所有的脂肪作为连续相。为了使涂层料从液相到固相的变化前具有必要的流动性和涂布性，作为连续相的脂肪必须达到足够的份额，一般不低于 35％。除了脂肪的多少能够明显地影响涂层料的黏度与流变性外，脂肪的种类与特性也有一定的影响。

2. 心体

巧克力制品之所以各具特色，除外层的巧克力的性质、色泽、口味不同外，主要取决于心体的特点。只有外衣和心体和谐结合，才能显示巧克力制品的特征。巧克力制品的心体本身应具有独特的色、香、味和良好的组织结构、美观的外形，同时还要能和巧克力外衣和谐结合。人们品尝巧克力制品时，一般说，先接触和咀嚼到的是外衣，然后是心体。

在一定条件下，巧克力外衣对心体有类似保护层的作用。心体的选择和确定制造工艺条件时，应该考虑对巧克力制品质量是否会造成影响，如形体的变化、渗透引起的穿孔、收缩膨胀引起的表面破裂、表面的变暗和发花、油脂的渗析和酸败变质、虫蛀和微生物霉变等。

同样，心体的组成也应考虑产品的特性、与巧克力结合的效果。心体质构必须适应巧克力涂层物料的特性，否则将直接影响口感。心材不当会对产品的保质期产生很大影响，经常会出现软化变形、干缩硬化、膨胀破裂、熔化穿孔、油脂渗析等质量问题，引起表面发花。严重的还会发生氧化酸败、发酵霉变，使产品丧失食用价值。

（四）涂层工艺

1. 涂层料的熔融和调温

现代的涂衣机大部分都有自动连续调温系统，并有灵敏的调温装置，可以保持恒定的温度范围，提供最适宜的调温巧克力浆料。

由天然可可脂组成的巧克力涂层料，必须经过调温获得稳定的晶型。浆料温度先控制在 45℃以下，随后按调温工艺要求将浆料温度降至 28℃，然后再回升至 30℃，经调温后浆料的涂层工艺温度控制在 28～31℃。牛奶巧克力风味型略低，深色巧克力风味型可稍高。

2. 心体温度调理

用作涂层的心体，除了达到应具备的质量标准外，还需达到涂布的工艺温度要求，否则将导致产品组织和外观质量的降低。涂衣前心体应预先进行调理，使其温度接近浆料温度，通常为24～27℃。

心体温度一般控制在低于涂层工艺温度5℃左右，才有利于涂层，避免涂层与心体温差过大，而带来后期的品质变化。如果温度太低，涂上去的巧克力浆冷却太快，色泽灰暗；温度太高，就会解除可可脂稳定的晶型，冷却后巧克力壳层软而灰暗无光。

3. 涂层

涂层巧克力最早是手工操作的，生产效率低，但品种花色多变，生产灵活。现在涂层巧克力基本上采用连续涂衣生产工艺。巧克力浆料经连续调温后进入连续涂衣机料缸中，由循环泵输入涂衣机头进行涂布。多余的巧克力浆料重新落入料缸，不断地进行循环。

浆料应具有良好的流变性能和适宜的黏度，经过吹风后巧克力涂层表面会出现波浪式纹路；如果浆料太稀，吹风后心体就会外露。浆料黏度过高，不利于涂层，涂层性能差，涂层太厚，难以控制涂布分量，不仅会降低冷却效率，还会增加成本，影响包装；黏度过低，容易造成涂布量不足，心体外露，不仅影响质量，而且产品重量低于标准，也会影响包装。

巧克力涂层厚度除了与浆料油脂含量有关外，也受到其他因素的影响，与涂层浆料温度、流变性质、调温程度、心体形状、吹风器风速、传送带速度都有密切关系。

为了使巧克力浆料易于涂层，并具有一定的厚度，必须综合考虑温度、脂含量以及表面活性剂含量，当然可可脂的组成与结构也是至关重要。

巧克力涂层浆料中，增加脂含量，可以显著降低黏度和屈服应力值，涂层巧克力浆料的总脂肪含量一般在35%～40%之间。添加乳化剂可降低巧克力涂层浆料的表观黏度，改善其流动性质，卵磷脂添加量为0.2%～0.5%，它可以减少可可脂的用量，以降低成本。

可可脂的熔点（开始融化的温度）为32～34℃，凝固点（开始凝结的温度）为27～28℃。因此，巧克力涂层料开始溶解温度也在32～34℃，开始凝固温度也在27～28℃。涂层成型最适宜的巧克力浆料温度应在27～28℃至32～34℃之间，实际上27～28℃浆料已经开始凝结增稠，34℃以上是不适宜于可可脂成分的涂层温度，最适宜的涂层温度在29～32℃范围之内。

考虑到温度对巧克力流动性质有显著影响，随着温度的升高，表观黏度降低，涂层温度一般控制在30～35℃。

非调温型的代可可脂巧克力涂衣料，涂层时不进行调温，温度根据涂料的流散性而定，可控制在 45℃ 以下，一般涂层工艺温度控制在 40～45℃。

4. 冷却

心体在覆盖涂层之后，需要将涂层存在的全部热量及时而彻底地移除，进行凝固定型，这需要通过有效的冷却过程来实现，分段冷却隧道就是为了这一工艺要求设计和制造的。

涂料的类型与性能不同，冷却固化工艺要求也不同。不需调温的涂层制品可采用急速的冷却固化条件，较快地移除所携的热量，以不因急冷而影响涂层开裂为度。一般而言，需要调温的涂层制品应采用较温和的冷却固化条件，才有利于多晶型特性脂肪稳定晶型的形成。

进入冷却区前大部分巧克力浆料仍处于液体状态，要使其从液态转变为固态，冷却温度区，应分为三个区域，每个区域设定温度和风速不同。

第一区域：冷却温度在 16～18℃，巧克力温度会下降至 20℃ 左右，即会形成稳定的结晶，冷却温度不能太低，不然就会形成不稳定的结晶。

第二区域：巧克力开始固化，冷却温度在 10～13℃。

第三区域：冷却温度稍高，要求在 18℃ 左右，可以避免产品从隧道输出后接触空气时因温差过大出现露水。

冷却时间也很重要，特别是第一区域，缓慢的冷却过程会助长稳定结晶生成。冷却时间主要依据产品形状大小和单位产量而定，一般以 15～20min 为宜。

5. 包装

涂层制品的包装贮存条件必须控制。室温应控制 18～22℃，相对湿度控制在 50%～65%。贮藏一定时期再进入市场更有利于产品的货架寿命。当然，密封性的包装方式对涂层制品的品质变化更具有重要意义。

五、包衣

巧克力＋各类食品，以包衣的方式混搭，就是在食品外面包上一件漂亮的巧克力外衣。

（一）包衣的概念

包衣，也称为滚涂，主要是指心体在旋转锅中翻转时包上巧克力或糖衣的成型制作过程。

包上巧克力的产品，称为包衣巧克力，也称为滚涂巧克力，是一类以不同物性的糖果、果仁或巧克力等食品为心体，经过具有色、香、味的糖衣、巧克力浆料滚涂，干燥或老化后再经抛光处理制作而成的巧克力制品。

（二）包衣的特点

包衣巧克力具有其他巧克力及巧克力制品所缺少的外部特征，它有糖衣或巧克力两种不同性质的外衣。产品外表光滑、不透明、组织细密、坚实、具有良好的光泽。包衣所形成的一层保护性外壳，阻隔了产品与空气的接触，产品不易发痒，只是在贮藏过程中表面逐渐转向晦暗或失去光泽，很少有其他品质问题，延长了包衣巧克力的货架寿命。包衣巧克力的外壳含水量一般不超过3％，但心体的含水量则随着性质的不同而不同。

包衣巧克力的形状通常随心体形状而变，如圆形、橄榄形、杏仁形、钮扣形、馒头形和碎石子形等，外表可以具有不同的鲜艳色彩或呈现巧克力本色。包衣巧克力因心体的不同而具有不同的口感、风味。

（三）包衣的构成

包衣巧克力是在一定的温度和自重压力下制作完成的。除了糖衣的糖浆以外，包衣的过程无须熬煮工艺，属于冷操作工艺。所有包衣巧克力的制作过程可分为两个步骤，即心体的制造与壳层的制造（即包衣）。

我们把包衣巧克力从中间剖开，其构成如图 2-3 所示，其中，普通产品为A 图，而以巧克力豆坯子作心，就没有巧克力层，其构成就为 B 图。

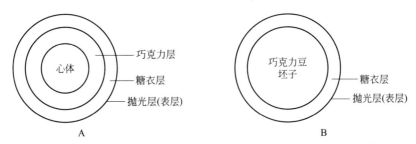

图 2-3　包衣巧克力的构成

（四）包衣的制作

将图 2-3 中的每一层与配方、工艺结合，就如表 2-3 所示，由此可以看出每一层是如何形成的，产品的配方与工艺也是由此对应实现的。

表 2-3　产品构成与配方、工艺组成

序号	产品构成	配方组成	工艺组成
1	心体	果仁、葡萄干等其他食品	制心体（其他食品的生产）
2	巧克力层	巧克力浆料	（1）制巧克力浆； （2）涂巧克力外衣→成圆→冷却

序号	产品构成	配方组成	工艺组成
3	糖衣层	糖浆、糖粉、色素	涂糖衣→涂色素
4	抛光层	川蜡、树胶	抛光
5	成品		包装

1. 涂巧克力外衣

分为两步：

（1）涂衣

按抛光锅生产能力的 1/2～1/3 量，将制好的心体倒入锅内，进行巧克力浆涂层。开动抛光锅，同时开启冷风，要求冷风温度控制在 10℃ 以下。随着锅子转动，心体与锅壁的擦动与心体的重力使心体始终在旋转锅下部均匀地滚动。然后用勺子加入备用的巧克力浆料，巧克力浆料便会很快地黏附于心体的表面。每次巧克力浆料的加入量不宜太大，一般在 1～1.5kg 左右，待第一次加入的巧克力浆料冷却结晶后，再加入下一次浆料。如此反复循环 3～4 次，心体外表面的巧克力浆料一层层加厚，逐渐变大，就可达到所要求的厚度。涂衣过程中为了防止黏着，可用木制圆头的搅拌器顺时搅拌。

通常厚度为 2mm，最多至 2.5mm。不同的心体涂层量有所不同，例如：花生仁与巧克力浆料的重量比约为 1：（1～3），葡萄干与巧克力浆料的重量比约为 1：1，麦丽素心体与巧克力浆料的重量比约为（2.5～3）：1。

（2）成圆、静置

成圆操作，是在抛光锅内进行的。将上好衣的半成品移至干净的糖衣机中进行成圆处理，顾名思义就是借助抛光锅的旋转作用，使得已上完浆料的半成品在锅壁的摩擦力作用下，对半成品表面的凹凸不平之处进行修正，直至圆整为止。

然后取出，静置数小时，长则可为 1 天，使巧克力内部结构稳定为止。也就是使巧克力中的脂肪结晶更稳定，这样既可以提高巧克力的硬度，也可以增加抛光时的光亮度。

2. 涂糖衣

分为两步：

（1）涂素糖衣

涂裹糖衣用的糖浆，需要预先经过熬煮，然后置于容器内，冷却至约 50℃，备用。

糖浆的配制：白砂糖 97%～98%、葡萄糖 2%～3%，按两者的总量加入

35%的水，加热溶解至沸腾，搅拌，熬煮至106～108℃，浓度为72%时，离开热源，经冷却后备用。糖浆要现用现配，切勿使其返砂。

糖粉：采用优级白砂糖，经粉碎机粉碎，细度达100目以上，封存备用。

涂糖衣在旋转着的糖衣锅内进行。当前工序涂巧克力的半成品倒入抛光锅内时，开动糖衣锅及冷风，锅内的冷风温度控制在15℃以下，相对湿度在60%以下（最好控制相对湿度在30%以下）。在滚动着的半成品上面，先少量多次地加入糖浆，待确认半成品表面全部涂裹上一层糖浆后，再取糖浆300～500g泼入锅内，待还未完全干燥时，加入少量糖粉。这样往复循环，一次一次地加入，一点一点地加厚，直到所需厚度为止。

（2）涂有色糖衣

有色糖浆配制，是在上述糖浆的基础上，按需调入所需色素而成的。涂有色糖衣的工艺与素糖衣相同，即在已涂裹好了的坯子上面，少量多次地浇入颜色糖浆，同时开启热风，以加快颜色糖浆中水分的蒸发和表面的干燥。当色泽达到要求时，经缓慢干燥，冷却，最后进行抛光。

3. 抛光

包衣完成后，表面光泽需要通过抛光工艺来实现。

（1）抛光设备

① 普通上光锅。锅内壁可装配条状挡条，以确保产品混合均匀及上光时产品不会打滑。也有在上光锅内壁涂布阻挡线条，或直接采用八角形上光锅。

② 自动上光机。上光机旋转筒的穿孔内壁能促使干燥、去除粉尘，有利于上光，缩短上光时间。使用自动包衣上光机，可在包衣完成后连续均匀地加入上光剂，能节省时间、节省劳动力，效果尤佳。

（2）抛光方式

有两种方式可供选择：

① 采用虫胶和阿拉伯树胶　首先配胶液：虫胶与无水酒精按1∶8配制；阿拉伯树胶按30%配制，水为溶剂。如果没有树胶可免去，只用虫胶上光也可以。

然后将半成品倒入抛光锅中，在冷风的配合下，分数次将虫胶酒精溶液加入，一直到能摩擦出满意的光亮度，再加入树胶溶液，再滚动，直到工艺要求的光亮度时，便可取出包装成品。

② 采用川蜡　挑选质地坚硬、手感粗糙、无油质感、表面纹流明显、蜡质结晶粗大的川蜡，经特制粉碎机粉碎后过100目筛成粉状川蜡，备用。

然后将半成品倒入抛光锅中，分数次筛入少量的粉末状川蜡于旋转着的抛光锅内进行抛光，直至产品表面的光亮程度达到要求为止。然后取出，进行包装。

六、装饰（裱花）

随着时代的进步，生活水平不断提高，人们在饮食方面不仅要求要吃得饱、吃得好，还要吃得"美"，即追求食品带来一种视觉上的享受，只有不断推陈出新才能获得长足发展。在此背景下新兴元素（如糖艺、雕塑、裱花等）应运而生，并已为大众顾客所接纳和推崇。采用裱花的方式，实现普通食品与巧克力的混搭，是其中的重点之一。

进行裱花的食品是绘画、造型艺术相结合的产物，集食用性与观赏性于一体，增加产品吸引眼球的能力，使消费者在食用过程中享受艺术品般的美感。

（一）裱花的定义

裱花是在食品上裱注不同花纹和图案的过程。

这个裱花过程是在食品的成品、半成品上，用裱花料点花，或者用机械的浇注、拉花机、裱花机进行作业，绘制或粘贴规定的图案，再经风干或者烘干，成为成品。

裱花图案的构成千姿百态，自然界中的各种景物都可以作为图案构成的素材。例如，卡通类的米老鼠、唐老鸭、蓝精灵、圣诞老人，小动物类的熊猫、兔子、鱼，水果类的草莓、橘子、梨子、香蕉等。在这千变万化的图案构成中，必须遵循一定的规律，所谓万变不离其"宗"，这个"宗"就是最基本的图样和造型。

（二）裱花料

裱花装饰前，必须懂得各种裱花料的性能，掌握多种形式的装饰技巧，以利于装饰美化产品。

裱花料的选择：一是同质，和所裱花的食品同质，只是添加色素进行调色处理，例如硬糖、凝胶糖果的裱花通常用同质的材料，黑巧克力的裱花用白巧克力；二是异质，如蛋糕上用奶油进行裱花，两者就属于异质。

选择时关注两点，一是裱花料的流动性，以利于裱花操作；二是附着力，裱花料能够附着在所裱花的食品上，成为一个整体。

常见的是用巧克力在不同的食品表面裱花。纯的巧克力在常温下为固态，在温度高于 26℃时，巧克力开始融化；在 36℃以上时，巧克力通常以熔融状态存在。巧克力的这种特性使得人们可以轻易地将其融化，涂抹在蛋糕、饼干等食品的表面。在食品的表面涂抹巧克力，不仅使食品更加美观，同时也可以使得食品具有巧克力的味道，更加的美味。

（三）裱花的方式与设备

1. 裱花的方式

裱花大多采用手工制作，有的则采用模具制出基础造型后，再经人工进行裱花"点化"，批量制作一般需要机械与人工共同配合来完成。近年来，由于数控裱花机的问世，裱花的制作逐步向机械化和自动化方向发展。

（1）手工裱花

手工裱花，先把糖果、巧克力、饼干半成品按传统工艺生产好，再把调好的裱花料（糖果饼干用的硬点花料为砂糖粉、明胶、水，软点花料为砂糖粉、黄原胶、阿拉伯胶、水、香料、色素；巧克力用不同颜色调整）通过挤花袋人工挤出（一个成品分为几次点花，每次必须间隔一段时间），再风干或者烘干即可。

（2）机器裱花

数控裱花机是由数控浇注机与智能冷柜、自动循环辅机、全套模具组成。在操作过程中，喷嘴管的活动可被无限调节。通过小型调温机对喷嘴进行供料，完成黑巧克力、白巧克力或牛奶巧克力等不同产品组合。在糖果、饼干、巧克力、蛋糕的表面，裱花机用各种颜色的巧克力或糖霜绘制各种各样的图案和文字，可制作出非常漂亮的产品。

相对于手工的方法完成点花，使用机器全自动完成点花，效率高，成本低，产量大，保证产品的一致性能；广泛应用于糖果蛋糕等，降低劳动者的强度，适用于面包裱花和毛毛虫面包以及花色面包裱画等的需求。这种自动裱花技术将带来新的产品开发思路与产品价值。

2. 裱花设备的进化

浇注裱花设备是糖果巧克力生产中普遍使用的成型设备。

第一代机械浇注设备对推动我国浇注糖果的蓬勃发展起到了重要作用，在功能上的局限性已经越来越不能够满足糖果行业多样性、高端化发展的要求，虽然一些设备生产厂家也在尝试不断地改进，但是要有大的突破已不太可能。

第二代数控浇注设备的突出特点，就是浇注嘴会"跳舞"。通过高端数控方式，将浇注嘴由一个点提升到一个可以任意运动的三维空间，使设备具有非凡的功能与广阔的应用空间：

① 对夹心技术有一个非常大的提升，即精确定量夹心，最大夹心量可以达到70%；

② 能够涂写和螺旋，能够将文字、图案、徽标等直接写画在产品表面，产生平面和立体螺旋花纹，如单色、双色平面螺旋，单色、双色立体螺旋；

③ 取代人工，实现了多色精细裱花浇注。

（四）裱花设计的要素

裱花是根据需求预先制定图案，然后对食品表面进行装饰，达到美化的目的。设计就是寻找美感的学问，要素为：

1. 形态

包括食品的形态（圆形、方形、异形等）与组合形式（单层、双层和多层等）。形态也可设计为反映主题的式样，例如：心形，代表感情和爱情；卡通形象，代表活泼；阿拉伯数字形、字母形，则直接表现主题构思。通常有以下几种表现形式：

① 仿真：按照某一事物的具体形象特征进行克隆模仿。如将蛋糕制作成菠萝、玉米等，蛋糕体积与实物大体一致。

② 抽象：以某一或某些事物的具体形象特征，进行提炼、概括或夸张的手法创造，形成新的艺术形象。

③ 卡通：介于前两者之间，既有明显的仿真特征，又有某些抽象的表达形式。

2. 布局

在设计的基础上，对食品造型的整体进行制作，包括图案、造型的用料、色彩、形状大小、位置分配等内容的安排和调整。方式有对称式、放射式、合围式等。

3. 构图

方法有多种，如平行垂线构图、平行水平线构图、十字对角构图、三角形构图、起伏线、对角线、螺旋线、"S"形等各种形式线的综合运用，都以不同形式给人以美的艺术享受。

4. 色彩

最好利用食品原料本身的固有色彩。每一种食品原料都有自己本身的颜色，我们称之为食物原色。食物本身自带的颜色就是天然的、好的颜料。将食品原色纳入思考范围，利用食物本身的颜色代替色素来装饰食品，从而使得食品既美观又健康，让顾客们吃得舒心又放心。

黑巧克力、白巧克力、牛奶巧克力、红巧克力，在色泽和滋味上各具特色，可以用来进行色彩搭配。当然进行色彩搭配时也不宜太过复杂，使人眼花缭乱，否则可能会引起顾客的反感，使效果大打折扣，影响顾客的消费，苏轼在《饮湖上初晴后雨》中所说的"淡妆浓抹总相宜"就是这个道理。

七、3D打印

3D打印概念起源于19世纪末的美国，并在20世纪80年代得到发展和推广。中国物联网校企联盟把它称作为"上上个世纪的思想，上个世纪的技术，这个世纪的市场"。

3D 打印技术从出现至今，每天都在上演着奇迹。它散发着神秘诱惑力，吸引着人们不断探索。采用 3D 打印，实现普通食品与巧克力的混搭，可以改变了人们对加工食品的看法，使食品焕发出另一番风采。

（一）3D 打印机

3D 打印机，顾名思义，用它打印出来的物品并非平面的纸张，而是一个立体的固态物体。它首先将一项设计物品通过 3DCAD（3D 计算机辅助设计）软件转化为 3D 数据，然后再根据这些数据进行逐层分切打印。在打印过程中，层层打印出来的切片会不断叠加，最终形成一个完整的立体物品。简单说来，3D 打印就相当于做"加法"。

3D 打印机与传统打印机最大的区别：3D 打印机是一种能够快速打印原型产品的机器，它使用的"墨水"是实实在在的原材料，堆叠薄层的形式有多种多样。只要把需要的东西在计算机中设计出来，不再需要其他加工手段，采用 3D 打印机就可以直接将所设计的物品打印出来，这对于个性化、小批量、多品种的生产非常合适。

（二）3D 食品打印机

3D 食品打印机是将 3D 打印技术应用到食品制造层面上的一种食品制造机械，主要由控制电脑、自动化食材注射器、输送装置等几部分组成。它所制作出的食物形状、大小和用量都由计算机操控，其工作原理和操作方法与 3D 打印机相似。

它使用的打印材料是可食用的食物材料和相关配料，将其预先放入容器内，将食谱（配方）输入机器，开启按键后，注射器上的喷头就会将食材均匀喷射出来，按照"逐层打印、堆叠成型"制作出立体食品。

用于食品打印的材料来源丰富，可以是生的、熟的、新鲜的或冰冻的各种食材，将其绞碎、混合、浓缩成浆、泡沫或糊状。使用者可以自主决定食物的形状、高度、体积等，打印出食品的口感风味各式各样，不仅能做出扁平的饼干，也能完成巧克力塔，甚至还能在食物上完成卡通人物等造型。

（三）3D 打印的技术原理

与其说 3D 打印是一种打印技术，倒不如说是从"3D 虚拟"到"3D 构造"的过程。如图 2-4。

1. 三维建模

借助 3D 辅助设计软件在计算机中建立起三维模型。通过 3D 扫描仪之类

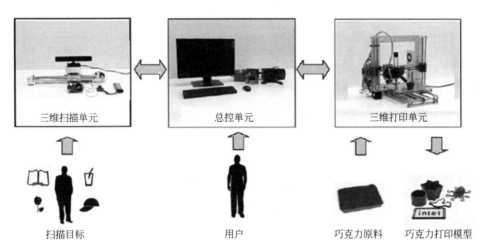

图 2-4 3D 打印系统总体结构示意图

的扫描设备获取对象的三维数据，并且以数字化方式生成三维模型。也可以使用三维建模软件从零开始建立三维数字化模型，或是直接使用其他人已经做好的 3D 模型。

2. 分层切割

即数字切片。由于描述方式的差异，3D 打印机并不能直接操作 3D 模型。当 3D 模型输入计算机中以后，需要通过打印机配备的专业软件来进一步处理，即将模型切分成一层层的薄片，每个薄片的厚度由喷涂材料的属性和打印机的规格决定。

3. 打印喷涂

由打印机将成形材料按截面轮廓进行分层加工再叠加起来，犹如吐丝结茧，从而得到所需产品的实体形态。因为分层加工的过程与喷墨打印十分相似，所以也可以直接理解为"喷墨"。

（四）3D 打印食品的类型

到目前为止，可以成功打印出 30 多种不同的食品，主要有六大类：

① 糖果：巧克力、杏仁糖、口香糖、软糖、果冻。

② 烘焙食品：饼干、蛋糕、甜点。

③ 零食产品：薯片、可口的小吃。

④ 水果和蔬菜产品：各种水果泥、水果汁、蔬菜水果果冻或凝胶。

⑤ 肉制品：不同的酱和肉类品。

⑥ 奶制品：奶酪或酸奶。

（五）3D打印技术的种类

3D打印技术又称增材制造，其打印技术实际上是一种附加的制造方法，以计算机辅助设计（CAD）数学模型为基础，不同的食品原料选择不同的打印头进行打印，一般分为四种，表2-4对它们进行一番比较。

表2-4　不同3D打印食品技术比较

打印技术	工作原理	适用材料	优点	缺点
选择性烧结技术	铺粉，热空气或激光融化指定区域的粉末	糖类食品	粉末可循环，可以制备复杂形状的食品，时间短	材料受限，受限于低熔点的材料
挤出式打印	针头挤出并沉积面团，玉米面团，水凝胶，花生酱	巧克力，奶酪，土豆泥，披萨，鹰嘴豆泥，曲奇饼	适用范围广，可多针头、多材料组合	层与层分界明显，制备时间长
喷墨打印	针头按需喷料打印	糖果制造、曲奇、饼干、纸杯蛋糕、披萨表面装饰	操作简单，创新装饰花纹	仅形成2D的图像，表面装饰受限
黏合剂喷射技术	用黏结剂喷射粉末	用糖、粉末、淀粉等制作糖果雕塑	精密度高，形状复杂	边角易碎

1. 选择性激光/热风烧结技术

选择性激光烧结技术（selective laser sintering，SLS）采用红外激光器作能源，使材料凝结成型，其工作原理采用"分层制造、逐层累加"的制作方式，首先使用激光对目标区域内的粉末进行扫描，激光辐射被粉末颗粒吸收，产生局部加热，引起相邻颗粒的软化、熔化和固化；在扫描每个截面后，在顶部覆盖一层新的粉末，开始下一层的烧结，逐层重复此步骤，直到制件最终成型。

选择性烧结对于在短时间内快速制备复杂的食品来说比较简单，无需后处理。原材料的利用率高，与其他成型方法相比，能生产出硬度较强的立体食品。这项技术比较适合具有相对较低熔点的糖和脂肪原料。成品表面粗糙多孔，并受粉末颗粒大小及烧结原的限制，且打印过程中产生粉尘，污染环境。

2. 热熔挤出/室温挤出技术

挤压型3D打印技术分为热熔挤出技术和常温挤出技术。

（1）热熔挤出，也叫作熔融沉积成型（fuseddeposition modeling，FDM），这项技术的成型过程通常是熔化的半固体热塑性材料从移动的FDM喷头挤出，然后在平台上成型。原料加热到温度略高于熔点，挤出之后立刻凝固，并且可以与产品结合起来。目前研究应用于FDM食品材料主要有凝胶、奶酪、巧克力、砂糖等食品。

打印过程中由于温度变化引发材料的相变，从而保证食品原料从喷头顺利挤出，并在挤压沉积中保持良好形状，该方法通过食物基本成分（碳水化合物、蛋白质和脂肪等）之间的协同组合和打印过程中食品材料的内在特性和结合机制实现，打印效果主要是由食品材料的融化和固化特性所决定。

该技术的优点在于工艺简单、可选用的材料较多。但是，它的技术特点决定了不能打印过于复杂的结构，且精度较低，层与层之间的缝隙较明显。

热熔挤出食品打印机的体积较小，维修成本低。缺点是层与层之间有缝隙，打印时间长，温度波动导致分层现象。

（2）常温挤出技术，分为注射器式挤出、气压式挤出和螺杆式挤出3种方式。常温挤出成型的3D打印食品原料在常温下应呈现半固体状态，自身具有一定的流动性和黏性，打印层可以相互粘连成型，一般为面糊、蛋糕糊等，打印完成的产品需要经过焙烤、油炸、蒸制等方法进行烹饪后才可以食用。

3. 黏结剂喷射技术

在黏结剂喷射技术中，粉末层分散在制作平台上，液体黏结剂喷射使粉末层黏结起来。黏结剂喷射技术最初在食品中应用时，完全依靠蔗糖的吸湿性来打印，所用原料为蔗糖粉末，黏结剂为水。现在常用的黏结剂有糖类或糖醇类物质，如蔗糖、葡萄糖、山梨糖醇等；有天然的水溶胶，如阿拉伯胶；还有人工合成的高分子黏合剂，如聚乙烯醇、聚乙烯吡咯烷酮等。

黏结剂喷射技术具有制造速度快、成本低的优点，此技术可以用来制造复杂而精细的三维结构，具有通过改变黏结剂组合来产生彩色三维可食用物体的潜力。

黏结剂喷射技术可以快速制备产品，其原料成本较低，但是机械成本较高，成品表面光洁度较差，结构材料仅限于粉末材料，导致可食用黏结剂种类稀少，影响了其在食品领域的广泛应用，特别是传统食品领域。

4. 喷墨打印技术

喷墨打印技术（inkjet printing，IJP）是按照计算机中的路径将液体喷射到介质表面，以逐滴喷射的方式进行打印，其打印头属于注射器类型。其固化方式主要为热固化，打印材料在喷头中被加热为液体，产生流动性，喷射到介质上后凝固成型。喷墨食品3D打印不是逐层打印，而是采用局部打印的形式，最终完成一个整体。

喷墨打印常用作打印其他食品上的装饰或表面填充，将流动的原料通过挤出喷嘴打印到基片上（常用披萨饼、饼干等作为基片），装饰品原料在打印过程中需维持流动状态，墨滴在重力之下，形成二维数字图像，作为装饰或表面填充在基材上。典型的材料有：巧克力、液态面团、糖霜、肉酱、奶酪、果酱、凝胶等。

目前最流行的应用是个性化生日蛋糕装饰，用可食用油墨定量喷墨在蛋糕上。这些油墨通常含有水作为溶剂食物着色剂。典型的可食用油墨成分包括水、乙醇、乙二醇或甘油作为溶剂和可食用着色剂。

喷墨打印能精准控制液滴流速和体积，因此精度较高。喷墨打印的打印速度快，可实现工业生产，同时可采用多个打印头控制食材的堆积与分布，为食物提供多种颜色，增添食物的视觉效果。该技术在一些色彩丰富、图案多样的食品中有着良好的应用前景。但一般处理低黏度物料，限制了喷墨打印在食品中的应用。

（六）3D 打印食品的工艺

食品 3D 打印机操作简单，基本做到可以一键打印，无需其他调试，完全智能。设备中建立了食品模型库，投入原料，然后选择喜爱的 3D 模型，即可打印出造型各异的相应食品。

我们以巧克力为例，介绍工艺参数与影响，如图 2-5。其中，温度对挤出线宽没有影响，但对成型高度影响较大；喷嘴直径影响喷头堵塞概率；料筒残余压力影响表面质量。

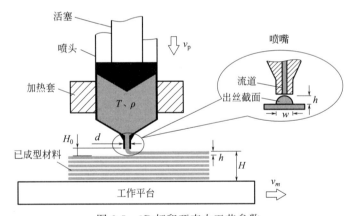

图 2-5　3D 打印巧克力工艺参数

v_p—喷头活塞运动速度；v_m—工作平台运动速度；d—喷嘴直径；w—线宽；h—线高；
H—已成型高度；H_0—喷嘴与平台距离；T—喷头温度；ρ—材料密度

1. 喷头温度

巧克力的黏度随着喷头温度的增大而下降。采用挤出方式，对材料的黏度变化不敏感。巧克力打印喷头的挤出线宽并没有随着黏度的下降而升高。

喷头的温度越低，越接近巧克力的成型温度，挤出的巧克力材料冷却越快，打印件越不易坍塌。但是喷头温度如果过低，会因为巧克力凝固而造成喷头堵塞。巧克力的最适宜打印温度应该选取略高于熔融温度，以不发生喷头堵塞为宜。

2. 喷嘴直径

喷嘴直径的大小直接影响打印件的成型精度。喷嘴直径越小，打印件的成型精度越高。但是当喷嘴直径小于一定数值时，材料挤出的稳定性将受到影响，容易因为材料在喷嘴内凝固而堵塞喷头。通过提升喷头温度和喷嘴直径可以降低喷嘴堵塞的概率，但是温度越高，巧克力越不容易冷却成型。喷嘴直径越大，打印精度越差。直径 0.4mm 的喷嘴较为适用于巧克力打印。

3. 喷嘴距平台高度

打印过程中，喷嘴距平台的高度变化对挤出线宽有影响，还影响到喷头能否顺利挤出，以及线条能否在平台上正常成型。在实际打印中，喷嘴距平台的高度变化表现为工作平台不平整，或者喷嘴的水平运动存在垂直误差。

此外，第一层的打印质量对后续打印也有重要影响，其打印质量可以通过调节喷嘴距离与平台之间的高度来调整。

4. 料筒残余

当打印完成，或者在打印过程中存在打印区域的切换，都需要停止挤出。此时，喷头残余压力的存在使得喷头在空行程或者停止后，实际仍旧有挤出，表现为喷嘴出口存在挂流。这些挂流的材料会被喷头带入下一段挤出行程中，或者附着在打印件上，造成打印精度下降。在实际打印前，需要逐次增大挤出量，确定喷嘴不产生挂流的最小值，作为喷头的回吸值输入系统中。

（七）3D 打印食品的设计变革

1. 产品形态结构的高度自由

最直接的变化是关于形态和结构的设计。3D 打印技术为产品形态和结构的设计提供了近乎无限的可能性，这种可能性将会极大地丰富设计形态语言，并改变人对于产品的审美认知。产品的生产方式已不再成为设计师想象力的束缚。外观再复杂的产品都能通过 3D 打印机打印出来，并且浑然一体。生产具有复杂结构形态的产品不再是难题，产品形态结构的高度自由也增加了差异化设计的适用范围。

2. 提供科学的健康饮食

3D 打印食材可以精确控制每种食材的用量，与未来的个人健康设备结合，根据个人的身体状况和需求实时打印出最健康的食品，可以大大改善人民的饮食健康。3D 打印食品可以调配营养要素，甚至药用成分，因此可以用于食疗。3D 食品打印技术的产生可能会颠覆固有的饮食习惯，从而建立起一种科学的饮食理念，减少肥胖、"三高"疾病和其他因为饮食结构不合理引发疾病的发病率。

3. 提供个性化的饮食

3D 食物打印技术可以为儿童、老年人及不同年龄段的人群提供个性化的饮食。如德国一家公司推出一款 "smooth food" 的 3D 打印食品，将液化并凝结成胶状物的食材打印出各式各样的食物，容易咀嚼和吞咽，很可能成为老年护理行业的革新者。

4. 满足人们的情感需求

用户可以在电脑里预先存储上百种立体形状，通过打印机的控制面板挑选出自己喜欢的造型，打印出形象各异的立体食品，增加生活情趣。对于烹饪一窍不通的人，可以下载名厨研制的食谱，制作出营养、健康、精致的食品。

现在一台 3D 食品打印机就能打印多种食材，拓宽了机器的应用场景，而一个小的造型只需要几分钟，也能满足现场体验的时间要求。例如，可打印多种食材的机器 Shinnove-S1，可以打印巧克力、饼干、糕点、糖果和酱类等五大类十多种口味的食材。

3D 食品打印操作简便，制作速度快，食材搭配灵活，创作空间高。产品特征鲜明多样，口感独特，方便咀嚼，有趣好玩，营养好吃，其消费人群不受年龄限制，不仅吸引孩童，更方便老年人以及进食困难、吞咽困难的病人等。

相信随着 3D 技术的高速发展和广泛应用，3D 食品打印的市场空间和销售范围也会不断增大。

第三章

神奇的巧克力：
既是原料，也是成品

　　巧克力那柔滑如丝绸的质感，芬芳如酒香的醇甜，时时刻刻都带给味蕾美妙的体验。《阿甘正传》中的主角曾说：生活就像巧克力，你永远不知道下一颗是什么滋味。形象地寓意生活就像巧克力，充满幻想和未知，在剥离糖纸后，它的味道萦绕在苦与甜之间，而最初的苦涩也是为了成全最后的甜，细细品味，有滋有味。

　　巧克力＋各类食品的混搭故事在食品加工厂里上演，从未落幕。混搭的可行性取决于双方做好的准备。本章内容如图 3-1 所示，对巧克力进行详细介绍，展示出更多可能的契合点，为相遇挖掘更多的机会。

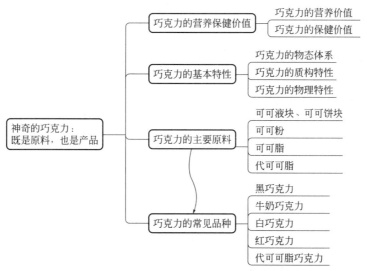

图 3-1　本章内容

第一节 巧克力的营养保健价值

一、巧克力的营养价值

长期以来，巧克力被认为是一种高能量的营养食品，这主要与巧克力的物料组成有关。表 3-1 列举了几种巧克力的营养成分含量。在巧克力的物料组成中，可可脂等脂肪类的比例较高，油脂是高能量物料，再加上丰富的碳水化合物和蛋白质，巧克力能给人们很好的能量补充。正是这个原因，巧克力就成为运动员、航天员、潜水员、飞行员等人群的非常理想的高能食品。巧克力不但能补充高热量，而且含有许多维生素和丰富的矿质元素，能提供丰富的营养。

表 3-1　每百克巧克力制品营养成分含量

项目	充气巧克力	果仁巧克力	黑巧克力	牛奶巧克力	酒心巧克力	朱古力威化
能量/kJ	2271	2138	3157	2407	1679	2405
蛋白质/g	9.2	9.9	4.2	8.2	1.3	8.2
脂肪/g	32.8	33.5	30.0	39.2	12.0	38.4
碳水化合物/g	54.9	53.5	63.1	49.9	72.2	49.7
膳食纤维/g	2.2	11.0	5.9	2.5	0.4	1.2
维生素 B_1/mg	0.11	0.10	0.06	0.11	0.06	0.08
维生素 B_2/mg	0.49	0.37	0.09	0.24	0.34	0.07
维生素 B_3/mg	0.35	0.67	0.43	0.53	0.2	0.4
总维生素 E/mg	9.12	11.32	—	9.15	2.64	11.66
钙/mg	—	—	32	—	128	61
磷/mg	—	—	132	—	55	128
钾/mg	—	—	365	—	76	292
钠/mg	—	—	11.0	—	35.6	111.2
镁/mg	—	—	115	—	88	69
铁/mg	—	—	—	—	2.3	5.5
锌/mg	—	—	1.62	—	0.44	1.36
硒/μg	2.34	2.51	3.10	2.54	1.2	—
铜/mg	—	—	0.7	—	1.28	0.3
锰/mg	—	—	0.8	—	0.28	0.93

注："—"表示未测定，理论上该食物应该含有一定量该种成分。

二、巧克力的保健价值

巧克力中除了含有蛋白质、脂肪和碳水化合物之外，还含有丰富而重要的生物活性物质。

大量研究表明，巧克力具有很强的抗氧化作用，可以抑制低密度脂蛋白（LDL）胆固醇氧化和血小板活化、清除体内自由基、防止 DNA 损伤；而抗氧化活性被认为是调节免疫、维护心血管系统健康以及预防癌症的作用基础。

巧克力的主要健康作用在于其中含有的可可粉成分，可可粉中含有丰富的多酚类物质。在相等的重量下，深色巧克力所含多酚要比红酒或绿茶更多，几乎比葡萄高出三倍。黑巧克力的多酚含量约为牛奶巧克力两倍之多。因此市场上出现了许多多酚巧克力，而且在包装上标明多酚含量，可见多酚的功能作用已引人关注。

研究发现，多酚可调节多种人体免疫细胞，降低血压、控制血脂、降低血液凝固性，改善血液循环，因而有益于心血管健康，预防心血管疾病。

多酚类物质的特点是口感偏苦涩。一般来说，巧克力越黑，可可粉含量就越高，多酚类物质也就越多。所以那种苦涩味明显的黑巧克力是最具有健康作用的巧克力。

糖尿病患者可以选择可可含量 85% 以上的黑巧克力，甜味非常淡，血糖上升很慢，而且富含多酚类物质，对于提高胰岛素敏感性和预防心脏病有一定好处。

黑巧克力中的咖啡因比较多，而适当的咖啡因能够提高基础代谢，使人体多消耗能量，抵消了巧克力本身含有的能量。黑巧克力除了具有高能量之外，其可可粉成分中含有咖啡因，一块大巧克力板中所含的咖啡因相当于一杯红茶的数量，使人兴奋。长期食用可可既能稳定血糖，控制体重，又能提高脑中血清素的浓度，稳定情绪，增加一氧化氮的形成及舒张血管，起到加速代谢的作用。

第二节　巧克力的基本特性

一、巧克力的物态体系

巧克力是由可可制品（可可液块、可可粉、可可脂）、砂糖、乳制品、香料和表面活性剂等为基本原料，经加工制成的固态食品。这些基本原料经过混合、精磨和精炼，形成一个非常均匀、颗粒细小的分散体系，油脂是分散介质，而固体成分（糖、可可和乳固体等）为分散相，分布在可可脂中，大部分分散相直径在 $15\sim35\mu m$ 之间。因此，巧克力是一种由固态（糖、可可和乳固体等）、液态（油脂）、或气体（充气巧克力）构成的非常复杂的多相分散体系。为了形成稳定的物态体系，巧克力不仅需要经过高度分散，还要经过高度乳化。虽然巧克力含多种不同性质的物料，但经加工后，各种不同性质的物料已经浑然一体，难分彼此。即使在常温下，纯巧克力也可被看作是一种高度均一的固态混合物。

二、巧克力的质构特性

1. 巧克力的光泽度

巧克力的光泽度是指产品表面的亮度。巧克力的光泽来源为两类：一是可可脂形成细小而稳定的晶体带来的光学特性；二是巧克力中蔗糖晶体被分散到极小，小晶体混合产生光的散射，反映为巧克力产品的光泽。

巧克力的光泽易受环境温度和湿度的影响。当温度从 $25℃$ 上升到 $30℃$ 以上时，表面的光泽开始暗淡并消失；或者相对湿度相当高时，巧克力表面的光泽也会暗淡并消失。这是因为脂肪和糖晶体由于受热或湿气的影响，消融变化，失去光学散射特性。因此，在生产和贮存环境中，要注意温度和湿度的变化，以保持巧克力的光泽度。

2. 巧克力的细度

巧克力的细度是巧克力内作为分散相的各种物质被分散的程度。巧克力内大部分分散相直径在 $15\sim35\mu m$ 之间，就能呈现出质构细腻润滑的重要特征；当分散相的平均直径大于 $35\mu m$ 时，就会造成巧克力的粗糙感；如果小于 $10\mu m$ 时，则会造成巧克力糊口不爽的感觉。

3. 巧克力的硬度与脆性

纯巧克力在 $25℃$ 以下，表面具有光泽的特征，同时呈现出组织紧密、坚实、易脆裂的结构。但是，如果温度改变，它的状态也随之改变。当温度上升到 $30℃$ 以上时，不但表面原有的光泽会逐渐暗淡并消失，而且原有的固体结构也逐渐软化，甚至变成半流体或流体状态，脆性和硬度会完全消失。

从完全熔化状态到有序凝固状态，涉及可可脂熔化特性、冷却特性、结晶特性、膨胀收缩特性等一系列物理化学性质，而这些性质无疑又都与天然可可脂固有的甘油酯的类型与组成比例有密切关系。换句话说，要获得高质量、稳定的巧克力质构，关键在于如何将巧克力基料中三分之一左右的脂肪形成的连续相，建立一种精细分布而稳定的状态，并在一定温度下保持巧克力应有的脆性与硬度。

三、巧克力的物理特性

1. 巧克力的热敏感性

经过严格精细加工而成的巧克力产品对环境温度非常敏感。巧克力在高于人体体温时迅速融化，并变成液态，而在低于人体体温的正常室温下又能保持固态。这种液-固两相可逆转变的双重性是巧克力最重要的特性。因此，当巧克力基料受热由固体变为液体时，即使在不很高的温度（31℃左右）下，也具有良好的流动性，使巧克力可以进行注模成型。如果物料中的热量被及时去除，即使被降低到不是很低的温度（10℃左右）下，它又能重新从液态凝结为固态。同时，在这种相变过程中，巧克力具有良好的收缩性和可操作的脱模性能。这种特殊的流变特性和流变行为，已成为巧克力生产过程中的重要技术参数和条件。

巧克力的分散体系以油脂作为分散介质，所有固体成分分散在油脂中，油脂的连续相成为体系的骨架。巧克力的油脂主要为可可脂，含量在30%以上，熔点在35℃左右。因此，巧克力的温度在30℃以上时，它逐渐软化，超过35℃时，它逐渐熔化成浆状，特别是当巧克力才制成、晶体结构还不稳定时，非常容易受热熔化。

巧克力的质构在热敏性上随时间而变化。除了可可脂转变成最稳定的晶型外，引入少量水分可以使可可脂的正常表面分散润滑作用被分裂开来。因此，有些耐热巧克力使用少量还原糖作为吸湿剂，通过可可脂晶体晶格之间的缝隙吸收少量水分，促使砂糖晶体之间连接起来，形成微弱的糖体网络，就会形成耐热性，不易变形；或在巧克力配方中加入少量还原性糖，巧克力成型后密封包装，储存一定时间，也可以渐渐形成耐热性。巧克力本身也含有水分，还有乳糖等还原糖，随着储存时间的延长，也会渐渐产生耐热性。

2. 巧克力的黏度与流变性

这对巧克力涂料来说是重要参数。巧克力涂料的流动性与涂布性并不完全取决于涂层的基本组成，基本组成赋予涂层以巧克力和乳的天然香味。影响巧克力涂层流动性和涂布性能的因素有很多，如基本组成的准确配比、油脂与干固物的比例、干固物质粒的大小分布、形状与性质、乳化剂含量、精炼时间、调温、触变性、振动、巧克力的晶型方式、最终温度等。这些因素或多或少影响着巧克力的最终黏度和流变性，处理不当和加工过程失控会不同程度地影响巧克力的品质，如色泽灰暗、表面发白、结构粗糙、耐热性差等。因此，巧克力及巧克力制品的加工过程一直具有很高的技术要求。

第三节 巧克力的主要原料

巧克力的原料来源于可可树，可可树只限于赤道南北纬度 20℃ 以内的高温多湿地区栽培。目前世界上主要产地有西非的象牙海岸、加纳，中南美洲的巴西、委内瑞拉、厄瓜多尔、哥伦比亚，亚洲的马来西亚。可可树种植 2~3 年后开花，结成的果实如手掌般大，每颗果实中有 30~40 粒的白色可可豆。可可豆是可可树的种子，每个种子都有两个子叶（可可豆瓣）和一个小胚芽被包在豆皮（壳）内。子叶为植物生长提供养料，并在种子发芽时成为初始的两片叶子。被储存的养料含有脂肪，也就是可可脂，占干重的一半左右。脂肪的数量、熔点和硬度等性质取决于可可的种类和生长环境。

长在树上的可可豆并没有特殊的色泽和芳香，在成熟采收后，堆积覆盖，经阳光照射发酵后，可可豆才会产生特殊的色泽与芳香。可可豆发酵时，种子外面的果浆和种子内部发生很多化学变化。这些变化赋予可可豆可可的风味，并且改变了可可豆的颜色。再经过干燥后，作为粗原料交给工厂加工成可可制品。

可可制品是指以可可豆为原料，经清理、焙炒、破碎、壳仁分离、研磨、压榨、破碎细粉、冷却结晶等工艺制成的食品，主要包括：可可液块、可可饼块、可可粉、可可脂。

巧克力的主要原料是可可制品，代可可脂巧克力的主要原料包括代可可脂。

一、可可液块、可可饼块

可可液块、可可饼块是生产巧克力的重要原料。

可可液块也称可可料或苦料。可可豆经焙炒、去壳分离出来的豆肉，进行初磨和精磨，研磨成浆液，即为可可液块。它是一类中间制品，在温热状态下具有流体特性，冷却后凝固成块。

可可豆肉是一种不易磨细的物质，其中夹杂少量的壳皮是一种多纤维物质，更难研磨。因此，可可豆肉先经初磨成液块，有利于缩短巧克力物料的精磨过程。同时，加工液块后，可取出一定数量的可可脂，作为巧克力生产的添加脂肪。去脂后的可可饼块，经粉碎可得到可可粉。可可饼块是可可液块经过压榨脱去大部分可可脂而得到的块状产品。

1. 可可液块的加工

将可可豆肉加工成可可液块可采用多种类型的磨碎机，如盘式、齿盘式、辊式、叶片式和球磨式磨碎机。

早期加工可可液块都采用盘式磨碎机，磨盘采用大理石或花岗石。可可豆肉从磨盘中央均匀落入，通过盘面的摩擦将物料磨成细的浆体，浆体从盘面的间隙中，依靠离心作用由里向外流至四周槽内收集。磨盘一般装有夹套，可通入冷热水调温。石盘式磨机有单级、双级、三级等不同类型。三级磨盘由三对磨盘串联在一个机组上同时转动依次磨浆。

后来发展的一种齿盘式磨碎机生产可可液块也是很有效的，两个齿盘作相反方向高速旋转，物料在涡流作用下磨成细的浆体。磨机靠通入的冷水冷却。

采用辊筒加工可可液块，是为磨细可可豆肉而设计的。此磨机一般具有豆肉破碎和物料研磨两个系统，经去壳的可可豆肉先由传输系统送入喂料口，然后豆肉进入锤式磨盘，物料在高速锤棒的撞击下变成浆体，温度达 50～60℃；可可浆体再进入由一组四个辊筒组成的研磨系统，辊筒内配冷却水调节温度，磨细的物料最后经辊筒输出，由泵将浆体送入贮缸。

近年来，还设计有撞击叶片的球磨机。设备往往配备真空系统，可在研磨时去除水分、酸味和异味杂味，生产更高质量的可可浆料。

细磨的浆料必须及时冷却与凝固，一般制成 25kg 的可可液块，经包装后贮存备用。

2. 可可饼块的加工

经磨细的可可浆料，采用压榨取出部分可可脂，留存在榨盘里的是去除部分脂肪的可可饼。

可可脂的提取，取决于浆料表面承受的压强、物料的含水量、细度和温度等影响。

早期的可可压榨机是立式的，安装有 5 个圆钢盘，钢盘底部分布细孔，盘内衬有纤维织物作为滤布。磨细的可可浆料注入盘内，通过液压装置以柱塞对物料进行加压，豆肉细胞内的油脂向表面渗析，流向盘周的槽，汇集于油脂收集器中。

现代压榨机已发展成水平卧式，液压自控，盘料填装压榨和饼块卸除均为自动操作。液压压力可高达 50MPa 以上，脱脂饼块含脂残留量可低至 6%。既可获得高比例的可可脂，又能生产老式压榨机无法生产的低脂可可粉。

3. 可可液块、饼块的技术要求

刚研磨好的可可液块是流动性较好、质地均匀的液态产品，温度降至32℃后，成为质地较硬、爽滑的固态产品。因此称为液块，它这一特性决定了巧克力的诸多品质。可可液块呈褐棕色，香气浓郁并具苦涩味，脂肪含量在

50％以上，并有其他复杂成分。根据巧克力种类不同，可可液块的配合比例按可可脂50％，其他可可成分50％计算。

可可液块和可可饼块在感官上一般要求具有正常的可可香味，无霉味和其他异味；色泽上因加工工艺不同而有所不同，一般呈现棕红色或棕黑色。

可可液块和饼块味苦，略带涩味，一般不作为食品供消费者食用。可可液块作为商品出售，部分用作压榨可可脂和可可饼块，更多用于生产巧克力。可可饼块作为商品出售，主要是生产可可粉，进一步用于生产巧克力或饮料。

可可液块和可可饼块是生产巧克力的重要原料，其品质直接关系到下游产品的质量。巧克力的质量受生产技术、原料等多种因素影响，任何一种原料的改变都将对巧克力的内在品质、风味产生影响，尤以可可液块为最。巧克力浓郁而独特的香味源于可可液块中的可可脂，令人愉悦的苦味源于其中的可可碱、咖啡碱，淡淡的涩味源于其中的单宁质。

可可液块中如有掺假，或者杂质、霉变成分超标，生产的巧克力滋味不纯，口感不正，特有的风味也将受到严重影响。劣质的可可饼块中含有果壳粉、可可壳粉等非食用物质，以此为原料产出的巧克力被食用后，将影响人体代谢和对营养物质的正常吸收，从而导致多种疾病。

必须严格控制可可液块的含水量，一旦超过4％的含水量，很容易发生液块的品质变化，甚至长霉。可可液块不宜作长久的贮存，如果长期库存液块，香气将会流失，也容易吸附周围的气味，严重影响巧克力应有的香味特征。可可液块的贮存温度以10℃为宜。

因此，可可液块和可可饼的加工和应用领域都需要把控产品内在质量，技术要求见表3-2。

表3-2　GB/T 20705—2006《可可液块及可可饼块》的技术要求

分类	技术要求		
原料要求	可可仁：可可仁中的可可壳和胚芽含量，按非脂干固物质计算不应高于5％，或按未碱化干物质计算，不应高于4.5％（指可可壳）。		
感官要求		要求	
	项目	可可液块	可可饼块	
			天然可可饼块	碱化可可饼块
	色泽	呈棕红色到深棕红色	呈棕黄色至浅棕色	呈棕红色至棕黑色
	气味	具有正常的可可香气，无霉味、焦味、哈败或其他异味		

续表

分类	技术要求							
	项目	指标						
		可可液块	可可饼块					
			天然可可饼块			碱化可可饼块		
			高脂	中脂	低脂	高脂	中脂	低脂
理化要求	可可脂（以干物质计）/%	≥52.0	≥20.0	14.0～20.0（不包括20.0）	10.0～14.0（不包括14.0）	≥20.0	14.0～20.0（不包括20.0）	10.0～14.0（不包括14.0）
	水分及挥发物/% ≤	2.0	5.0			5.0		
	细度/%① ≥	98.0	—			—		
	灰分（以干物质计）/%	—	8.0			10.0（轻碱化），12.0（重磁化）		
	pH 值	—	5.0～5.8（含5.8）			5.8～6.8（含6.8）（轻碱化），＞6.8（重碱化）		

	项目		指标
总砷和微生物学要求	总砷（以 As 计）/(mg/kg)	≤	1.0
	菌落总数/(cfu/g)	≤	5000
	大肠菌群/(MPN/100 g)	≤	30
	酵母菌/(个/g)	≤	50
	霉菌/(个/g)	≤	100
	致病菌（沙门氏菌、志贺民菌、金黄色葡萄球菌）		不得检出

①通过孔径为 0.075mm（200 目/英寸）标准筛的百分率。

其中：

①"原料要求"意味着：以次充好、偷工减料等一系列不规范的加工行为，制造出的可可液块都将被判为不合格产品。

②可可液块的细度为 98.0％。一般而言，正规厂家可可液块的细度都在 98.0％以上，而非正规厂家或地下工厂的研磨设备很难达到这一要求。所以这一指标不仅有助于提高国产可可液块的品质，也保护了正规厂家的利益。

③总砷含量，该项指标的确立，立足于确保消费者的健康，体现了"以人为本"的理念。一些不正规厂家因为设备简陋，工艺简单，产品的总砷指标很难得到保证。所以这一指标的意义在于提高可可加工业的准入门槛，进一步保证了下游产品的食品安全。

二、可可粉

可可液经压榨去油后留存的可可饼，再经粉碎磨细、筛分后所得棕红色的粉体即为可可粉。

1. 可可粉的分类

由于加工处理方法不同，制得的可可粉含脂量有高、中、低三种，高脂可可粉含脂量≥20.0%，中脂可可粉含脂量为14%~20%，低脂可可粉含脂量为10%~14%。由于可可粉的含脂量在10%以下时，加工要求高，产量低，因此目前大多采用含脂量10%~14%的低脂可可粉生产代脂巧克力。

按加工方法不同，可可粉分为天然粉和碱化粉两类。天然可可粉的pH为5.2~5.8，而碱化可可粉的pH为6.2~8.0。天然可可粉多用于巧克力生产，而碱化粉熔化后色泽较鲜艳，多用于饮料。

2. 可可粉的生产

将可可浆料压榨后，留存榨盘里的是去除部分脂肪的可可饼。可可饼相当坚实，所以应趁可可饼温热时碎裂。裂碎的可可饼块，温度一般仍在43~45℃，比饼内可可脂熔点34℃高，如果低于此温度就难以碎裂。碎裂后的饼块，用干燥冷风（相对湿度为50%~60%）将饼块冷却至21~24℃左右，以避免高温饼块进入粉碎机后黏结。

可可粉生产的一般工艺流程为：可可压榨机榨去脂肪后的物料，即可可饼从榨机卸出，由输送带将其送入裂碎机裂碎，再送入粗磨机粗磨后，进入细粉碎机制得细可可粉。经风筛器筛分，最后，导入旋风分离器收集，装入纸袋或塑料食品袋，或由分装机进行小包装。

可可粉工艺包括两个重要的生产步骤：一是将去脂的可可饼研磨至粉末状，二是对可可粉进行冷却固化。对于最终产品颗粒大小以及可可粉的外观，研磨过程具有极其重要的作用。固化加工的主要作用是使可可粉具有稳定的晶体结构，便于储存，即使装在袋子里也不会粘连结块。

3. 碱化可可粉生产

为了改变酸值、提高香味、改进可可粉的色泽，一般将可可仁或液块进行碱化处理，也可将最后的可可饼块进行碱化，生产出碱化可可粉。可可仁碱化一般称为前期碱化，可可浆碱化一般称为中期碱化，可可饼块碱化一般称为后期碱化。

碱化处理可在焙炒前或可可碎仁工序中进行，但更多的是在可可液块生产阶段进行，在这一阶段进行比较经济。温热的可可液注入带蒸汽加热的混匀器中，先将温度升至70℃，碱溶液分二次逐步加入，混匀碱化。维持混匀器较高温度是防止浆液黏稠和控制浆液的含水量，但温度不宜超过115℃。碱化后，有时用酸部分中和，如只加入1％碱时，不必再用酸加以中和，若用氨碱化，通常采用10％溶液。目前，也有用碳酸铵和碳酸钠混合使用的碱化方法代替氨碱化。

用于碱化处理的化学剂一般有碳酸钾、碳酸钠、碳酸氢钠、碳酸铵、氧化镁和氨，使用时配成水溶液加入。

4. 可可粉的营养保健价值

可可粉是制造巧克力的重要原料，也是巧克力的灵魂。巧克力具有浓烈的可可香气，其主要风味来自可可粉自身蕴含的美妙滋味。因为可可粉中含有可可碱、咖啡碱，带有令人愉快的苦味。可可粉中的单宁质有淡淡的涩味；可可脂产生爽滑的味感。可可粉的苦涩酸，可可脂的滑，配以砂糖、乳粉、乳脂、香兰素、卵磷脂等辅料再经过精磨、精炼加工工艺，使巧克力保持了可可特有的滋味而更加可口。

可可粉是一种营养丰富的食品，含有可可脂、蛋白质、膳食纤维、维生素等多种生物活性成分（其化学组成见表3-3），使其具有稳定血糖、控制食欲及稳定情绪等多种生物活性。可可粉还含有一定量的生物碱——可可碱和咖啡碱，它们具有扩张血管，促进人体血液循环的功能，食用可可制品对人体健康有益。

表 3-3　可可粉的化学组成（去除可可脂和水）

化学组分	天然可可粉	碱化可可粉
灰分	6.3％	10.3％
可可碱	2.9％	2.8％
咖啡碱	0.5％	0.5％
多元酚	14.6％	14.0％
蛋白质	28.1％	27.0％
砂糖	2.4％	2.3％
淀粉	14.6％	14.0％
纤维素	22.0％	21.2％
戊聚糖	3.7％	3.4％
酸	3.7％	3.4％
其他物质	1.2％	1.1％

5. 可可粉的质量要求

目前我国可可粉所执行的国家标准 GB/T 20706—2006 对可可粉感官指

标、理化指标及微生物指标进行了相关规定（见表 3-4），缺乏有效成分的相关质量标准。细度和可可壳含量是可可粉质量高低的重要指标，可可粉末的细度影响产品的口感和风味，残留在可可粉中的可可壳含量过高就会产生过多苦味，甚至带来细小的黑色斑点，而我国没有限定可可壳含量（印度尼西亚和马来西亚规定可可壳含量均≤1.75%）。

表 3-4　GB/T 20706—2006 可可粉的技术要求

分类	技术要求					
原料要求	可可饼块应符合 GB/T 20705 的规定					
感官要求	项目	指标				
		天然可可粉			碱化可可粉	
	粉色	呈棕黄色至浅棕色			呈棕红色至棕黑色	
	汤色	呈淡棕红色			呈棕红色至棕黑色	
	气味	具有正常可可香气，无烟焦味、霉味或其他异味				
理化要求	项目	指标				
		天然可可粉			碱化可可粉	
		高脂	中脂	低脂	高脂	中脂	低脂
	可可脂（以干物质计）/%	≥20.0	14.0~20.0（不含 20.0）	10.0~14.0（不含 14.0）	≥20.0	14.0~20.0（不含 20.0）	10.0~14.0（不含 14.0）
	水分/% ≤	5.0			5.0		
	灰分（以干物质计）/% ≤	8.0			10.0（轻碱化），12.0（重碱化）		
	细度/%[①] ≥	99.0			99.0		
	pH 值	5.0~5.8（含 5.8）			5.8~6.8（含 5.8）（轻碱化），>6.8（重碱化）		
总砷和微生物学要求	项目	指标				
	总砷（以 As 计）/(mg/kg) ≤	1.0				
	菌落总数/(cfu/g) ≤	5000				
	大肠菌群/(MPN/100g) ≤	30				
	酵母菌/(个/g) ≤	50				
	霉菌/(个/g) ≤	100				
	致病菌（沙门氏菌、志贺民菌、金黄色葡萄球菌）	不得检出				

①通过孔径为 0.075mm（200 目/英寸）标准筛的百分率。

6. 可可粉的应用

纯正优质的可可粉可用于制造许多食品，如饼干、糕点、巧克力饮料、布丁、奶油、夹心糖、巧克力糖点、冰淇淋以及其他可可风味类食品，但90%以上用于制造巧克力，少量用于各式饮料。目前，随着人们饮食结构和营养价值观念的改变，越来越受到人们的喜爱，其应用范围呈现日益增大的趋势。

三、可可脂

可可脂，又称可可白脱，是从可可液中榨取而得到的一种植物硬脂，具有芳香气味，一般呈现棕色或乳黄色，也可能因碱化工艺不同而呈其他颜色。

1. 可可脂的生产

经磨细的可可浆料，采用压榨取出可可脂。可可脂的提取，取决于浆料表面承受的压强程度、物料的含水量、细度和温度等影响。

经研磨的可可浆料输入可可压榨机后，逐步提升压榨机液压力，压榨出可可脂，送入贮缸，再泵入离心机，离心去除可能夹带的杂质，随后泵入贮缸贮存，初步冷却至40℃左右，再由泵送入可可脂压力冷却器进行冷却。压力冷却器一般为带水冷却夹套的圆筒，水温控制在10~15℃，圆筒中装有带塑料刮板的大直径旋转轴，刮板不断将筒壁预结晶的可可脂刮落混合，在末端出口形成乳酪状稠体，由螺旋传送器将可可脂送出，定量注入纸盒内，送入冷却室硬化。每块可可脂一般定量为25kg，也可采用大包装，直接注入桶内冷却存放备用。

除了压榨机生产可可脂外，用有机溶剂浸取法也能生产可可脂，其常用于可可豆下脚料或皮渣中可可脂的提取。由于这类原料浸出的油脂的游离脂肪酸含量高，并含有较多不愉快的气味，因此，浸出的油脂还需经过精炼脱臭的工艺过程，所以，这种浸出法生产的可可脂也称为脱臭可可脂。

优质的可可脂一般采用压榨法生产，而不采用任何化学的方法精炼。酸值不超过1.75%，贮藏的环境温度控制在5℃左右。

2. 可可脂的特性、组成

可可脂在常温下为固体，外观类似白蜡，坚硬而有碎裂性，从液态转变为固态时，有明显的收缩性，入口容易熔化，并有优美独特的香气。可可脂是一种既有硬度、熔化又快的油脂，具有很小的塑性范围；在27℃以下，可可脂几乎全部是固体，在27.7℃时就开始熔融，随着温度的升高会迅速熔化，到35℃时就会完全熔化。

可可脂风味好，不易氧化，并不被脂肪酶分解，加工巧克力时黏度适宜，易于调和与成型，因而它是制取优良巧克力不可缺少的一种必要原料，它的性状直接影响着巧克力的品质。

在化学性质方面，可可脂的一个典型特性，就是几乎占50%的不饱和油酸分布在甘油基β位或2位上，而饱和的棕榈酸和硬脂酸分布在α位或1,3位上。可可脂甘油三酯的这种分布特性提供了非常有价值的结晶形式和熔解性能，使得巧克力在体温下即可快速融化。在食用高品质的巧克力过程中，巧克力快速熔解形成一种冷却效应，即人们通常享受到的特殊口感。

就可可脂的脂肪酸组成而言，可可脂是一种组成相对单一的油脂。棕榈酸、硬脂酸及油酸等三种脂肪酸含量占可可脂总脂肪酸含量的95%以上。典型的可可脂脂肪酸组成见表3-5。

表3-5　西非可可脂的典型脂肪酸组成

脂肪酸组成	含量/%
肉蔻豆酸（myristic acid）	0.1
棕榈酸（palmitic acid）	26.0
棕榈油酸（palmitoleic acid）	0.3
硬脂酸（stearic acid）	34.4
油酸（oleic acid）	34.8
亚油酸（linoleic acid）	3.0
亚麻酸（linolenic acid）	0.2
花生酸（arachidic acid）	1.0
山嵛酸（behenic acid）	0.2

可可脂的脂肪酸组成的单一性，不仅使可可脂拥有单一性的甘油三酯组成，而且甘油三酯的结构也具有特殊性。可可脂甘油三酯主要包括1,3-二棕榈酸-2-油酸甘油三酯（POP），1,3-二硬脂酸-2-油酸甘油三酯（SOS）及1-棕榈酸-2-油酸-3-硬脂酸甘油三酯（POS）。可可脂的脂肪酸及甘油三酯组成，会因为不同种植区域和不同种植方法而有一定的变化，但是其变化范围很小。

可可脂独特的甘油三酯结构及其组成，使其具备其他油脂所不具备的显著特点，一是可可脂的塑性范围很窄，在低于熔点温度时，可可脂具有典型的表面光滑感和良好的脆性，有很大的收缩性，具有良好的脱模性，不粘手，不变软，无油腻感；二是在最稳定的结晶状态下熔点范围为35～37℃，即在一般室温下呈固态，而进入人体后完全熔化。由于自身独特的风味和熔化特性，使可可脂成为生产巧克力不可或缺的原料，而且也是巧克力热量的主要来源。

可可脂存在同质多晶现象，因此制作巧克力过程中需要进行仔细的调温，以便得到正确的晶型体。调温不当，可可脂会形成较为粗糙的晶型体，影响巧克力的质地和外观（起霜）。巧克力生产的这一工艺特点，也影响巧克力在贮藏过程中品质的变化。

3. 可可脂的技术要求

可可脂是巧克力的理想专用油脂，几乎具备了各种植物油脂的一切优点，至今还未发现能与其相媲美的其他油脂。可可脂含量是区分巧克力纯度的重要指标，可可脂使巧克力具有浓香醇厚的味道和诱人的光泽，并赋予巧克力独特的平滑感和入口即化的特点，给人们带来美妙的感受。其技术要求见表3-6。

表3-6　GB/T 20707—2006 可可脂的技术要求

分类	项目		指标
感官要求	色泽		熔化后的色泽呈明亮的柠檬黄至淡金黄色
	透明度		澄清透明至微浊
	气味		熔化后具有正常的可可香气，无霉味、焦味、哈败味或其他异味
理化要求	色价（$K_2Cr_2O_7/H_2SO_4$）/(g/100mL)	≤	0.15
	折射率 n_D^{40}		1.4560～1.4590
	水分及挥发物/%	≤	0.20
	游离脂肪酸（以油酸计）/%	≤	1.75
	碘价（以碘计）/(g/100g)		33～42
	皂化价（以KOH计）/(mg/g)		188～198
	不皂化物/%	≤	0.35
	滑动熔点/℃		30～34
总砷要求	总砷（以As计）/(mg/kg)	≤	0，5

四、代可可脂

代可可脂是指可全部或部分替代可可脂，来源于非可可的植物油脂（含类可可脂）。

天然可可脂是制取优良巧克力不可缺少的一类油脂成分。由于天然可可脂是从可可豆中制得，原料生产受到气候条件的限制，产量远远满足不了巧克力生产发展的需要。一方面是由于天然可可脂产量有限，并且价格昂贵，另一方面则是因为巧克力市场需求的急剧扩大。

诸多不利因素迫使人们开始了天然可可脂替代品的研究，其意义在于两方面：一是大幅降低巧克力生产成本，二是大大增加巧克力产量。自 20 世纪 50 年代以来，可可脂代用品发展极为迅速。

1. 代可可脂的局限

天然可可脂在 30℃ 左右仍为固体状态，既硬且脆；升温至 35℃，也就是稍低于人的口腔温度时，会全部熔化，残留固态油脂为零。

起初，代可可脂的开发与应用，是出于功能上的需要，利用固态植物油脂添加到巧克力中，用以提高巧克力熔点；正是由于熔点的提高，代可可脂巧克力制品的储存和运输才更为方便。

从植物油中精炼出的代可可脂，具有天然可可脂接近的风味，作为油脂在产品中的添加符合营养、卫生要求。在代可可脂巧克力中，通常加入可可粉，所以，代可可脂巧克力在口感、质地和组织状态方面也比较接近可可脂巧克力。

虽然如此，但代可可脂的生产一般都采用氢化工艺，而这种氢化的植物油中含有大量的反式脂肪酸。反式脂肪酸会导致冠心病、静脉硬化等多种疾病，许多国家已经开始限制反式脂肪酸的使用。

对此，GB 7718—2011《食品安全国家标准 预包装食品标签通则》中规定，对于各种植物油或精炼植物油，如果经过氢化处理，在配料表中，应标示为"氢化"或"部分氢化"。GB 28050—2011《食品安全国家标准 预包装食品营养标签通则》中规定，在食品配料中含有或生产过程中使用了氢化和（或）部分氢化油脂时，应标示反式脂肪（酸）含量。如果最终产品中反式脂肪酸含量低于"0"界限值，则标示为"0"。

当然，我们不能将代可可脂巧克力与可可脂巧克力对立起来，只要是符合各自的国家标准，都是好产品。代可可脂巧克力的出现，本身就是科技进步的表现。

我国国内并不出产可可脂，所有原料都需要依靠进口，原料资源有限，并且成本很高，所以代可可脂巧克力将会继续存在，并得到发展。随着需求的进一步增长，代可可脂巧克力会有更大的发展空间。

2. 代可可脂的分类

代可可脂通常总称为可可脂代用品。根据所采用的油脂原料和加工工艺的不同，可可脂代用品可以分为代可可脂和类可可脂（cocoa butter equivalent，CBE）两大类，代可可脂又分为月桂酸型（cocoa butter substitute，CBS）和非月桂酸型（cocoa butter replace，CBR）两种。

（1）类可可脂（CBE）

CBE 是从天然植物脂中制取的，经过分馏提纯和配合制成，其甘油三酯的脂肪酸组成类似于天然可可脂，所以称"类可可脂"，又称"可可脂相等物"。

类可可脂在化学组分以及物理特性上与可可脂十分接近，因此与可可脂的相容性（或称共熔性、互溶性）很好。在不同温度下，可以以任意比例与可可脂相混合，其熔点几乎不降低，生产巧克力的工艺条件也不变。在制作巧克力产品时需要进行调温，所以，也称调温型硬脂。

在实际生产中，一般可以 5%～50% 的量替代可可脂，用于巧克力产品的制作。另一方面也有使用 100% 的类可可脂用于制作巧克力制品。

类可可脂所制作的巧克力在应用性能、特性表现上与可可脂十分相似，如硬度、脆度、黏度、流动性、涂布性以及收缩性等。尤其在 30～35℃ 之间两者几乎完全一致。类可可脂巧克力的口味类似天然可可脂巧克力，口感同样香甜鲜美，无口糊感。

类可可脂的优点是成本较低，并可增强巧克力的抗起霜能力和耐热性，从而延长了商品的货架；缺点是原料油脂产量较低，来源有限。

（2）月桂酸型（CBS）

CBS 是以椰子油、棕榈仁油等含月桂酸酯为主要成分的原料油脂，经选择氢化，改造其化学成分，再分提出其中接近于天然可可脂物理性能的部分。但甘油三酯的组成与结构与天然可可脂不同。

CBS 是由相对较短的碳链脂肪酸的甘油酯组成，其饱和程度较高，在 20℃ 以下具有良好的硬度、脆性，而且具有良好的涂布性和口感。在生产过程中，能快速结晶，具有良好的收缩性，可有效节约加工冷却时间。用 CBS 油脂生代可可脂巧克力及其制品时，无需经过调温工艺，也无需添加任何调温设备，省去了繁琐的调温工艺和步骤，操作十分简便。

CBS 口熔性尚好，缺点是与天然可可脂相容性较差，制成巧克力易于表面冒霜发花；这种油脂易受脂肪酶的作用引起脂肪分解，在贮存中往往产生肥皂味。因此在生产中要求有良好的卫生条件，避免产品受到污染。

CBS 一般适用于纯巧克力和涂料巧克力制品，因为它的相容性差，只能在不加天然可可脂或含低脂可可粉的巧克力配方中使用，否则产品容易发花。

（3）非月桂酸型（CBR）

CBR 是一种利用豆油、花生油、棉籽油、米糠油等植物油脂，经过选择氢化，再用溶剂结晶分提出其中物理性能近似于天然可可脂的部分。

用 CBR 类型油脂生代可可脂巧克力及其制品，无需调温，操作简便。

这种代可可脂在化学成分方面比之月桂型代可可脂接近天然可可脂，制成巧克力制品冒霜花现象较少。

这类硬脂具有可可脂相似的硬度、脆性、收缩性和涂布性能，但与天然可可脂相溶性较差，口溶性较慢。

这种非月桂型代可可脂，也宜与可可粉混合使用，在巧克力生产中具有较高的稳定性，由于它不含月桂酸，不会受酶水解而产生肥皂味，较少发生酸败，产品具有较稳定的光泽和较长的货架寿命，因此在巧克力生产中依然得到应用。一般可以制作纯巧克力制品，也适合涂布巧克力制品，特别适合制作饼干、威化、蛋糕等涂层类产品，是当前一般巧克力生产上常用的代用原料。

第四节　巧克力的常见品种

将可可制品加热溶解，加入砂糖、奶粉（全脂或脱脂）、乳化剂等，经过搅拌、混合、磨细、精炼等加工过程，得到液体巧克力，再加以调温、成型、冷却等步骤，所得到的产品就是巧克力。

巧克力的常见品种是牛奶巧克力、黑巧克力、白巧克力、红巧克力，它们在色泽和滋味上各具特色。我们将黑巧克力视为基本产品，对它的配方与工艺进行微调，就能形成牛奶巧克力、白巧克力、红巧克力。

以代可可脂生产的产品称为代可可脂巧克力，也一并在这节介绍。

一、黑巧克力

黑巧克力（dark chocolate），也称纯巧克力，一般指可可固形物含量介于70%～99%之间，或乳质含量少于12%的巧克力。主要由可可脂、可可粉、少量糖组成，可可脂含量较高，硬度较大，具有可可苦味。

黑巧克力的色泽不是黑色，是深色，一般是深棕色，因为烘焙后可可豆的最终颜色是和烘焙温度时间密切相关的，不可能达到所谓的黑色（全黑），因为黑色是碳化的标记，不能食用。

1. 特色

黑巧克力是喜欢品尝"原味巧克力"人群的最爱。甚至有些人认为，吃黑巧克力才是吃真正的巧克力。

随着人们健康意识和审美观念的改变，黑巧克力以健康、独特的姿态重新进入人们的视野。借用巧克力制作大师皮埃尔那段著名的话："这似乎是所有巧克力爱好者的归宿：一开始，是牛奶巧克力作启蒙，这是每个人都热爱的，然后改变渐渐发生，你会越来越爱纯度更高的；就像葡萄酒，勃艮第

（Burgundy）是葡萄酒爱好者的最后选择。"

黑巧克力的可可香味没有被其他味道所掩盖，在口中融化后，可可的香味会在齿间四溢许久。有较多科学证据指出，可可中的多酚类化合物（可可多酚）有显著的抗氧化作用，对提高胰岛素敏感度和心血管功能有一定帮助。其抗氧化成分的含量与可可含量成正比，可可含量越高，其抗氧化成分的含量也越高。美国耶鲁·格里芬预防研究中心（Yale-Griffin Prevention Research Center）发布的一项研究表明，黑巧克力对降低血压、改善血管功能、促进血管扩张等都有积极的影响。

2. 配方

我们从四个方面来解读黑巧克力的配方，如图 3-2。

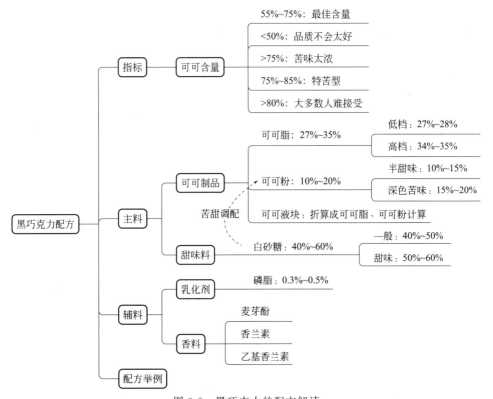

图 3-2　黑巧克力的配方解读

（1）指标

所谓的指标，是可可含量，这事关甜度与成本、苦甜的平衡。

如图 3-3 所示，为黑巧克力的主料组成及通常用量，可可含量为可可脂和可可粉之和，如果可可含量高，就意味着白砂糖的含量减少，成本提高。

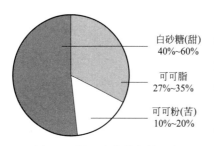

白砂糖(甜)
40%~60%

可可脂
27%~35%

可可粉(苦)
10%~20%

图 3-3　黑巧克力的主料组成

一般来说，如果黑巧克力中的可可固形物含量在 50% 以下，那么它们的品质不会太好。因为这样的产品要么太甜，要么太油腻。

黑巧克力甘甜浓香，但并非越苦味道越佳。最佳的可可含量在 55%～75% 之间，最关键的是可可豆的质量。

可可含量越高，就意味着含糖量越低。可可成分＞75%，巧克力就会变得一味的苦，从而掩盖了本身的甘甜，同时也因苦味过浓，搭配不了其他味道的夹心馅料，所以，75% 大约是黑巧克力中可可成分的极限。

可可含量在 75%～85% 属于特苦型巧克力，这是巧克力可口的上限。通常可可含量超过 80% 的黑巧克力，口感苦，很难为大多数人所接受。

那些狂热的巧克力迷喜欢可可含量高于 85% 的，对可可的浓郁香气和苦味情有独钟，有部分骨灰级的爱吃 100% 含量的；个人接受程度不同，一般人看不懂。也有人对此大倒苦水："作死买了 100% 黑巧克力，苦得无法下咽。我觉得比中药苦多了……吐出来，漱了口，还感觉回味悠长。"这说明，口味差异是极其主观的，就在于如何习惯它，就像第一次喝生普洱茶不习惯，喝久了却再难离开。

（2）主料

一块巧克力的优劣可以从其天然可可液块、可可脂、可可粉、糖类等核心原料的含量来评判。

① 可可液块　可可液块的可可固体物与脂肪成分大约各占一半。所以，在用于生产巧克力时，必须加入压榨的可可脂，直至最终产品的可可脂与固体物比率约为 3∶1，使产品获得平衡的香味，并具有典型巧克力的组织质感。

② 可可脂　可可脂有它独特的特性：入口即化，并且能够赋予巧克力独特的口感。可可脂的晶型结构也赋予巧克力与众不同的遇热软化、遇冷硬脆的质地特征以及光亮的外观。这是其他成分无法完全替代的。

巧克力的硬度是产品成功的一个关键特性，巧克力在常温下的脆性与可可脂的硬度或固体脂肪含量有着直接的关系。巧克力中可可脂的成分比例要根据巧克力的物理性状、风味、品质来考虑。一般来说，可可脂含量越高，质地越硬，因此好的黑巧克力掰开的时候会发出清脆声，断面比较平滑。

由于在价格上及对配方中脂肪含量的限制，再加上加工所出现的困难，现今的巧克力产品生产商尽可能少地使用可可脂作为巧克力香味的来源。他们大部分都以可可粉（约 12% 脂肪）作为香味配料，但容易使最终产品缺乏真正巧克力浓郁芳香、圆润幼滑、齿颊留香的香味与质感。

③ 可可粉 用于巧克力的商品可可粉一般含可可脂量为 12％。可可粉中存在着一些天然色素——可可棕色和可可红色。巧克力的棕色外表就是由这类天然色素产生的。巧克力中可可粉含量不同，它的色泽程度就会有深有浅。

可可粉中含有可可质，是产生可可苦味的物质。在巧克力中可可粉含量高而糖的比例相对地降低，这样的巧克力就偏苦，甜度也就低；反之，可可粉含量少，配料中糖的比例相应提高，这样的巧克力就比较甜。

④ 糖类 糖在巧克力中的含量为 40％～60％，主要用作甜味剂、填充剂。

不同品质、风味的巧克力，砂糖含量不同。砂糖的成分、比例以不消除可可质的苦味来考虑；苦味巧克力，砂糖比例低；反之，甜味巧克力，砂糖比例高。

巧克力是低水分的制品，水分含量要求 1.5％以下；巧克力的加工过程和质量要求用低水分、干燥优质的砂糖。

（3）辅料

① 乳化剂 在巧克力加工过程中，添加表面活性剂能使巧克力黏度降低，起乳化、稀释作用，促进液状油脂和糖的微粒互相亲和、乳化，彼此联结在一起。通常使用的乳化剂是磷脂。

有实验证明，在 32％油脂的巧克力中，添加 0.2％的磷脂量，能降低巧克力黏度，有利于巧克力的加工，但磷脂用量过多，会影响产品的品质、风味。一般用量以 0.3％～0.5％为宜。

另外也可采用具有类似特性的其他表面活性剂，如脂肪酸蔗糖酯、单硬脂酸甘油酯等。

② 香料 在巧克力中添加微量的香料物质，来完善和加强巧克力总的芳香效果。通常使用的香料有香兰素、麦芽酚、乙基香兰素。用量为 0.3％～0.5％。

3. 工艺

黑巧克力、白巧克力、红巧克力、牛奶巧克力的工艺流程基本相同（如图 3-4 所示），在这里一并介绍，在调温工序略有差别。

操作要点如下：

（1）原料的预处理

为了适应巧克力生产的工艺要求，有利于混合制作，有些原料需要预先处理。

① 可可液块和可可脂的预处理 可可液块、可可脂在常温下都是固态原料，在与其他原料混合之前，必须先将其熔化，使其具有流动性，再进行投

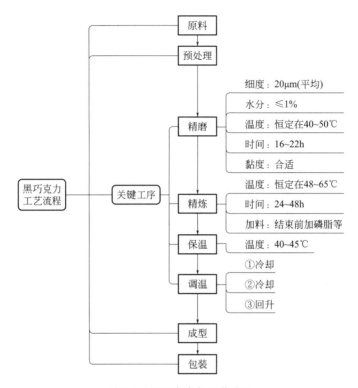

图 3-4　黑巧克力的工艺流程

料。熔化可在夹层锅或保温槽等加热设备中进行，熔化时的温度不超过 60℃，熔化后的保温时间应尽量缩短，不宜过长。为了加快熔化速度，事先应将大块原料分切成小块，然后进行熔化。

② 白砂糖的预处理　巧克力中含有大约 50％的白砂糖，白砂糖的结晶颗粒比较大，口感比较粗糙，直接投放在巧克力浆料中，巧克力原有的细腻润滑性就会消失。因此，白砂糖在与其他巧克力原料混合前，一般都要经过粉碎、研磨成糖粉（经过 120 目筛，细度均匀），以便更好地与其他原料混合，提高精磨设备的利用效率，延长设备的使用寿命。

③ 混合　生产巧克力，首先要将巧克力的各种不同原料进行混合，将可可液块、可可粉、可可脂、糖和奶粉等混合成一种均匀的巧克力浆料。这需要通过混合机来完成，按照配方定量喂料后进行混合成光滑的脂质料团，可可脂成为连续相分散在其他物料之间，把各种成分均匀地结合一起，为精磨机正常运转提供有利条件。

（2）精磨

精磨是最基本的生产环节之一。它是在各种巧克力原料充分混合的基础上，在精磨设备里研磨，通过机械的不断摩擦、搓拉、挤压、剪切、撞击、滚压后，将原料的颗粒磨细到平均 $20\mu m$，从而使巧克力一到嘴里，就不会辨别出任何颗粒感，从而赋予巧克力细腻的感觉。

一般巧克力物料，在未研磨前的细度约在 $100\sim150\mu m$ 之间，经精磨后巧克力浆料的直径要求在 $15\sim35\mu m$，巧克力质量优良的工厂一般都采用五辊精磨机。

① 精磨的目的与作用　巧克力研磨的目的，就是将巧克力的组成物料的颗粒比表面扩大，从而促使被分散的物料颗粒相应地增加。被分散的物料颗粒增加越多，表面积的比值就越大。精磨过程促使巧克力组成物料磨细，并得到均质、形成高度的均一状态的多相分散体系。

基本上，巧克力物料经过精磨后都可以达到如下的效果：

A.精磨可以使巧克力物料达到要求的细度。人的味觉器官可以辨别出细度 $25\mu m$ 以上的颗粒，而精磨可以将巧克力组成物料磨细至平均小于 $25\mu m$，保证巧克力口感细腻润滑。

B.精磨可以使巧克力物料充分混合，达到高度的均匀度。各种巧克力固体原料经过精磨，颗粒形态由大到小，数量由少变多。油脂作为分散介质，将各种原料均匀包围、分散开来，使巧克力物料充分混合均匀，并具有良好的流动性。

C.精磨可以减少巧克力浆料中的水分。巧克力原料或多或少都带有一定的水分，在精磨过程中，由于研磨时产生热量，或采用球磨机或精磨精炼机进行机械搅拌、翻动、抽风等，部分的游离水会从原料中挥发出来，巧克力浆料的水分自然减少。

D.精磨便于巧克力调香，并增强其协调性。在制作特色巧克力过程中，有时会加入如咖啡、椰蓉、茶粉等原料来调香，由于这些物料可以与巧克力原料一起混合、研磨，调香物料不会从巧克力组织中分离出来，所以巧克力成品经调香具有各种特色。

E.精磨可以促使巧克力物料的稀释与乳化。有的精磨设备，如精磨精炼机兼有精磨和精炼的功能，可以促进乳化剂充分发挥作用，在一定程度上，精磨较长时间的机械动作，可以促使巧克力物料得到稀释与乳化。

② 精磨的设备　巧克力的各种原料通过精磨，加工到细度要求，设备选型很重要；此外，按照不同的设备类型，确定合理的制作工艺，也是一个关键因素。

精磨的方式有多种，如球磨、辊磨、筒式精磨，精美的巧克力一般采用球磨和辊磨。

　　A. 球磨。球磨机最早是用于油漆工业的精磨设备，大约在 20 世纪 60 年代开始用于巧克力工业，称为球磨技术。它是利用无数耐磨的特殊钢球（最早采用卵石），将其装在有夹套的不锈钢圆桶体中，在一定温度下，通过无数滚动钢球搅拌物料，不断摩擦碰撞，从而磨细物料。

　　物料的黏度与球磨工艺密切相关。为了使物料顺利通过钢球，巧克力浆料的脂肪含量必须＞30％。巧克力浆料与钢球表面的接触面越大、时间越长，颗粒的细度就越细。钢球的直径为 0.3～1.0cm，装入量约占混合容积的 80％。搅拌器的搅拌速度根据物料成分对温度要求而定，温度低的速度慢，温度高的速度快，通常搅拌器速度在 100～400r/min 之间变化。巧克力浆料不断研磨和混合，最终细度达到 18～20μm，大约需要 15h。研磨速度慢，生产效率低。

　　B. 辊磨。在配料中采用糖粉时，巧克力浆料混合后可直接下料送至五辊精磨机。五辊精磨机的主体结构如图 3-5 所示，图中数字 1～5 分别代表 5 个工作辊，其中辊 2 是定辊（旋转不移动），其余 4 个是浮动辊（旋转且移动）。物料自辊 1 和辊 2 间进入，从辊 5 上出料，并且辊间的轧距自下而上逐渐变小。

　　与传统精磨机相比，五辊精磨机生产效率高，单位能耗低，精磨均匀，不仅改善了巧克力的口感，还提高了巧克力的营养。

　　③ 精磨的工艺要求　不同类型的精磨设备在精磨巧克力浆料时，在工艺上有各自不同的特点和要求。

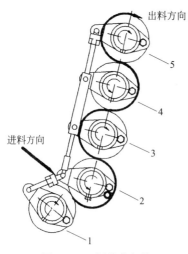

图 3-5　五辊精磨机的
主体结构侧视图

　　A. 浆料的细度。在精磨后，巧克力浆料的平均细度应达到 20μm。精磨过程中，巧克力浆料的平均细度会受到各种原料的基本特性的影响，如硬度、颗粒大小等以及各类精磨设备的不同特性和精密程度。因此，精磨后，浆料的颗粒大小不一，有的会大于 20μm，有的会小于 20μm。但总的要求是：10μm 以下占 10％～15％，20μm 左右的约占 50％～60％，30μm 左右的占 20％～30％，超过 30μm 的占 5％～10％。在巧克力生产中，精磨是最重要的环节，巧克力在这个环节中通过精磨机的作用，产生了细腻润滑的口感。

B. 浆料的含水量。巧克力浆料的含水量不宜超过 3%，有的不超过 1%。

C. 浆料的温度。精磨机磨细的巧克力浆料，温度应保持在 40～50℃。无论使用何种精磨设备，都应该严格控制好巧克力浆料的温度。在精磨过程中，巧克力会产生大量的热量，导致温度升高，温度过高会影响巧克力的口感，并损坏设备，因此，工艺规定精磨温度控制在 40～42℃ 范围内，不得超过 50℃。

D. 精磨的时间。每种物料的精磨时间应控制在 16～22h。

巧克力浆料采用三辊或五辊精磨机加工，一般都能在短时间内完成。

对于小型工厂来说，使用圆形精磨机，每次连续研磨时间，一般应控制在 18～20h 之内。

E. 浆料的黏度。配方的优劣和合理性、工艺是否对路、环境是否适合，这些都影响到浆料的黏度。因此，要在实践中寻找最佳配方和工艺要求。

在精磨过程中，浆料的温度要保持恒定，如果作为分散介质的油脂不发生变化，随着精磨过程的继续，分散在油脂中的颗粒增多，物料的黏度势必会增加，流动性降低，就会增加精磨的困难。所以，一般在精磨过程中不要将配方中的油脂全部加入，而是逐步加入，使物料保持一定的黏度和温度。

根据研磨工艺的要求，对混合后巧克力浆料的总脂肪含量要求在 25% 左右，所以在混合时需要控制脂肪的加入量，使巧克力浆料既不会太干也不会太湿，才能保证辊筒在研磨过程中的正常运转。

F. 重金属的含量。巧克力浆料中重金属的含量，不仅与原料直接有关，还牵涉到巧克力生产的各个工序。其中精磨过程对重金属含量的影响最为关键。球磨机和精磨精炼缸尤为突出，一般需要增加除铁器，以便降低重金属的含量。

G. 环境的相对湿度。巧克力精磨车间的相对湿度对精磨过程会有影响，应该控制在较低范围内，并控制相应的室温。车间应保持清洁，空气中不应有大肠杆菌及其他致病菌的存在，严格控制杂菌，尤其是霉菌，避免污染产品。

（3）精炼

经研磨后，巧克力物料已经达到了细度，但是润滑度不够，本质上没有那种润滑感；虽然巧克力物料颗粒变小，但各种颗粒形状不规则，边缘锋利多棱角，口感粗糙，还没有达到令人满意的口味，各种物料还没有完全结合成一种独特的风味，还有一些不适的口感。因此下一步就是精炼。

"精炼（conching）"来自西班牙语"concha"，意为海螺壳。其名字来源于，它最初是在一个形状像海螺壳的圆形槽的设备中加工的。巧克力液料在这种槽中，经滚轮长时间转动反复翻转，推撞和摩擦，巧克力物料发生了物理和化学变化，变为光滑的球体，液态油脂均匀地包住被磨光的各种颗粒，形成了高度乳化的、均一的物态分散体系；在长时间的加工过程中，水分和难闻的气味被充分挥发，从而使巧克力浆料的组织变得乳化均匀、色泽鲜艳动人、香味纯正醇厚、风味独特、入口细腻润滑。

① 精炼的作用

A.巧克力物料的含水量进一步降低。

B.去除可可浆料中残留的、不需要的可挥发性酸类物质。

C.促进巧克力物料的黏度降低，提高物料的流动性。

D.促进巧克力物料色、香、味的变化。

E.改善质构，进一步使巧克力物料变得更细腻、更光滑。

② 巧克力物料在精炼过程中发生的变化　精炼使巧克力物料产生一系列复杂和微妙的变化，既有物理的，也有化学的，这些变化交织在一起，产生了香气、质构和口溶性的质量变化。

A.水分和挥发性物质的变化。在精炼过程中，特别在精炼初期，巧克力物料仍然处于干性和浆体状态，水分的蒸发是在温度 50~75℃ 之间，不仅是加热保温产生的温度，还有精炼过程中物料的翻转摩擦和剪切产生的热量，使物料的水分由内向外发散，被蒸发掉。实际上，水分挥发是在物料较干时、精炼 6~8h，物料还没有软化到足够使油脂形成连续相之前。巧克力物料经过精磨后残留在浆料中的水分为 1.6%~2.0%，精炼后要求降到 0.6%~0.8%。

随着水的蒸发，挥发性物质一起被蒸发。可可原料在发酵时生成的醋酸和其他挥发性物质，有一部分在焙炒和研磨过程中损失掉了，但未精炼的巧克力物料中每 100g 仍有约 140mg；这些挥发性物质不完全是乙酸，还有丙酸、丁酸、戊酸和己酸，以及酯、醛、酮和醇。精炼后约有 30% 的乙酸和 50% 以上低沸点的醛被蒸发掉，还有一些非挥发性酸保持不变，如柠檬酸、草酸、乳酸和香草酸。精炼时保持不变的非挥发性物质，还包括带有苦味的嘌呤、可可碱和咖啡因，带涩味的大部分单宁（或者仅有很少量的挥发），成为产品风味的组成成分。

B.色、香、味的变化。挥发性物质的变化，减少了酸味和涩味，使巧克力味道进一步温和。在精炼过程中，由分离出来的游离氨基酸与还原糖发生美拉德反应，形成新的芳香物质，促进巧克力物料香味进一步完美。实际上，美拉德反应在可可焙炒时已经发生，消耗了大约 50% 的游离氨基酸，剩下的在精炼过程中进行反应。巧克力独特香气，有的是在焙炒过程中在较高温度下产生的，例如吡嗪类化合物；而其他香气却是在精炼过程中在较长时间下反应产生的，如美拉德反应（也称为非酶棕色化反应），这些反应进一步促进了巧克力色、香、味的形成。

C.黏度的变化。黏度的降低是巧克力物料在精炼过程中明显的物理变化。

各种物料在精磨时受剪切和研磨压力形成凝聚的细小颗粒，在精炼时进一步分散成更加细小的光滑微粒。油脂受热转变成液态，分散到糖、可可、乳固体的表面成为连续相，均匀地把各种微小颗粒包围起来，在每个颗粒表面形成油膜，减少了颗粒之间的界面张力，可以提高物料的流动性。

物料的流动性也与水分含量密切相关。巧克力物料中的水分子，可以对物料中的胶体产生水合作用，使胶体吸水膨胀，使物料变得非常黏稠。通过精炼，降低了含水量，提高了分散颗粒间的界面活性，流变参数突变，进一步提高物料的流动性。

流体黏度的变化是由于在精炼后期添加了磷脂。磷脂是一种乳化剂，可以起到表面活性的作用，一方面将油和水结合在一起，另一方面紧紧吸附糖分子，将糖和油脂连接在一起，实际上是使油脂紧密地分布在糖的表面，增加了界面活性，使物料变得稀薄，降低黏度，提高流散性。用 60%～65% 的商品磷脂，磷脂可以代替约 9～10 份的可可脂，改变巧克力物料的流动性。因此磷脂既可降低黏度，又可降低成本，是巧克力生产中十分受欢迎的成分。但磷脂用量不能无限制地增加，通常用量为 0.3%～0.5%。在精炼过程中，磷脂应分段添加，如果加入太早，物料变得稀薄，会影响物料的翻动和摩擦，不利于水分和挥发性物质的散发。

现代精炼过程一般都有三相精炼，或分为三个阶段，即干相精炼、浆相精炼和液相精炼。干相精炼时不能添加磷脂，浆相精炼时只允许添加少量磷脂或可可脂，而大部分磷脂和配方中留下的可可脂都是在最后液相精炼阶段快结束时加入。

D. 物料颗粒的变化。无论从技术角度还是从消费者角度来看，精炼中更重要的因素是影响巧克力物料质量的颗粒大小和形态。精炼的第一个作用就是把精磨后巧克力微粒进一步变小，使物料的平均细度进一步下降，平均细度在 $25\mu m$ 以下就可以产生细腻的感觉。同时，物料的颗粒形态也发生明显变化。巧克力物料在精磨机强大的压力下研磨出来的颗粒形态很不规则，边缘不整齐，有锋利的棱角，很不光滑；经过长时间的精炼，把颗粒不整齐的边角磨成光平，分散在油脂之中就有了润滑作用，使巧克力口感细腻润滑，产生独特的口感。实际上，在精炼过程中，巧克力物料颗粒变小的程度不大，最多的是形态上变光滑，从表 3-7 中，可以看到精炼过程中巧克力细度变化。

表 3-7　精炼过程中巧克力细度的变化

测定结果	精磨后	精炼 24h	精炼 48h
细度<15μm 的颗粒占比	54.0%	60.0%	60.0%

精炼前巧克力细度小于 $15\mu m$ 的占 54%，而精炼 24h 和 48h 后的细度都相同，占 60%，可以看出精炼 24h 后细度没有变化。如果砂糖颗粒继续变得非常细小，就会对巧克力的流动性产生相反的影响。因为细度的降低等于糖颗粒表面积的增加，就需要更多的可可脂分布到它的表面，反而提高巧克力浆料黏度；相反，可可质粒继续变小有利于黏度降低，因为可可质粒变小，使包存在可可颗粒中间的可可脂分离出来，等于增加了油脂，提高巧克力物料的流动性。所以巧克力平均细度应控制在 $20\mu m$ 左右，对口感和流动性都有好处。

E. 精炼过程中巧克力风味的形成。巧克力的风味形成需要经历一个漫长的过程。可可豆的发酵是风味形成的初始阶段，可可豆所含的葡萄糖与游离氨基酸产生化学反应，产生一些风味物质。可可豆干燥烘烤过程是一个物理化学变化过程，葡萄糖与游离氨基酸受水分的影响，在高温条件产生美拉德反应以及嗜热菌蛋白酶的作用，形成特殊的风味。可可豆的混合精磨中，加入了蔗糖和奶粉等物料，促使了可可风味的迁移和巧克力风味的初步形成。精炼过程是从可可豆到巧克力风味形成的关键的阶段，在高剪切力作用下，不仅修整物料粒子的表面，有效扩大了其表面积，同时除掉一些难闻的气味，促使可可豆产生的芳香物质，迁移到糖中，促使糖分风味芳香化。精炼之后，各种物料混合更为均一、高效，形成巧克力基本风味。

③ 精炼方式　巧克力精炼方法随着生产的发展发生了很大的变化。为了提高精炼效率，获得巧克力的最佳风味和口感，精炼方式不断地提高和改进，从液态精炼发展至干、液态精炼和干、浆、液态精炼。

A. 液态精炼。又称液相精炼，在精炼过程中，巧克力物料在加热保温下始终保持液化状态。通过滚轮旋转长时间往返运动，巧克力物料不断摩擦翻动与外界空气接触，使水分减少，苦味渐渐消失，得到完美的巧克力风味。同时巧克力得到均化，使可可脂在每个细小颗粒周围形成一层油脂膜，提高了润滑性和熔融性。这是最初的传统的精炼方式，现在已经很少采用了。

B. 干态、液态精炼。在精炼过程中，巧克力物料先后经过干态和液化阶段两个阶段，也就是干炼和液炼两个阶段结合一起进行。首先干炼，就是在干相状态，总脂肪含量在 $25\%\sim26\%$ 之间，呈粉状精炼，这个阶段主要是加强摩擦、翻动和剪切，使水分和挥发性物质挥发。第二阶段液炼，添加油脂和磷脂，处于液相状态下精炼，进一步均化物料，使质粒变得更细、更光滑，从而增强风味和口感。

C. 干相、浆相（塑性）、液相三阶段精炼。干相精炼阶段，水分和不需要的化合物成分减少，如可可豆中残留的挥发性酸、醛、酮，被减少到不影响最终巧克力风味的理想程度。浆相精炼阶段，除了消除聚结一起的物料以外，剪切和加热促使风味物质的形成，降低水分，乳化均匀，再次提高口感品质。液相精炼，是最后精炼阶段，剧烈搅拌导致均匀、剪切作用，进一步提高前段精炼效果，在最佳流动性下形成最适宜的风味。

④ 精炼工艺变化　为了提高精炼效率，获得巧克力的最佳风味和口感，精炼趋向于在时间长短、温度高低两个方面进行变化。

A.精炼时间的变化。传统的精炼方法是在保温条件下对处于液相状态下的巧克力物料进行长时间精炼，需要48～72h，生产周期长。如何缩短周期，保持原有质量不变，是现代精炼机采用干液相精炼的结果，精炼时间可缩短至24～48h。

也有人提出，可可物料经杀菌、脱酸、碱化、增香和焙烤预处理，即所谓PDAT反应器处理后，精炼时间可减少一半。但是，精炼时间仍然是保持巧克力品质的重要因素，要达到巧克力的顺滑口感，必须需要一定的时间。不同类型的巧克力需要不同的精炼时间。例如，牛奶巧克力精炼时间较短，约为24h，而可可含量高的深色巧克力精炼时间较长，约为48h。

B.精炼温度的变化。精炼过程的温度控制有两种趋势。一是在45～55℃的较低温度下精炼，称为"冷精炼"；二是在70～80℃的较高温度下精炼，称为"热精炼"。

这两种精炼方式可以应用于不同类型的巧克力，例如黑巧克力和牛奶巧克力。牛奶巧克力采用45～50℃精炼，而黑巧克力采用60～70℃精炼。牛奶巧克力在50℃下进行精炼，含水量由1.6%～2.0%缓慢下降至0.6%～0.8%，总酸含量下降幅度较小。精炼温度提高5℃，黏度改善，精炼时间缩短。当精炼温度从50℃提高到65℃时，香味、黏度、油脂用量都得到改善，而不影响牛奶巧克力的独特香气。因此牛奶巧克力低于60℃精炼，既不经济又不合理，欧洲国家普遍采用较高的精炼温度。

（4）保温

经精磨精炼后的巧克力浆料，在进入下一道工序前，要保持流体状态，有一个保温过程。保温的目的是储备浆料，适应连续生产，为下一道工序调温创造必要的工艺条件。

通常巧克力浆料在保温缸中保温，温度保持在40～45℃。

保温缸为双重夹套缸体，可通入冷热水保温，或采用电加热保温。在缸体的下端设有冷热水进水口，上端设有溢水口，缸体中心安装有条板形主搅拌器，并有两组十字状条板形辅助搅拌器与主搅拌器形成90°方向的垂直转动。

按照不同的容量，保温缸分成多种型号和规格，我国有100L、500L、1000L，国外大型的有3000～10000L的。搅拌器主轴转速为22.5r/min，主电机功率 100L 的为 0.75kW，500L、1000L 的均为 1.1kW。缸体上安装有巧克力浆料温度计。它们的基本结构和动作原理大致相同，但在搅拌形式上有些不同。

（5）调温

无论何种配方制成的巧克力或类似的涂层巧克力，都包含着完全分散在可可脂中的固体混合物（可可、糖、奶粉等），在正常加工温度下为液体。随着巧克力冷却，这些脂肪从液态转变为固态前需要调温，目的是使其以最佳状态进行凝固，并具有符合涂布或注模的流动特性。

① 调温的作用　可可脂和许多天然类可可脂肪均含有复杂的三酸甘油酯。脂肪酸的组成有多种，不同脂肪酸组成的相对比例决定脂肪的熔化和凝固特性。可可脂有多种不同的晶体，称为多晶型物。

可可脂呈现的多晶型物，一般被认定为有 6 种晶体形态，即 Ⅰ～Ⅵ 型，其稳定性见图 3-6。

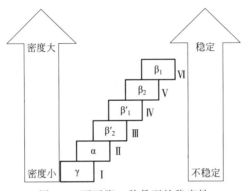

图 3-6　可可脂 6 种晶型的稳定性

由于可可脂具有复杂的结晶性，可通过多种不同的变性而结晶成多晶型脂肪，正是这些结晶的变化，影响着巧克力的物理特性。

γ 型结晶的熔点在 16～18℃，非常不安定，约 3s 即转变成 α 型。可忽略。

α 型结晶（Ⅰ型和Ⅱ型）：熔点 17～23℃，室温下一小时转变为 β′ 型结晶。质地软，易碎，易融化。

β′ 型结晶（Ⅲ型和Ⅳ型）：熔点 25～28℃，室温下一个月转变为 β 型结晶。质地硬，不脆，易融化。

最稳定的 β 型结晶（Ⅴ型和Ⅵ型）：熔点在 33～36℃，质地硬脆，融化温度接近人体体温。但是熔点最高的最稳定的Ⅵ型结晶粒子粗大，口感不佳，且表面会产生油斑（fat bloom），这也是为什么巧克力放久了之后表面会形成一层"白霜"的原因。可可脂形成的最佳晶体形态是 Ⅴ 型，制得的巧克力有光泽，不易起霜，质量较好。

因此，添加可可脂的巧克力在加工过程中要进行适当的调温处理，使不稳定晶型转化为稳定晶型，改善巧克力质量。

调温是一项工艺性较强的过程，保证可可脂和类可可脂形成最稳定的晶型，然后正确地冷却，使巧克力产生良好的光泽并经久不发生花白现象。调温适宜，可以收到如下效果：

A.便于制品脱模；

B.使巧克力具有良好光泽；

C.使巧克力组织脆硬、细腻滑润；

D.增强巧克力制品的耐热性和热稳定性。

② 调温的步骤　巧克力调温通常包括以下几个步骤：

A.把巧克力完全熔化；

B.冷却到结晶的温度点；

C.产生结晶；

D.熔去不稳定的结晶。

在实际生产中，经过精炼的巧克力物料温度一般都在45℃以上，在保温缸中保温的巧克力温度也在40～45℃之间，已经不存在任何油脂的结晶。于是调温实际分为三个阶段（以黑巧克力为例）：

第一阶段，冷却：将巧克力浆的温度从40℃冷却到29℃。在这一阶段中，开始形成可可脂的结晶。当温度稍有变动时，各种不同的可可脂晶型便会立即改变；调温的第一阶段就是把影响油脂结晶的敏感热移除。

第二阶段，冷却：将巧克力浆料的温度从29℃冷却到27℃。在这一阶段中，巧克力浆料中的可可脂迅速形成细小的结晶核，油脂开始形成稳定的β晶型和不稳定的β′晶型。

第三阶段，温度回升：巧克力浆料的温度从27℃回升到29～30℃，在这一阶段中，使巧克力浆料中的可可脂晶型趋向基本一致，达到浆料调温的目的。回升的目的是把不稳定的β′晶型通过加热重复熔化掉，留下最稳定的β晶型。

各种巧克力的调温要求不完全一致，一般牛奶巧克力最终调温温度稍低些，为29～30℃，黑巧克力稍高些，比牛奶巧克力高2～3℃。因为牛奶巧克力中乳脂肪会影响调温温度，乳脂肪含量越高，调温温度越低。

在调温机发明之前，有一种传统的调温方法，是先将巧克力加热熔化，然后冷却调和，进行诱导结晶。再将巧克力浆倾倒于大理石板上，用螺旋状铲刀不断刮铲，直至稠厚，至此，已经形成了稳定和不稳定的晶体。再将其放在浅盘中与温热的巧克力一起混合，熔化掉不稳定的结晶。这种方法被传统的小规模巧克力生产厂参照使用。现在已经发展了许多种类的调温设备，以至先进的连续调温设备，尽管如此，其结构原理仍然参照巧克力调温示例过程构成。

③ 调温效果的检测　为了检查调温后稳定晶型的程度，现在有一种调温测量计，可以测量巧克力中的油脂按指定的方法下冷却时产生的冷却曲线，根据记录器上的曲线图形确定调温程度。

将一个热变电阻器探针插入调温后巧克力浆料样品，放在一个金属管中，置于冰水浴，以恒定的冷却速率使其冷却。

在不同的温度调节条件下，可以测得三种典型的不同的调温曲线，表示三种调温状态：调温不足、调温正确、调温过分，见图 3-7。

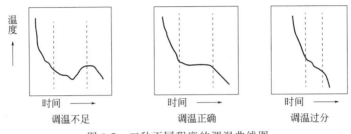

图 3-7　三种不同程度的调温曲线图

在巧克力中的油脂固化过程中，结晶热的释放显示出曲线斜度的变化。如果调温不足，巧克力固化时释放的热量大大地超过了控制的冷却速度，导致产生了第二部分的温度上升的温峰曲线；相反，如果调温过分，在测试以前已经产生了大量结晶，因此在测试时产生的结晶热很少，由于结晶热的不足，就不会导致温度上升的曲线斜度发生变化；而调温完好的巧克力，所产生的结晶热与在冰水浴中冷却所移去的热量达到平行，观察到的是平坦的温度曲线。

图 3-7 中，第一部分是所有液态巧克力在固化前都表现出类似的温度下降曲线；第二部分是确定调温状态最重要的部分，它呈现出三种完全不同的曲线：调温不足出现温度上升的温峰曲线、调温正确出现平坦的曲线、调温过分出现温度继续下降的曲线；第三部分是再次出现类似的温降曲线。

采用更先进的自动调温计量仪测量调温效果，可鉴别调温是否完善。该设备内置测头、自动冷却系统、打印装置，使检测曲线更准确、快捷，操作无需冰水，仅需电流插座，并装有与 PC 相连接的供数据传输的系列界面。德国索丽世公司在自动调温机上装有自动调温计量仪，每 6min 记录一次调温温度，调温曲线图自动显示在调温机的电脑屏幕上。

④ 调温设备　巧克力调温设备是按照调温原理设计制造的，从结构简单向连续、自动化方向发展。温控区由三段温控发展到五段温控，巧克力调温曲线趋于准确、合理，有的则将充气功能与调温有机结合，直接生产充气巧克

力，有的将调温效果检测与调温相结合，使调温设备功能多样化。

A. 间隙式调温机。一般间歇式调温器，传热速度慢，调温控制不够灵敏，调温过程时间长，不能满足现代连续浇注成型生产的需要。调温缸是一种间歇式的圆桶形调温设备，批量较小，容量为100L，称为巧克力调温缸。在缸体的下端，分别设有冷热水进水口，可通入冷水或热水控制缸体温度，并有放料阀。外层设有夹套层，夹套上端设有溢水口。缸体中心安装有带刮板的搅拌器，可翻动加入缸中的巧克力物料，转速为14～15r/min。调温时，先通冷水降温，通过搅拌促进结晶形成，再用热水升温至所需要求。这种调温缸调温速度缓慢，完成一次调温过程大约需要1h。

B. 连续调温机。连续调温机是一种高效率的调温设备，当巧克力浆料通过机内时，它的温度能很快地分阶段得到冷却和回升，使巧克力浆料中的油脂形成稳定的晶型，生产效率和生产水平得到显著的提高。

连续调温机的主体为不锈钢夹套圆筒体热交换器，可通入冷热水，分冷却和回升两个阶段不同温度区。热交换器中间设有配合紧密的螺旋推进器主轴，巧克力浆料随螺旋槽运进，经冷水区冷却和热水区回升温度，达到调温所需温度要求，直接送到浇注成型机浇注料斗。

连续调温最重要的是保证巧克力浆料通过调温后，离开调温系统时只存在稳定的β晶型。因此连续调温机结构必须具备以下几个最重要的性能：多调温区、最大的冷却表面、完全刮去冷却表面的物料和有效的混合、适当的冷却时间、精确的温度控制。

常见的连续调温机有：卧式连续调温机、板式连续调温机、连续调温充气机等。

板式连续调温机就是按照以上要求进行设计的。当巧克力浆料由泵输入连续调温机时，不断地从冷却表面连续被刮去并带走热量，使温度降低并受到控制；其中可多至7个冷却区，由电子数控器按设定的温度完全自动地进行控制，无需管理。

连续调温充气机突破"压力搅打式"的充气原理，采用温和的折入方式，使气体形成大小相近的小气泡，均匀分布在巧克力浆料中。其特点是利用调温机回热段的空间，将充气和调温有机地结合，充气和调温在同一台机器上完成。如果不需要充气，气体的注入可以自动关掉。充气程度取决于物料的流变性、配方以及气体的类型。

（6）成型

巧克力浆料经过适宜的调温后，应不失时机地立即成型，经不同成型方法，可制得形形色色的产品。

巧克力的成型方法主要有：浇注成型法、挤出成型法、轧制成型法、冲压成型法、涂布上衣法。

① 浇注成型法　这是巧克力生产中最普遍的成型方法，可分为实心浇注成型、空心浇注成型。

A. 实心浇注成型。是用泵将已经调温的巧克力浆料定量注入模格中，经跳台振动，排去浆料中的空气，使浆料表面基本平整后，进入冷却隧道，使巧克力冷却凝固，形成固定形状的巧克力制品。

实心浇注最普遍，浇模时巧克力浆料的温度应控制在 28～29℃。

料温过高，黏度小，流散性好，操作方便；但温度高，凝结时间长，脱模困难，制品表面晦暗，甚至有发花发白现象；料温低，物料就会变得很稠厚，注模困难，单位块重也不易准确，同时较难排除物料内的气泡。因此，一定要控制好温度和黏度。

在浇模后，振动巧克力浆料，以排除混入浆料中的气泡，使组织变得坚实紧密，并使浆料在模型里流散和凝固后达到一定的形状。

巧克力的冷却凝固，一般都有预冷和冷却两个阶段。预冷阶段的温度一般控制在 10～15℃，冷却阶段的温度一般控制在 0～5℃。

B. 空心浇注成型

空心浇注的模具为开合模，浆料浇入半模后，上下模合拢，模子绕轴转动，使浆料均匀分布于模腔四周，逐步凝固。也可将浆料浇注于一对半形模中，待模腔壁上的巧克力适当凝固后，用抽浆泵抽去中心部位未凝浆料，然后将两半形模合拢（在未合拢前，两半巧克力的上平面边沿应稍热化），使黏合成一整体空心制品。

② 挤出成型法　挤出成型采用与以往不同的方法使巧克力成型，所以给人全新的感觉。挤出成型巧克力主要的种类有：针状巧克力、棒状巧克力、网状巧克力、特形巧克力、装裱巧克力、挂点扭花巧克力。

③ 轧制成型法　适用于制作如蛋形、球形等易滚动的实心巧克力制品。其原理是用一副刻有凹模的对合空心辊筒，内部通冷盐水，将已经调温的巧克力浆料注入两辊之间，使浆料流入各模腔内，同时两辊间留有约 2mm 间歇，使迅速冷却凝固的颗粒连成片从辊上分离，进入冷却隧道，经回转装置将大片分成若干小片，继而进入一带有 8mm 孔的不锈钢圆筛内，圆筛滚动将 2mm 的边子筛除，即得制品的坯子，再经抛光加工即可。

④ 冲压成型法　这是一种在板状制品表面加工立体图案的方法。利用上下凹凸冲压模具冲压成型。模具上雕有各种凹凸花纹，让包有铝箔的巧克力坯移至冲压工位，利用冲模的挤压力使巧克力与铝箔包装纸依模具表面图案变

形，形成外表具有凹凸图案的制品，如"金币"等。

⑤ 涂布、上衣法　这是为了在一个除巧克力外的其他心料（如果仁类脆心、糖粉制作的片剂等）的外部，均匀涂上巧克力，并抛光。这是其他食品与巧克力进行混搭的常用方式之一。

（7）包装

在模具中凝固后脱出的巧克力，应立即进行包装。同时生产环境应符合工艺条件。

巧克力在包装时，应注意不碰伤、擦毛光亮的外表，产品表面不能留有指纹的痕迹，更不能将染有外来杂质、缺角、断裂等不符质量的巧克力一起包装。

巧克力的包装形式有半机械和连续自动机械包装等多种方式。高速包装机一般都有反应灵敏的红外线传感装置，并与气动原件相组合，形成一套完整的自控系统。这类自动包装生产线，一般都与巧克力成型机部分相连接。

巧克力对热有很强的敏感性，良好的包装可以保护产品不变形，又可使巧克力的香气减少逃逸。巧克力制品的包装一定要用防潮包装，包装室的温度应在 12～15℃，相对湿度应小于 50％。包装好的产品要在温度 15℃、相对湿度 < 50％的条件下继续贮存 15～30 天，以便巧克力结晶彻底稳定。

二、牛奶巧克力

牛奶巧克力（milk chocolate）是一种含有牛奶口味的巧克力，至少含 10％的可可浆、12％的乳质。

牛奶巧克力于 1876 年由 Daniel Peter 发明，自从商品化以后，占据着重要的巧克力市场。长期以来，牛奶巧克力以它的口感均衡而受到消费者的喜爱，成为世界上消费量最大的一类巧克力产品。

对牛奶巧克力来说，由于包含奶粉而让消费者期望一些营养上的益处。牛奶是包含蛋白质、矿物质、维生素、酶、脂肪和糖的复合生物流体。有研究显示，吃牛奶巧克力有助于增强脑功能，尤其是帮助大脑集中注意力。牛奶巧克力中含有很多可以起到刺激作用的物质，例如可可碱、咖啡因等，这些物质可以增强大脑的活力，让人变得更机敏，注意力增强。

与黑巧克力相比，牛奶巧克力的主要原料中增加了奶粉，如图 3-8 所示；整个配方的构成如图 3-9 所示。

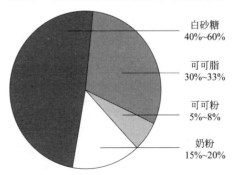

白砂糖 40%~60%

可可脂 30%~33%

可可粉 5%~8%

奶粉 15%~20%

图 3-8　牛奶巧克力的主料构成

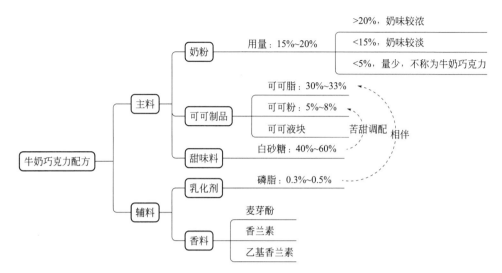

图 3-9　牛奶巧克力的配方构成与配比

在巧克力中添加一定量的奶粉（全脂奶粉、脱脂奶粉），就获得具有奶味的巧克力，称为牛奶巧克力。巧克力中添加奶粉，不管是从风味方面，还是从营养方面来说，都可得到理想的效果，补充氨基酸、矿物质和维生素，增加巧克力的营养价值。

在巧克力组分比例中，奶粉在5％以下时，由于奶粉含量少，奶味产生不出来，因此不能称为牛奶巧克力，一般奶粉比例10％以上才称为牛奶巧克力。市售的牛奶巧克力，通常奶粉比例为15％～20％。奶粉比例为15％以下的牛奶巧克力，奶味较淡，20％以上的奶味较浓。不同类型奶粉的使用也会导致牛奶巧克力风味的变化。

许多因素会影响牛奶巧克力的风味特征。原料方面，低含量的蔗糖会增加牛奶巧克力的烤香，而蔗糖含量过高会导致奶香、焦糖香的增加。

一般的配料大致如下：

可可浆料（含脂55％）　　12％～18％

可可脂　　　　　　　　　15％～20％

结晶砂糖　　　　　　　　42％～45％

全脂乳粉（含脂26％）　　23％～25％

卵磷脂　　　　　　　　　0.3％

按照这一配料组成，其中总脂肪含量以质量计可达33％，以体积计可达46％。

三、白巧克力

白巧克力是指不添加非脂可可物质的巧克力，即不含可可粉的巧克力。

但是，白巧克力不是纯白色。因为可可脂是象牙白（发黄）。就算混合了牛奶，也达不到白，因为牛奶本身是奶白色（乳脂肪决定的）。

白巧克力一般作为一种休闲食品出现，它与一般巧克力的区别是它并没有添加可可粉，而是由可可脂等作为主原料制成，可可脂是巧克力在室温时保持固体而又能很快在口中融化的成分，因此白巧克力和巧克力具有同样的质地、不同的味道。

白巧克力不含有可可粉，风味特征很不同于牛奶巧克力和黑巧克力。它仅有可可的香味，这样仍然保持了巧克力的一些风味，但苦涩味却大大减少了。由于没有可可粉出现在组合物中，成分中的任何不期望的特征都可能在最终产品中表现得更为明显。白巧克力虽然在口感上与牛奶巧克力大致相同，但乳制品和糖粉的含量相对较大，甜度高，乳制品、甜味剂和脂肪成分的风味将更加突出，可能在食用期间具有蜡质或油腻口感，而不是口中的顺滑、丝般感觉。

白巧克力成分与牛奶巧克力基本相同，只是不含可可粉，乳制品和糖粉的含量相对较大，甜度高。它的配方就是在牛奶巧克力的基础上做减法，去掉可可粉。如图 3-10。

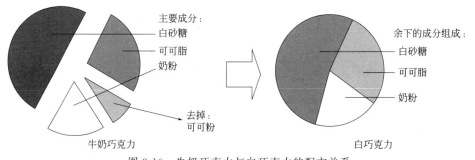

图 3-10　牛奶巧克力与白巧克力的配方关系

四、红巧克力

可可粉是生产巧克力的主要原料，可可粉的色泽和风味是衡量可可品质的主要指标，而碱化工艺是控制可可粉色泽和风味的必要手段。

碱化，指在天然可可（pH 5～5.6）中加入碱液调整酸性环境，中和酸度，去除可可涩味，促进可可粉颜色从浅棕色到红色或者更深颜色的改变，从而使可可粉品质得到改善，该过程相当于美拉德反应的深入。由红色的碱化可可粉可制成红色的巧克力。

碱化处理可以在可可加工的不同阶段和在可可不同状态下进行，在可可豆焙炒前、可可碎仁过程中、可可豆肉焙炒后、可可液块和可可饼不同工序中都可以实施；因此，碱化方式有可可仁碱化、可可液块碱化、可可粉碱化。

1. 可可仁碱化

可可仁碱化的具体过程：先焙烤可可豆使豆仁破碎并且仁壳分离，将可可碎仁放入碱化器中，加入已经配置好的一定浓度的碱液，混匀后在设定的温度下进行反应，充分反应后除去剩余的水分，得到碱化后的碎仁。这种碱化方式不仅符合工厂设计的总体流程，而且碱化后产品的可可特征风味较强，但是碱液较难渗入豆仁中，所以反应后颜色变化不明显。

2. 可可液块碱化

可可液块碱化的具体过程：先将已经焙烤过的可可碎仁研磨成液块，放入碱化器中，加入已经配制好的一定浓度的碱液，充分搅匀后，在设定的温度下进行反应，得到碱化后的可可液块。可可液块碱化虽然比较经济，但是在加工过程中温度不宜超过115℃，否则容易导致液块黏稠，而且对于含水量的控制要求很高，因此国内企业很少采用。

3. 可可粉碱化

可可粉碱化的具体过程：可可液块经过压榨得到可可饼和可可脂，将可可饼破碎后得到可可粉，放入碱化器中，加入已经配制好的一定浓度的碱液，充分搅匀后，在设定的温度下进行反应，充分反应后除去剩余的水分，得到碱化后的可可粉。粉碱化的可可粉虽然碱化后颜色较深，但是可可风味不明显，需要进一步改善，有研究发现在碱化粉中加入风味前体，通过二次烘焙可以使可可增香。

可可粉的碱化虽然在加工流程上没有可可仁碱化直接，但是易与碱液反应，最终产品的颜色变化明显。在碱化时施加一定压力可以提高碱化温度，使其达到110℃以上，而且压力可以促进碱液渗透到豆仁中，以此加强仁碱化的程度，加深可可粉的色泽。加糖碱化的可可粉会产生独特的红棕色。从风味上来说，加糖碱化的可可粉还有十分浓郁的奶油香气和果香味。

经过碱化处理的可可粉颜色更深，易溶解，口感变好，味道更香，但是营养成分会有所损失，特别是黄烷醇（抗氧化剂）含量大幅度下降。

五、代可可脂巧克力

代可可脂巧克力（cocoa butter alternatives chocolate）：以代可可脂等为主要原料，添加或不添加可可制品（可可脂、可可液块或可可粉）、食糖、乳制品、食品添加剂及食品营养强化剂，经特定工艺制成的在常温下保持固体或半固体状态，并具有巧克力风味和性状的食品。

在 GB/T 19343—2016 中，定义巧克力时，加注：非可可植物脂肪添加量占总质量分数≤5%。也就是说，代可可脂添加量超过 5%（按原始配料计算）的产品就归为代可可脂巧克力。这就保障了消费者的知情权。

1. 性能评价

可可脂、类可可脂、代可可脂均是生产和制作巧克力及其制品不可缺少的成分之一，而在实际生产和应用过程中，需要根据不同的产品和使用性能选择合适的油脂，以达到在不同领域的应用效果。可可脂与类可可脂是需要经过调温的油脂，而代可可脂系列油脂无需经过调温。这也导致它们在不同应用性能上的差异，见表 3-8。

表 3-8　几种油脂的应用性能评价

产品类别	应用性能					适用范围		
	光泽度	结晶速率	口感	涂布性	调温	小块	涂层	其他
可可脂（CB）	++++	+++	++++	+++	需要	√	√	
类可可脂（CBE）	++++	+++	++++	+++	需要	√	√	
代可可脂（CBS）	++++	++++	++++	+++	不需要	√	√	冷饮等
代可可脂（CBR）	+++	+++	++	++++	不需要		√	

注：++++，好；+++，较好；++，一般。

2. 代可可脂的替代方法

在巧克力及巧克力制品生产过程中，对所用油脂的关注点有多个，如熔点、SFC（固体脂肪含量）、结晶速率、收缩性、口溶性等。

在巧克力配方中，常常含有多种不同性质的油脂，例如：奶粉中的乳脂，可可粉中的少量可可脂。如果添加可可脂，还需要考虑各种油脂的相溶性。

使用反式异构型非月桂酸型代可可脂时，可可脂的量占总脂肪的 20% 为宜，若再添加可可粉和可可液块，巧克力的风味就更好了。

采用月桂酸型代可可脂时，需要控制可可脂的掺入量，可用含有微量可可脂的可可粉代替可可液块。为了延缓水解而产生的肥皂味，应事先将可可粉加热至 115℃ 以上，进行灭菌和使酶钝化。

总之，在巧克力配方中，或者以可可脂为主，或者以可可脂代用品为主。当一种油脂的比例超过总脂肪量的 80% 时，巧克力就不会发生表面起霜、组织疏松柔软等劣化现象。

3. 工艺

在这里介绍类可可脂巧克力的工艺，它相对多了调温工序；月桂酸型（CBS）和非月桂酸型（CBR）代可可脂巧克力的工艺与其类似，但省去调温工序，操作更为简便。

（1）粉碎

按配方配料，将可可粉、白砂糖、奶粉等放入混料机中混合均匀，在高效能粉碎机中粉碎，调节粉碎机的间隙，控制物料的细度为 $40\sim50\mu m$。

（2）精磨

巧克力浆料的精磨是许多道生产环节中一项最基本的环节，浆料精磨的平均细度要求在 $20\sim25\mu m$ 之间，这样细度的巧克力产品具有一种细腻润滑的口感，香味也表现得均匀和顺。

将粉碎好的混合物料和部分类可可脂加入精磨缸内，保持 $40\sim50℃$ 的温度进行精磨。因为浆料在精磨过程中能产生大量的热量，而使巧克力料温不断上升，会使油脂黏度明显升高，使浆料增稠，流散性降低，导致脂肪与其他物料发生分离等，必须引起高度注意。

经过 $18\sim22h$ 精磨后，添加剩余部分类可可脂、卵磷脂和香兰素。用物理方法测试结果，达到细度要求，便可以停止精磨，浆料可以转移到保温缸内保温，等待调温处理。

（3）调温

调温过程就是调节物料温度的变化，使物料产生稳定的晶型，从而使巧克力质构稳定。未经调温或调温不好，不仅会使巧克力成型时发生困难而不便于脱模，而且还会使产品品质低劣，表面会呈现程度不同的晦暗或灰白现象，组织结构松散，缺少应有的脆性，耐热性较差。浆料经过正确调温后，巧克力物料的收缩性较好，产品外表光亮、色泽明快、组织结构质脆坚实。

类可可脂是按不同的熔程温度进行分馏提纯的，不同类型的类可可脂，其感温特性不同。类可可脂物料温度的控制一般都比可可脂的料温高 $1\sim2℃$，即可将物料温度从 $40℃$ 冷却到 $29\sim30℃$，再冷却到 $27\sim28℃$，以完成油脂从不稳定晶型向稳定晶型转化的过程，此后，料温回升，从 $27\sim28℃$ 回升到 $30\sim31℃$，使浆料中油脂稳定晶型趋向一致，实现调温所需达到的目的。

（4）浇模、硬化

浇模是把液态的巧克力浆料浇入定量的模型内。此时，巧克力浆料要严格控制温度和黏度。浇模前的起始温度就是调温后的最后温度，因此，调温后的浆料需要进行恒温。浆料温度过高，会破坏已经形成稳定晶型的油脂结晶；如果温度偏低，巧克力浆料黏度大，造成浇模困难，气泡难以排除。

模板在浇模前也要适当加热，和浆料温度相适宜，否则浆料温度会再次发生上下变动，产生出各种异常的现象，例如巧克力脱模困难，块形容易严重变形，巧克力表面光泽晦暗，有时甚至发花发白，组织松软，这样就丧失了调温时意义。

巧克力浆料浇模后，都要经过机械振动，排除物料中存在的气泡，使巧克力质构紧密，形态完整。

巧克力浇模后的冷凝固化过程，不但要有相应的温度条件，而且还要有一定的冷却时间范围。类可可脂在冷却固化过程中的温度一般比可可脂要低 3～4℃，这有利于防止类可可脂巧克力表面油脂的析出，冷却温度应控制在 4℃ 左右，冷却时间为 25～30min。考虑配合冷风吹拂，以帮助潜热尽早排出。当巧克力块的温度与冷却介质的温度达到平衡时，即表明巧克力的成型过程已经完成。

（5）包装

经冷却硬化的巧克力，脱模后进行包装。包装不仅可以保持巧克力经久的外观和香味特征，而且还可以防热，防水气侵袭，防香气逸失，防油脂析出，防霉变和虫蛀等。

包装温度控制在 20℃ 左右，相对湿度不超过 50％。

第四章

巧克力+乳品：
资源、混搭、配方与工艺

乳和乳品是营养价值较高的食品，人均乳品消费量是衡量一个国家人民生活水平的主要指标之一。世界上许多国家都对增加乳品消费给予高度重视，加以引导和鼓励。在我国，乳品逐渐成为人民生活必需食品。

巧克力＋乳品，进行混搭，内容如图 4-1 所示，我们首先从资源的角度来看待乳品，进行深度发掘，挖掘潜在资源；在此基础上，与巧克力混搭，最后举例为两类最为广泛的例子：巧克力牛奶、巧克力酸奶。

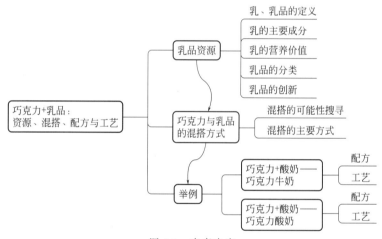

图 4-1　本章内容

第一节　乳品资源

我们从资源的角度来看待乳品，对乳品的定义、分类、营养价值、开发等进行一番梳理，为下一步的混搭作好准备。

一、乳、乳品的定义

乳是乳畜在产犊（羔）后由乳腺分泌出的一种具有胶体特性的生物学液体。其色泽呈白色或略带黄色，不透明，味微甜，具有特有的香味。它是幼畜出生后唯一的食物，含幼畜生长发育所需的各种营养成分和保护幼畜免受感染的抗体。人们经过对产乳动物长期的定向选育，育成了专门为人类提供乳品的产乳家畜（乳牛、乳山羊）。因此，乳成为当今世界人类最适宜食用的营养食品之一。

乳品，即乳制品，是指以牛羊乳及其加工制品为主要原料，加入或不加入适量的维生素、矿物质和其他辅料，经加工制成的各种食品，是我国的国民消费品之一。

二、乳的主要成分

正常牛乳，各种成分的含量大致是稳定的。乳的成分十分复杂，其中至少含有上百种化学成分，主要包括水分、脂肪、蛋白质、乳糖、盐类、维生素、酶类及气体。牛乳的主要化学成分及基本组成如表 4-1 所示。

表 4-1　牛乳中主要成分及其含量（1L 乳）

成分	含量	成分	含量
1. 水分/g	860～880	（4）血清白蛋白/g	0.30
2. 乳浊液中的脂质		（5）其他白蛋白或球蛋白/g	1.90
（1）乳脂肪/g	3.0～5.0	（6）脂肪球膜蛋白/g	0.20
（2）磷脂类/g	0.30	（7）酶类	微量
（3）脑苷酯类/	痕量	4. 可溶性物质	
（4）甾醇类/g	0.10	（1）糖类	
（5）类胡萝卜素/g	0.10～0.50	①乳糖/g	15～50
（6）维生素 A/mg	0.10～0.50	②葡萄糖/mg	50
（7）维生素 B/mg	0.4	③其他糖类	痕量
（8）维生素 E/μg	1.00	（2）无机和有机离子及其盐类	
（9）维生素 K/mg	痕量	①钙/g	1.25
3. 悬浮液中的蛋白质		②镁/g	0.10
（1）酪蛋白/g	25	③钠/g	0.50
（2）β-乳球蛋白/g	3	④钾/g	1.50
（3）α-乳白蛋白/g	0.70	⑤磷酸盐（以 PO_4^{3-} 计）/g	2.10

续表

成分	含量	成分	含量
⑥柠檬酸盐（以柠檬酸计）/g	2.00	⑦叶酸/μg	1.00
⑦氯化物/g	1.00	⑧维生素 B_{12}/μg	7
⑧碳酸氢盐/g	0.20	⑨肌醇/mg	180
⑨硫酸盐/g		⑩维生素 C/mg	20
⑩胆碱/mg	150	（4）非蛋白态及维生素态氮（以 N 计）/mg	250
（3）水溶性维生素		（5）气体	
①硫胺素/mg	0.40	①二氧化碳/mg	100
②核黄素/mg	1.50	②氧/mg	7.5
③尼克酸/mg	0.2～1.2	③氮/mg	15.5
④吡哆醇/mg	0.7	5.微量元素	
⑤泛酸/mg	3.0	锌、铁、铜、钴、铷、碘、锶、钡、锂、铝、硼、锰等	痕量
⑥生物素/μg	50		

当受到各种因素的影响时，其含量在一定范围内有所变动，其中脂肪变动最大，蛋白质次之，乳糖含量通常很少变化。在乳品加工方面，过去认为最重要的是脂肪，因此在收购鲜乳时往往用脂肪作标准，同时一些主要乳制品的质量标准也往往突出脂肪的含量。但牛奶的营养价值和质量的好坏，更主要的取决于干物质，所以有些国家在收购鲜乳时也用干物质或无脂干物质作为质量标准。

牛乳的化学组成受品种、个体、畜龄、泌乳期、饲料、季节、环境、气温、榨乳以及牛体健康状态等多种因素的影响而有所变动。

三、乳的营养价值

乳是一种全价营养食品。它不仅具有人体所需的各种营养素，而且极易被人体消化吸收。牛奶和羊奶的营养价值有所不同。

1. 牛乳的营养价值

当婴儿因母乳不足或因故不能哺乳时，牛乳可经适当调配，使其成分接近母乳，成为理想的代乳食品。牛乳是古老的天然饮料，被誉为"白色血液"，其对人体的营养价值十分重要。牛乳是大自然赋予人类最有益于健康的食品，被誉为"最接近完善的食物"，所含营养价值几乎能全部消化吸收。

牛乳中的蛋白质是人体蛋白质最好的来源，包含了人体所需的全部的必需氨基酸，是对人体有益的全蛋白。牛奶的蛋白质含量为 3%～4%，其中 80% 以上为酪蛋白，其他主要为乳清蛋白。酪蛋白是一种耐热蛋白质，但可以在酸性条件下沉淀，容易为人体消化吸收，并能与谷类蛋白质发生营养互补作用。酪蛋白及乳清蛋白，比其他动植物蛋白质具有更高的生物价，其中乳清蛋白因有很高的营养价值和生物学效价，被营养学界誉为"蛋白质之王"。半公升牛乳，即可供应人体每日全蛋白质需要量的 20%～25% 或动物性蛋白质需要量的 40%～45%，且乳蛋白消化率高，可被人体很好地吸收，保证了人体生长的正常需要，可促进儿童的生长发育，而且还是能量的来源。

牛乳中的糖类 99.8% 为乳糖，其含量占牛乳成分的 4.6%～4.8%，还有极微量的葡萄糖、果糖和半乳糖。乳糖几乎是乳中唯一的碳水化合物，进入人体被分解为葡萄糖，最后以热能形式被利用。乳糖容易为婴儿消化吸收，而且具备蔗糖、葡萄糖等没有的特殊优点：促进钙、铁、锌等矿物质的吸收，提高其生物利用率；促进肠内乳酸细菌，特别是双歧杆菌的繁殖，改善人体微生态平衡；促进肠细菌合成 B 族维生素。

普通牛乳中的脂肪含量约占 2.8%～4.0%，主要为甘油三酯，包括人体所需的必需脂肪酸，这些脂肪以较小的微粒分散在乳浆中，因此其消化率在 95% 以上，易于消化吸收，同时还含有大量脂溶性的维生素。乳脂肪是丰富的能源，是脂溶性维生素 A、维生素 D、维生素 E 等的含有者与传递者，胆固醇含量低。不同的处理工艺使牛乳因脂肪含量分为普通牛乳、低脂牛乳和脱脂牛乳。

牛奶是动物性食品中唯一呈碱性的食品。牛奶中的矿物质种类和数量比较丰富，主要为钙、磷、镁、钾、钠、硫及锌、锰等。其中钙最重要，牛奶含钙量达 120mg/100mL，易于吸收，对骨骼的形成、肌肉正常代谢都有很重要的作用。牛乳中的钙、磷不仅含量高而且比例合适，并有维生素 D、乳糖等促进吸收因子，吸收利用率高，因此牛乳是膳食中钙的最佳来源。

牛乳是各种维生素的优良来源。它含有几乎所有的脂溶性和水溶性维生素，可以提供相当数量的维生素 A、维生素 B_6、维生素 B_{12} 和泛酸。牛乳中的尼克酸含量不高，但由于牛乳蛋白质中的色氨酸含量高，可以帮助人体合成尼克酸。牛乳中还含有少量的维生素 C 和维生素 D。牛乳的淡黄色来自类胡萝卜素和核黄素，其中胡萝卜素的含量受饲料和季节的影响，青饲料多时含量增加。

乳类是改善营养、增强体质的优质食品。牛乳是最好的钙源，同时，乳品能提高免疫力、降低胆固醇、防治动脉硬化、心血管系统疾病、抗胃溃疡等作用。牛乳包含了蛋白质、脂肪、碳水化合物、维生素、矿物质和水六大成分，具有供给人体热量和能量，供给青少年发育和成人弥补损伤，以及维持和调节生理功能等三大功能，是人们"菜篮子"的重要组成部分。牛乳类消费对一个民族的健康与长寿，个人身体素质、耐力、智力、体力等的提高具有重要作用。

那么牛乳真的是如此完美的食物吗？事实上并不是所有的人都适合喝牛乳。有些人，特别是有些婴幼儿，由于消化道内缺乏乳糖酶，喝牛乳后会出现腹胀、腹痛、腹泻等症状，称为"乳糖不耐受症"。还有些人因为过敏体质，不能消化牛乳中的 α-S1 酪蛋白，常出现皮疹、湿疹及腹痛、腹泻等过敏症状，也不宜饮用牛乳，可用酸奶或其他乳制品来代替牛乳。

2. 羊乳的营养价值

羊乳营养丰富、易于消化吸收，被称为"乳中之王"，对婴幼儿、青少年和老年人的健康和营养补充起着重要的作用，特别地，对牛乳过敏的消费者可以通过饮用羊乳而达到补充相关营养的作用。

研究表明，山羊乳含有氨基酸、维生素、矿物质、乳糖和酶类等 200 多种营养物质和生物活性成分，是一种营养较全面的食品，其蛋白质、矿物质及各种维生素的总含量均高于牛乳。羊乳与其他哺乳动物乳的化学组成基本相似，但营养价值更高。羊乳中的氨基酸、维生素、矿物质、无机盐等营养成分的含量略高于牛乳；羊乳还可以对肾上腺产生作用，帮助人体缓解压力。

羊乳中牛磺酸含量高达 47.7mg/L，而牛乳中仅为 4.2mg/L；羊乳中含磷脂 52mg/100g，尤其是卵磷酸、脑磷脂和神经鞘磷脂含量丰富，对脑神经生长发育，提高智商和强化视觉功能有重要作用。羊乳中还含有丰富的三磷酸腺苷（ATP），可促进乳糖的分解转化，饮用时不会产生腹胀、腹泻等症状，是"乳糖不耐症"患者的最佳乳品选择。

与牛乳相比，羊奶的球蛋白颗粒小、质量分数高，因此羊乳比其他乳制品更易被人体消化吸收。羊乳的脂肪球与蛋白质颗粒只有牛奶的 1/3，且颗粒大小均匀，其钙磷比例接近 2∶1，是婴幼儿、老年人、骨质疏松及其他骨病患者的最佳食补钙源。但是，羊乳中铁含量较低，食用时应注意对铁元素的补充。

羊乳富含维生素 A、维生素 B_1、维生素 B_2、烟酸和泛酸，但缺乏叶酸和维生素 B_{12}，两者质量分数仅为牛乳的 1/5，长期以羊乳喂养婴儿，易导致婴幼儿营养性巨幼红细胞性贫血症；羊乳和牛乳中维生素 B_6、维生素 C、维生素 D 质量分数都比较少，须从其他来源补充，否则会影响婴幼儿的生长发育。

四、乳品的分类

《乳制品企业生产技术管理规则》将乳制品分为液体乳类、乳粉类、炼乳类、乳脂类、干酪类、乳冰淇淋类和其他乳制品类七大类。

1. 液体乳类

液体乳类根据原料成分的不同分为：纯牛（羊）乳、复原乳、调制乳、发酵乳、衍生品。

（1）纯牛（羊）乳

根据杀菌程度的不同，纯牛（羊）乳分为杀菌乳和灭菌乳。

① 杀菌乳　乳制品杀菌是重中之重，杀菌乳是杀灭对人体有害的致病菌，使牛（羊）乳成为安全食品。良好的杀菌方式不仅能够保留营养价值和口感，还能避免传统杀菌带来的热效应，这已经受到越来越多的关注。

杀菌乳的方法主要包括：热杀菌、冷杀菌、物理化学杀菌。

牛（羊）乳的热杀菌方法主要有三类：第一类，低温长时杀菌（LTLT），即巴氏杀菌；第二类，高温短时杀菌（HTST）；第三类，超高温瞬时杀菌（UHT）。

超高温灭菌乳可贮存 3 个月。

巴氏杀菌乳一般在玻璃瓶装的条件下，常温下仅能贮存 12h。

巴氏杀菌乳是以新鲜牛乳为原料，采用巴氏杀菌法 72～85℃ 左右的低温杀菌加工而成。巴氏杀菌乳在杀灭牛乳中有害菌群的同时，完好地保存了营养物质和纯正口感，使牛乳的营养成分能够充分发挥作用。但经巴氏杀菌后，仍保存部分较耐热的细菌或细菌芽孢，所以其保质期不太长。

② 灭菌乳　灭菌乳又称长久保鲜乳，是指以生鲜牛（羊）乳为原料，经净化、标准化、均质、灭菌和无菌包装或包装后再进行灭菌等工序制得的，具有较长保质期、可直接饮用的商品乳。

灭菌乳是杀死乳中的微生物，包括病原体、非病原体、芽孢等。但灭菌不是完全无菌，对产品的营养价值影响较小，只是产品达到了商业无菌要求，即不含危害公共健康的致病菌和毒素；不含任何在产品贮存、运输及销售期间能繁殖的微生物；在产品有效期内保持质量稳定和良好的商业价值，不变质。

生产灭菌乳的主要目的，是使产品的特性在加工后保持稳定，并使此时间尽量延长。灭菌乳应符合两项要求：①加工后产品的特性应尽量与其最初状态接近；②贮存过程中，产品的质量应与加工后产品的质量保持一致。灭菌乳的包装形式多种多样，携带方便，除 B 族维生素外，其他的营养成分保存很完整。

灭菌乳根据灭菌工艺的不同分为：超高温灭菌乳和保持灭菌乳。

超高温灭菌乳，指以生鲜牛（羊）乳为原料，添加或不添加复原乳，在连续流动的状态下，加热至 132℃ 以上，并保持很短时间（4s）灭菌，再经无菌灌装等工序制成的液体产品。

保持灭菌乳，指以生鲜牛（羊）乳为原料，添加或不添加复原乳，无论是否经过预热处理，在灌装、密封之后，再经灭菌等工序制成的液体产品。

（2）复原乳

复原乳又称还原乳、还原奶，是指以乳粉为主要原料，添加适量水，制成与原乳中水、固体物比例相当的乳液；即用全脂乳粉和水勾兑而成的，符合 GB 19301—2010《生乳》成分的液态乳。

（3）调制乳

调制乳指以不低于 80% 的生鲜牛（羊）乳或复原乳为主要原料，添加其他原料或食品添加剂、营养强化剂，采用适当的杀菌或灭菌等工艺制成的液体产品。

（4）发酵乳

发酵乳指以生鲜牛（羊）乳或乳粉为原料，经杀菌、发酵后制成的 pH 值低于生鲜牛（羊）乳的产品。发酵乳在冷藏条件下的保质期通常在 21 天以内，发酵后经热处理的发酵乳保质期可延长。

（5）衍生品

在液体乳中使用其他辅料，就形成了液态乳的衍生系列产品：

① 风味乳（奶）　以牛（羊）乳或混合乳为主料，脱脂或不脱脂，添加调味辅料物质，经有效加工制成的液态产品，又可称为调味牛乳（奶）、调香牛乳（奶）。

② 营养强化乳　以牛（羊）乳或混合乳为主料，脱脂或不脱脂，添加营养强化辅料物质［如 Fe、Zn、DHA（二十二碳六烯酸）等］，经有效加工制成的液态产品。

③ 含乳饮料　以新鲜牛乳为原料，适度调味调酸以及调质，经配制或发酵而制成的具有相应风味的固态、半固态或液态的饮料。其中含乳量至少应在 30% 以上。

2. 乳粉类

乳粉是以新鲜牛（羊）乳为原料，并配以其他辅料，经杀菌、浓缩、干燥等工艺过程制得的粉末状产品。一般添加一定数量的植物或动物蛋白质、脂肪、维生素、矿物质等配料。

乳粉的特点：在保持乳原有品质及营养价值的基础上，产品含水量低，体积小，重量轻，贮藏期长，食用方便，便于运输和携带，更有利于调节地区间供应的不平衡。品质良好的乳粉加水复原后，可迅速溶解恢复原有鲜乳的性状。乳粉在我国的乳制品结构中占据着重要的位置。

乳粉类根据是否脱脂，分为全脂乳粉和脱脂乳粉；根据是否添加其他原料，分为全脂加糖乳粉、调制乳粉（包括婴幼儿乳粉）；还有其他乳粉。

① 全脂乳粉　全脂乳粉指仅以生鲜牛（羊）乳为原料，不添加辅料，经浓缩、干燥制成的粉（块）状产品，基本保持了乳中的原有营养成分。

② 脱脂乳粉　脱脂乳粉，是先将牛乳中的脂肪经高速离心机脱去，再经过浓缩、喷雾干燥而制成的粉末状产品。这种产品脂肪含量一般不超过2.0%，蛋白质含量不低于非脂乳固体的34.0%。

③ 全脂加糖乳粉　全脂加糖乳粉是仅以牛乳或羊乳、白砂糖为原料，经浓缩、干燥制成的粉状产品。全脂加糖乳粉几乎保留了鲜乳的全部营养成分。

④ 调制乳粉　调制乳粉是指针对不同人群的营养需要，在鲜乳原料中或乳粉中调以各种营养素，经加工而成的乳制品。调制乳粉的种类包括：婴儿乳粉、母乳化乳粉、牛乳豆粉、老人乳粉等。

婴幼儿乳粉是母乳化的特殊调制乳粉，以类似母乳组成的营养素为基本目标，通过添加或提取牛乳中的某些成分，使其组成不仅在数量上，而且在质量上都接近母乳。这种制品适于喂养婴幼儿。

⑤ 其他乳粉　包括冰淇淋粉、奶油粉、麦精乳粉、酪乳粉等。

3. 炼乳类

炼乳是一种浓缩乳制品，它是以生鲜牛（羊）乳或复原乳为主要原料，经杀菌、减压浓缩，除去大部分水分后制成的黏稠态产品。

炼乳的种类多，按照加工时所用的原料和辅料的不同，分为淡炼乳（无糖炼乳）、甜炼乳（加糖炼乳）和调制炼乳。

① 淡炼乳　淡炼乳指以生鲜乳和（或）乳制品为原料，添加或不添加食品添加剂和营养强化剂，经加工制成的黏稠状产品。淡炼乳俗名淡奶，由于生产时不加糖，因此又名无糖炼乳，这种产品对原料牛乳质量要求特别严格；新鲜纯净、酸度低、乳清蛋白含量少，检验合格。要求原料牛乳的脂肪与非脂肪物质含量的比例均能符合有关标准。

② 甜炼乳　甜炼乳指以生鲜乳和（或）乳制品、食糖为原料，添加或不添加食品添加剂和营养强化剂，经加工制成的黏稠状产品。

甜炼乳是在牛乳中加入约16%的蔗糖，并浓缩至原体积40%左右的一种乳品。成品中蔗糖含量为40%～45%。甜炼乳装罐后不再灭菌，而是依靠足够浓度的蔗糖所造成的渗透压抑制乳中残留微生物的繁殖，防止产品变质。

淡炼乳与甜炼乳的生产工艺基本相似，主要区别见表4-2。

表 4-2 淡炼乳与甜炼乳的区别

项目	甜炼乳	淡炼乳
原料乳新鲜度	范围宽	要求高（75％酒精实验和热稳定试验）
是否加糖	是	否
均质	有时可省略	不可省略，防止脂肪球上浮
保藏性	加糖增加渗透压	不加防腐剂，不能调酸
杀菌工艺	原料分别杀菌后混合、浓缩	二次杀菌（预热巴氏杀菌和灌装后杀菌）

③ 调制炼乳　调制炼乳指以生鲜乳、乳制品为主料，添加或不添加食糖、食品添加剂和营养强化剂，添加辅料，经加工制成的黏稠状产品。按添加物的种类可分为可可炼乳、咖啡炼乳、维生素等强化炼乳、模拟母乳组成的婴儿配方炼乳等。

4. 乳脂肪类

乳脂肪是乳的主要成分之一，在乳中的平均含量为 3％～5％。它是一种营养价值较高的脂肪，所提供的热量约占牛乳总热量的一半。从牛乳中分离出来的乳脂肪称为奶油。

奶油是将乳分离后得到的稀奶油，经成熟、搅拌、压炼等一系列加工过程而制成的脂肪含量高的一类乳制品。它是以水滴、脂肪结晶以及气泡分散于脂肪连续相中所组成的具有可塑性的 W/O 型乳化分散系。奶油的加工原料是牛乳或稀奶油，牛乳和稀奶油是一种 O/W 型乳状液。所以在任何一种奶油加工过程中都会发生一个相转化过程，即由 O/W 型乳状液转化为 W/O 型乳状液。

大多数国家的奶油标准要求脂肪含量不低于 80％，非脂乳固体含量不高于 2％，水分含不高于 16％。

乳脂类根据脂肪含量的不同，可以分为：稀奶油、奶油和无水奶油。

① 稀奶油　稀奶油指以乳为原料，分离出的含脂肪的部分，添加或不添加其他原料、食品添加剂和营养强化剂，经加工制成的脂肪含量 10.0％～80.0％的产品。

静置时由于重力的作用或离心分离时由于离心力的作用，新鲜的全脂乳会分成富含脂肪的和含脂较低的两部分，前者称为稀奶油，后者称为脱脂乳。根据含脂率的不同，稀奶油分为半稀奶油、咖啡用稀奶油、发酵稀奶油、重制稀奶油、凝固稀奶油、高脂稀奶油等。

稀奶油可以赋予食品良好的口感，比如甜点、蛋糕和一些巧克力糖果；它也可以制作各种饮料，例如咖啡和奶油利口酒；也可作为工业原料。

② 奶油　奶油又指黄油，指以乳和（或）稀奶油（经发酵或不发酵）为原料，添加或不添加其他原料、食品添加剂和营养强化剂，经加工制成的脂肪含量不小于80.0％产品。奶油是以乳脂肪为主要成分，营养丰富，可直接食用或作为其他食品如冰淇淋等的原料。

③ 无水奶油　无水奶油也叫无水乳脂，是一种几乎完全由乳脂肪构成的产品。它是以乳和（或）奶油或稀奶油（经发酵或不发酵）为原料，添加或不添加食品添加剂和营养强化剂，经加工制成的脂肪含量不小于99.8％的产品。

无水奶油在36℃以上时是液体，在16～17℃以下是固体。

无水奶油是奶油脂肪贮存和运输的极好形式，因为它比奶油需要的空间小。无水奶油一般装在200L的桶中，桶内含有惰性气体氮（N_2），使之能在4℃下贮存几个月。

在无水奶油工业化生产之前，就有一种古老的浓缩乳脂产品——印度酥油。它比无水奶油含蛋白质多，风味也好。

5. 干酪类

干酪，又名奶酪，是一种发酵的牛奶制品，其性质与常见的酸牛奶有相似之处，都是通过发酵过程来制作的，也都含有可以保健的乳酸菌，但是奶酪的浓度比酸奶更高，近似固体食物，营养价值也更加丰富。

干酪类根据产品的质地，可分为硬质干酪和软质干酪；根据加工深度，可分为原制干酪和再制干酪。

① 硬质干酪　硬质干酪指以乳为原料，经巴氏杀菌、添加发酵剂、凝乳、成型、发酵等过程而制得的产品，水分含量为49％～56％。

② 软质干酪　软质干酪是以高水分含量（55％～80％）和易腐败为特征的一种干酪，用稀奶油、全乳或稀奶油标准化的全乳或脱脂乳生产。

③ 原制干酪　原制干酪以牛乳或羊乳为原料，加入乳酸菌及凝乳酵素后凝固发酵加工而成。但很多原制干酪不符合国人口味和饮食习惯，让原制干酪的推广遇到了困难；也因为原制干酪中微生物的存在，也让原制干酪的安全性普遍低于再制干酪。

④ 再制干酪　再制干酪，是指对天然奶酪进行粉碎、融化以及乳化，甚至增加芝士粉等配料，获得更好的质地、风味以及不同的功能特性，以改善口感、降低成本及延长保质期。

目前国内奶酪市场，以再制干酪产品为主。

6. 乳冰淇淋类

主要包括：乳冰淇淋、乳冰等。

乳冰淇淋，俗称牛奶冰淇淋，制作原料主要有鲜奶等，又称之为原味冰淇淋，口味纯正，口感醇厚；具有高膨化率，高达100%～120%以上（传统的冰淇淋膨化率仅为40%～60%），由于冰淇淋的销售以体积（mL）计算，因此，同等分量（体积）的冰淇淋，成本直降30%。

乳冰，俗称牛奶冰，用鲜牛奶、白糖等制成，营养丰富，清凉解暑。

7. 其他乳品类

主要包括：干酪素、乳糖、乳清类等。

① 干酪素　干酪素，是酪蛋白的别称，是乳液遇酸后所生成的一种蛋白聚合体，完整的定义是：干酪素是以乳和/或乳制品为原料，经酸法或酶法或膜分离工艺制得的产品。干酪素约占牛乳中蛋白总量的80%，约占其质量的3%，也是奶酪的主要成分。干燥的干酪素是一种无味、白色或淡黄色的无定形的粉末。

② 乳糖　乳糖指从牛（羊）乳或乳清中提取出来的糖，是由葡萄糖和半乳糖组成的双糖。在婴幼儿生长发育过程中，乳糖不仅可以提供能量，还参与大脑的发育进程。

③ 乳清类　乳清类是一类产品，根据原料及加工工艺的不同，可分为乳清、乳清粉和乳清蛋白粉。

乳清：指以生乳为原料，采用凝乳酶、酸化或膜过滤等方式生产奶酪、酪蛋白及其他类似制品时，将凝乳块分离后而得到的液体。

乳清粉：指以乳清为原料，经干燥制成的粉末状产品。正常的乳清粉其色泽呈现为白色至浅黄色，有奶香味。根据蛋白质分离程度可分为高、中、低蛋白乳清粉。

乳清蛋白粉：指以乳清为原料，经分离、浓缩、干燥等工艺制成的蛋白含量不低于25.0%的粉末状产品。在各种蛋白质中，乳清蛋白的营养价值是最高的，较易被消化吸收。

五、乳品的创新

乳品的创新，未来发展的重点主要是：

1. 营养声称类乳品

所谓营养声称类乳品，是指陈述、说明或暗示这类乳品具有特殊的营养益处，如"无糖""低糖""低脂""高钙"等。这类产品根据营养素的含量，声称分为两极化：富含类（高）和不含类（无）。其他声称都是这两种的程度减轻而已。

富含类包括：高蛋白质、高膳食纤维、高维生素、高矿物质。再往下细分，高维生素包括高维生素 A、高维生素 C 等，高矿物质包括高钙、高铁、高锌、高硒等。

不含类包括：无能量、无脂肪、无饱和脂肪、无胆固醇、无糖、无乳糖、无钠。

例如，开发低胆固醇、低脂肪乳品。研究表明，过分摄入胆固醇和脂肪对人的健康是有害的，容易引起动脉硬化、高血压、冠心病等多种疾病，这是目前我国人口健康恶化的重要原因。因此，开发低胆固醇、低脂肪乳制品具有重要的现实意义，市场前景十分广阔。

2. 功能性乳品

乳粉已经不再是婴幼儿的专利。近些年来，功能性乳粉的开发很快，主要有适合胎儿发育和哺乳期产妇的乳粉，婴幼儿食用的母乳代用品乳粉；预防骨质疏松、降低胆固醇、提高人体抗氧化的中老年乳粉等。其中婴幼儿配方乳粉的研发应是现阶段我国乳粉发展的重点。

再如，开发免疫乳，这是具有多种疗效的新型功能性乳品，用于人体的保健及对一些疾病的预防和治疗上具有许多优点。可以研究和生产免疫全脂乳粉、免疫脱脂乳粉、免疫乳清蛋白浓缩物等。

3. 生物活性物质

生物活性物质的开发利用，前景广阔。以酪蛋白磷酸肽为例，全球人口老龄化倾向中，老年人骨质疏松的问题引起了人们的关注，由于酪蛋白磷酸肽与游离钙结合为可溶性钙，有利于肠道吸收，因而酪蛋白磷酸肽成为食品和营养学研究和开发的重点。

第二节　巧克力与乳品的混搭方式

一、混搭的可能性搜寻

我们以巧克力资源与乳品资源为两轴，制成坐标，如图 4-2，在两轴相交的点都有混搭的可能。将乳品中各种具体的品种罗列出来，从这些相交点上去搜寻各种混搭的可能性。

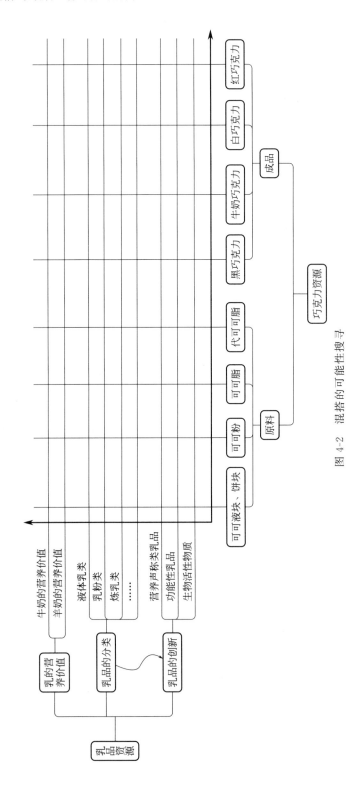

图 4-2　混搭的可能性搜寻

二、混搭的主要方式

乳品与巧克力混搭的方式主要有 4 种：

1. 悬浮

添加乳品与巧克力制成的饮料，需要进行悬浮。

例如，市面上的抹茶味巧克力等即饮产品，从制作到沉淀只有短暂的几分钟时间，这样在店内饮用时商家会告知消费者，要不断搅拌才能饮用。

进行悬浮，就需要加入结冷胶之类的胶体，例如抹茶味巧克力饮料的配方由抹茶粉、大豆磷脂、结冷胶、单甘酯、牛奶、奶油、巧克力、白砂糖、食用香料等构成，由胶体形成产品的凝胶结构，乳化剂对乳脂肪等进行乳化。工艺为：按配方比例配料，加水搅拌溶解，胶体拌白砂糖溶解，然后进行均质，最后灭菌灌装为成品。

2. 混合

牛奶巧克力就是将奶粉和巧克力进行混合加工而成的，一般先将可可液块、可可脂加热融化，然后和可可粉、奶粉、糖粉等混合成一种均匀的巧克力浆料，进行精磨、成型、冷却、包装。

3. 装饰

牛奶巧克力、黑巧克力、白巧克力、红巧克力，分别呈现出不同的颜色，在装饰方面大有用途。看似简单的巧克力，经过调温、调色、用精湛的手法将颜色单一的巧克力运用于装饰、裱花，展现独特的风采，制作成各种颜色的巧克力产品，也可以制作各种图案、形状、模型，装饰到面包、糕点等产品上，使产品更加逼真，用最完美的姿态呈现在客人的眼前，增加人们的视觉享受。

4. 涂层

牛奶与巧克力混合、研磨、精磨，制成涂层料，用于涂覆在西式甜食，如蛋糕、饼干、焙烤产品、冰淇淋等产品的表面，或者直接挤出造型点缀食品，或者直接裹在食品外层。

第三节 巧克力＋牛奶→ 巧克力牛奶：配方、工艺

巧克力牛奶也叫可可牛奶，是一种以鲜奶或奶粉为原料并添加一定量可可

粉制成的液态乳制品。它具有流体特征，使得其中的巧克力风味得以完全释放，滋味独特，口感醇厚，风味浓郁；兼具牛奶和巧克力的营养，其中可可含钾、镁、磷等矿物质较多，还含有一定量的生物碱、可可碱、咖啡碱和多酚类物质。因此巧克力牛奶以其风味独特，营养丰富而深受人们喜爱。

一、配方

1. 配方构成

巧克力牛奶以多种原料调配而成，主要风味取决于可可粉、牛奶、白砂糖等。

牛奶采用鲜牛奶，也可以用奶粉代替鲜牛奶，但前者口感不及后者柔和。

通常可可粉的用量为 $1\%\sim2\%$，也可以更多一些。可可粉的用量以赋予产品一定的口感和风味为原则，用量小了就需要用香精和色素来弥补。也可直接用巧克力。

白砂糖的添加量 $4\%\sim8\%$，做到产品甜而不腻，并使奶香与脂香达到完美的结合。白砂糖的添加量少了，甜度不足，就需要用高倍甜味剂进行补充。

通常可可颗粒不溶于水，且相对密度大于水。这时需要添加胶体，形成稳定的三维网状结构，使可可粉的颗粒悬浮起来，均匀地悬浮在奶中。一般来说，添加的分量太低，以致稳定性不足时，可可粉颗粒便会沉淀于容器的底部，使产品给人低劣的感观，尤其是以透明容器盛载时，更会大大地降低产品的吸引力；相反，若添加的分量太多，致使稳定性过高，牛奶蛋白质和胶体所产生的反应便会过于强烈，从而形成细小的结块和布丁状的物质，严重影响产品的感观质量。

为了防止牛奶中的奶油上浮，需要加入适当的乳化剂，如单甘酯、蔗糖醋、司盘、吐温等。采用多种乳化剂效果比采用单一乳化剂好。

2. 配方举例

例一：鲜牛奶 60%，巧克力 4%，白砂糖 5%，卡拉胶、纤维素钠（$2:1$）0.05%，水 30.95%。

例二：鲜牛奶 85.0%、水 12.249%、白砂糖 2.0%、复合稳定剂 0.165%（其中，卡拉胶 0.015%、变性淀粉 0.05%、单甘酯 0.1%）、可可粉 0.4%、巧克力香精 0.06%、食用色素 0.106%（其中，焦糖色素 0.1%、巧克力棕色素 0.006%）、AK 糖（安赛蜜）0.02%。

二、工艺

工艺流程为：

原料验收→脱气、净乳→冷却贮存→标准化、配料→均质→灭菌→冷却→灌装→保温试验

1. 原料验收

选择合格的供应商，确定原料来源。收奶站或牧场原料奶贮存于5℃以下，在3h以内使用专用奶槽保温车运往工厂。

用于灭菌乳的原料乳必须是高质量的，即对牛乳中的蛋白质热稳定性要求非常高。为了适应超高温处理，牛乳必须至少在75%的酒精中保持稳定，剔除酸度偏高、盐类平衡不适当（含抗生素的乳、初乳、末乳）、乳清蛋白含量过多而不适宜于超高温处理的乳以及乳房炎乳。

工厂收奶员从奶车上准确采样验收。原料乳的控制对产品质量至关重要，其优劣程度、安全因素直接影响成品乳的品质，要求必须满足夏季乳温不高于6℃，冬季不高于4℃，结合酒精试验、滴定酸度、pH值、蛋白质、脂肪等理化指标，抗生素、三聚氰胺、重金属等有害物检测，煮沸试验、色香味等感官指标，微生物指标和掺假试验等一系列标准综合评定合格与拒收。

2. 脱气、净乳

牛乳刚刚被挤出后约100mL乳中含有5.6mL的气体，经过贮存、运输和收购，一般其气体含量在10mL以上，而且绝大多数为非结合的分散气体。这些气体不仅会影响乳的计量准确度、影响杀菌机中结垢增加，还会影响牛乳标准化的准确度。所以，在牛乳加工处理的不同阶段需进行真空脱气。工作时，将牛乳加热到68℃，泵入真空脱气罐中，在一定的真空度负压状态下，随着压力的变化脱去牛乳中的气体，以除去牛乳中吸附的不良气味，如脱去空气、饲料杂味、豆腥味等不愉快气味。

生鲜牛乳在各收奶站只经过简单的滤网或者纱布过滤，因此在加工前需要尽快使用离心净乳机进行净化处理。通过离心（离心机转速6000r/min）净化，不仅可以分离生乳中无法以过滤方法去除的细小污物，还可以除去乳腺体细胞、部分微生物、脱落细胞以及粉尘等杂物。

3. 冷却贮存

通过板式换热器将经过过滤的牛乳降温至4℃以内，并打入奶仓中暂存，在12h内应尽早用于生产。

4. 标准化、配料

（1）可可粉的预处理

将称好的适量可可粉溶于热水中，沸煮，且不断搅拌，然后经高速剪切机剪切，经200目过滤器过滤后冷却备用。

可可粉含有大量的芽孢以及颗粒，经过预处理后，芽孢被激活萌发，以便

在后面的杀菌过程中彻底杀死可可粉中的芽孢；经过剪切，产生微粒化、分散化作用，从而使可可粉颗粒微细化，有利于抑制可可粉颗粒的沉淀。因此，可可粉在加入牛乳前，应该经过预处理，使产品有较好的口感及稳定性。

（2）标准化

原料乳中脂肪和非脂乳固体的含量受乳牛品种、地区、季节、饲养管理、个体差异等多种因素的影响而有较大的差异。为了使产品质量均匀一致，乳制品加工过程中需对乳进行标准化，使其脂肪和非脂乳固体含量保持一定比例。

标准化是在加工前将牛乳中的脂肪和非脂乳固体含量恒定化的操作。通过将牛乳中的脂肪先离心脱除，然后再定量加入的方法使产品中的脂肪含量达到标准要求，以保证每批成品质量基本一致。

（3）配料

将鲜牛乳预热到75℃；将胶体与部分白砂糖混合均匀，提高化胶效果；在高速搅拌下，缓慢加入胶体，充分搅拌后使其完全分散溶解，再加入可可粉溶液以及其他辅料，搅拌均匀。

5. 均质

自然状态下，乳中脂肪的大小不一致，其直径一般在 $0.1 \sim 10 \mu m$，平均为 $3.0 \mu m$，容易聚集结块上浮。均质就是在强力的机械作用下，使乳中直径较大的脂肪球破碎成直径较小的脂肪球，并均匀一致地分散于乳中的过程。经均质后，乳脂肪球直径应控制在 $1 \mu m$ 左右，这时乳脂肪的表面积增大，脂肪球表面吸附的酪蛋白量增多，不仅使乳脂肪相对密度上升、浮力下降，不易形成稀奶油层，还使得悬浮物总体积增加，黏度增加。

超高温灭菌乳的均质与巴氏杀菌乳均质相似，也是普遍使用二级均质：在温度 $65 \sim 70$℃，第一次均质压力为 $25 \sim 30 MPa$，第二次均质压力为 $20 \sim 25 MPa$。

一般来说，均质压力越大，脂肪球直径越小，脂肪上浮的速度也就越慢，但并不是均质压力越高越好。当压力达到一定程度，继续增加时，均质效率增加缓慢，而能耗急剧增加。

较高温度下脂肪球粉碎和分散效果较好，但温度过高会引起乳脂肪、乳蛋白质等变性，不利于热稳定性。同时，温度过低，稳定剂溶解不完全，降低均质效果；温度过高，稳定剂因过度溶解而膨胀破裂，影响其作用。

6. 灭菌

超高温瞬时灭菌是牛奶生产的重要一道工序，通过超高温瞬时灭菌将乳中一些耐热芽孢杆菌杀灭，达到商业无菌标准。

超高温瞬时灭菌的杀菌温度137～143℃，杀菌时间4s。

7. 冷却

用循环冷却水将牛乳冷却至 30℃ 以下（20～28℃），如果不迅速冷却，易导致美拉德反应的发生，从而影响牛乳的感官质量和内在品质。

8. 灌装

灌装前要对灌装间进行消毒处理，避免二次污染；灌装机采用 CIP 系统（就地清洗系统）进行清洗消毒；灌装设备、包装材料、灌装间空气严格消毒，至达到卫生要求为止。

9. 保温试验

保温试验是模拟在日常最高温度的条件下牛乳的货架期，通过保温试验，能了解该批次牛乳品质状态，以确保牛乳出厂的质量安全。

在 30～35℃ 的温度下，牛乳中的微生物是最容易繁殖的，在此条件下保存 7 天相当于常温货架期的几个月。7 天之后对保温产品进行感官评定、理化检验，如果检测正常，方可放行该批次产品。如果保温室的温度、湿度、产品摆放位置方式发生偏离时，应根据问题的大小，确定是否延长保存时间或重新进行试验。

第四节　巧克力＋酸奶→巧克力酸奶：配方、工艺

酸奶是一种以生鲜乳或乳粉为原料，经杀菌后加入活性乳酸菌发酵而制成的酸甜可口的发酵乳制品。酸奶因加工工艺的不同，分为凝固型酸奶和搅拌型酸奶两大类。

凝固型酸奶：发酵过程在零售容器（如玻璃瓶、塑杯、塑料袋等）中进行，发酵后呈凝固状态，冷藏后即可出售。

搅拌型酸奶：发酵过程在发酵罐中进行，发酵完成后，搅拌破碎凝块、冷却，然后灌装在零售容器（塑料杯、屋顶盒、瑞典环保型保鲜包装袋等）中出售。搅拌型酸奶可添加果汁、果酱、果肉等添加物，使风味更加突出。

酸奶不仅营养丰富，而且含有大量对人体有益的活性微生物。研究表明，酸奶具有调节人体肠道菌群、降低血脂、抗肿瘤、活化免疫细胞、减轻乳糖不耐症、抗菌、减少内毒素生成或吸收、延缓机体衰老等保健功能。

用巧克力和牛奶作为酸奶的原料，营养成分互补，可提高酸奶的营养价值

和食疗价值，并使酸奶兼有巧克力风味。

一、配方

鲜牛乳 85%～92%（或脱脂奶粉 10%）、白砂糖 4%～8%、可可粉 2%～5%、稳定剂 0.1%～0.4%、发酵剂 2%～5%。

稳定剂：海藻酸丙二醇酯（PGA）0.10%、琼脂 0.08%、明胶 0.20%、果胶 0.10%、变性淀粉 0.50%。

发酵剂：保加利亚乳杆菌∶嗜热链球菌＝1∶1。

二、工艺

工艺流程为：

原料验收→调配→均质→杀菌→冷却→接种→发酵→搅拌→灌装→冷藏和后熟

1. 原料验收

（1）原料奶验收

生产酸奶的主要原料是优质新鲜牛乳或乳粉，牛乳或乳粉的优劣直接影响酸奶产品的质量。检验员应严格按照国标或企标要求收购优质新鲜牛乳或乳粉。

优质的乳源是生产出优质产品的前提条件，企业应建立原料乳的验收标准，并严格按标准执行。生鲜乳必须符合 GB 19301—2010《食品安全国家标准　生乳》规定。对供应商提供的原料乳，进行感官检验、比重测定和酒精试验等常规检验，同时定期进行抗生素以及掺假检测等其他检验，定期监测致病菌、重金属、黄曲霉毒素等指标。

为了更加保险地用于生产，生产前技术员还应做小样发酵实验，以确定该批原料乳是否可以用于生产。原料乳小样实验过程为：取 100mL 牛乳于专用的平底烧瓶中，进行高温杀菌，再冷却到 40～45℃，加入 3mL 生产菌种，摇匀，置于 43℃的恒温箱中 2～5h，测定酸度达 43°T 左右，或直接观看凝固时的酸性凝乳状态，作好验收和实验记录。

（2）辅料验收

水、白砂糖、添加剂是酸奶生产的辅料，辅料的优劣也直接影响酸奶产品的质量。水应为水处理设备处理过的纯净水或软水；白砂糖应符合相关国标（市售一级白砂糖以上），酸败、结块、变黄的白砂糖不得使用；发酵剂的质量直接影响酸奶的品质，如果发酵剂污染了细菌将使酸奶凝固不良，乳清析出过多，并有气泡和异味。

2. 调配

调配工序中包括预处理、称料、拌料、配料，这些是酸奶生产的关键步骤。

预处理，是指可可粉的预处理，将称好的可可粉溶于热水中，沸煮30min，且不断搅拌，在冷却到30℃时放置到恒温箱里2～3h，以利于后面的灭菌工序容易杀死可可粉含有的芽孢菌。

生产发酵乳一般都要加糖，加入量一般为4%～8%。加糖方法是，先将溶解糖的原料乳加热至50℃左右，加入白砂糖，待完全溶解后，经过滤除去杂质，再加入标准化乳罐中。

准确称量配方中的原辅料，严格操作。在调配过程中，有混料不均匀，时间、温度不到位，投料不正确或已超出偏差范围等现象时，必须及时指出或停止生产，并作好相应记录。

3. 均质

均质是指对脂肪球进行机械处理，使乳液中脂肪球直径减小，并均匀分散在乳中，防止脂肪上浮现象，增大酸奶的黏度，改善口感，提高稳定性。自然状态的牛乳，其脂肪球直径一般为2～5μm，经均质后，脂肪球的直径可控制在1μm左右，此时乳脂肪的表面积增大，浮力下降；此外，经均质后的牛乳脂肪球直径减小，易于消化吸收。

均质的控制参数是压力和温度。物料通过泵进入杀菌设备，预热至55～65℃，再送入均质机。均质压力控制在18～20MPa，料液温度控制在60～70℃，均质过程中不能断料。

4. 杀菌

杀菌是为了杀灭原料乳中的有害菌，使大肠菌群、霉菌和酵母指标能控制在产品安全范围内，保证酸奶在接种前的微生物指标符合卫生要求，给保加利亚乳杆菌和嗜热链球菌提供良好的生长和繁殖环境，同时高温可使乳清蛋白变性，防止乳清析出，提高乳品黏稠度，改善组织状态。

杀菌温度一般采用90～95℃，时间10～15min，或100～110℃，时间4～10s，可以达到杀灭微生物和钝化酶的目的。

如果杀菌温度及时间不到位，造成灭菌不彻底，会对乳酸菌的正常发酵构成危害；如果微生物、致病菌数量偏高，可提高温度、延长时间；如果偏离其关键限值，操作现场应及时调节灭菌温度和灭菌时间，并对还没有进入下道工序的原料重新杀菌。

5. 冷却

冷却的温度控制在40～45℃左右。

杀菌后的牛乳应及时冷却，通过板式热交换器，冷却到酸奶乳酸菌种所需的最适宜增殖温度范围，否则对产酸及凝乳有不利影响，甚至有严重的乳清析出；冷却温度过高或过低，最终会导致菌种接种后，发酵时间缩短、增长或比例失调，发酵效果不佳。

6. 接种

接种是指在物料基液进入发酵罐的过程中，通过计量泵将工作发酵剂连续地添加到物料基液中，或将工作发酵剂直接加入物料中，搅拌混合均匀。

① 接种量　根据发酵剂活力决定，接种量有最低、最高、最适三种。

最低接种量：一般为 0.5%～1.0%。其缺点是产酸易受到抑制，易形成对菌种不良的生长环境，产酸不稳定。

最高接种量：一般为 5.0% 以上。其缺点是会给最终成品的组织状态带来缺陷，产酸过快，酸度上升得过高，因而给酸奶的香味带来缺陷。

最适接种量：一般为 2.0%～3.0%。

② 接种方法　接种前应将发酵剂充分搅拌，使凝乳完全破坏；接种时应严格注意操作卫生，防止霉菌、酵母菌、细菌噬菌体及其他有害微生物的污染；接种后，要充分搅拌 10min，使发酵剂菌体与杀菌冷却后的牛乳充分混合均匀；此外还应注意保温。

目前大多使用特殊装置，在密闭系统中以机械方式自动进行发酵剂的添加；当没有这类装置时，可将充分搅拌好的发酵剂用手工方式倾入奶罐中。

近年来，也有的酸奶加工厂采用直接入槽式冷冻干燥颗粒状发酵剂，只需按规定的比例将这种发酵剂撒入奶罐中，或撒入工作发酵剂乳罐中扩大培养一次，即可作为工作发酵剂。

7. 发酵

将接种了发酵剂的乳在发酵大罐中保温培养，发酵罐是利用罐周围夹层里的热媒体来维持一定温度，热媒体的温度可随培养的要求而变动。发酵罐装有温度计和 pH 计，pH 计可测量罐中的酸度，对酸度的测量必须准确，当酸度达到一定数值后，pH 计可传出信号。

发酵温度恒定在 42～44℃（冬季 44～46℃），发酵时间为 5～8h，随时观察，避免乳清析出，检测酸度，酸度为 70°T（pH 值 4.2 左右）时终止发酵为宜。

大部分产品的最终 pH 值目标是 4.2，在 pH 值为 4.2 时没有葡萄球菌、大肠菌群、病原菌、芽孢产生，只有酵母菌和霉菌可以生长。

为了保持酸奶的凝固状态，在发酵培养时必须保持静止状态。在发酵阶段不能搅拌，发酵时间越短越安全，这样微生物污染的机会比较少，但须均衡考虑菌种成本的增加和可能出现的质地缺陷。因为酸牛奶组织状态和风味的形成需要一定的时间，如果产酸过快，不利于形成均匀的组织状态和理想的风味。

8. 搅拌

搅拌型酸奶到达发酵终点后，应尽快从发酵罐夹层通入冰水，对料液进行冷却。冷却的目的是终止发酵过程，快速抑制细菌的生长和酶的活性，使酸奶的特征、质地、口感、风味、酸度等达到所设定的要求，防止发酵过程产酸过度及搅拌时脱水。

冷却后料液温度最好控制在20℃以下，较低的破乳温度有利于保证酸乳的黏稠度。冷却温度的高低，根据需要而定。如果需要恢复酪蛋白的凝胶力，就冷却到15℃左右；如果需要利用稳定剂的增稠效果，就冷却到10℃以下，例如冷却到6～8℃。

破乳采用机械搅拌破乳，搅拌转速低于30r/min，时间30min；快速搅拌会破坏酸奶的组织状态，降低产品黏稠度。

9. 灌装

混料灌装时间要尽量缩短。灌装是保证产品能安全到达消费者。灌装过程中要防止交叉污染，确保灌装过程卫生。

灌装前要对灌装机、输送带清洗杀菌，包装材料必须卫生、无污染。包装材料必须对人体无害，具有稳定的化学性质，同酸奶成分之间不能发生任何反应，具有良好的密封性（防止在贮存过程中被其他细菌污染）和对产品的保护性能（防光性、抗挤压性、抗热变性）。

10. 冷藏和后熟

将灌装好的酸乳在2～6℃的冷库中冷藏12～24h，进行后熟，进一步促进酸奶芳香物质的产生和改善黏稠度，使产品风味成分更加突出。因为酸奶香味物质的形成是在酸奶发酵之后，所以，后熟也是酸奶生产中的必要工序，否则，酸奶不具有良好的风味。香味物质的高峰期一般是在制作完成之后的第四小时，由多种风味物质相互平衡来形成酸奶的良好风味，一般需12～24h才能完成，这段时间称为后熟期（后发酵）。

此外，在产品出厂至消费者饮用前，必须保持在要求的冷链条件下。过高的冷却温度，会导致酸奶过度发酵，从而造成酸奶酸度过高，风味不佳。

第五章

巧克力+饮料：
资源、混搭、配方与工艺

饮料是重要的食品种类之一，种类繁多，风味各异，是人们日常生活中最普遍的饮品。在我们的生活中充满着各式各样的饮料，酸奶、汽水、功能饮料、奶茶、果汁等数不胜数。当我们需要喝饮料的时候，我们的选择性有很多。

巧克力与饮料进行混搭，其历史可以追溯至若干世纪前，这种混搭方式总是伴随着巧克力的历史进程向前发展，一直受到人们的喜爱。

本章内容如图5-1所示，首先介绍饮料资源、与巧克力的混搭，然后举例介绍巧克力豆奶、巧克力花生奶、巧克力奶茶。

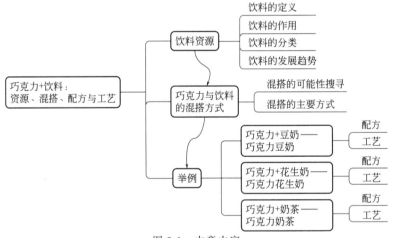

图 5-1　本章内容

第一节　饮料资源

饮料是我们日常生活中的消费品，虽然不是生活的必需品，却总是出现在我们的日常生活之中。我们从资源的角度来看待饮料，对饮料的定义、作用、分类、发展趋势等进行一番梳理，为下一步的混搭作好准备。

一、饮料的定义

饮料，也称为饮品，是指经过定量包装的、供直接饮用，或按一定比例用水冲调或冲泡饮用的、乙醇含量（质量分数）不超过 0.5％的制品，也可为饮料浓浆或固体形态。

二、饮料的作用

饮料可以补充人体所需的水分和营养成分，达到生津止渴、增进身体健康的目的。

饮料一般具有一定的滋味和口感，十分强调色、香、味。通常饮料不仅能为人们补充水分，而且还有补充营养的作用，有的甚至还有食疗作用。有些饮料含有特殊成分，对人体起着不同的作用：如碳酸饮料，饮用时清凉爽口，具有消暑解渴作用；茶和咖啡是传统的嗜好饮品，由于含有咖啡碱，饮用时有提神作用。

三、饮料的分类

饮料的种类繁多，按组织形态的不同，可分为三种类型：液态饮料、固态饮料和共态饮料。根据 GB/T 10789—2015 饮料通则，饮料分为 11 类：

1. 包装饮用水

以直接来源于地表、地下或公共供水系统的水为资源，经加工制成的、密封于容器中可直接饮用的水。

（1）分类

包装饮用水分为三类：饮用天然矿泉水、饮用纯净水、其他类饮用水。我国已制定了饮用天然矿泉水和瓶装饮用纯净水的国家标准。

① 饮用天然矿泉水　天然矿泉水是在特定的地质条件下形成的一种宝贵的地下液态矿产资源，以水中所含有的适宜于医疗或饮用的气体成分、微量元素和其他盐类而区别于普通地下水资源，主要有饮用矿泉水和医疗矿泉水。

饮用天然矿泉水是从地下深处自然涌出的或经钻井采集的，含有一定量的矿物质、微量元素或其他成分，在一定区域未受污染并采取预防措施避免污染的水。在通常情况下，其化学成分、流量、水温等动态指标，在天然周期波动范围内相对稳定。

饮用天然矿泉水因含有一定量的矿物质而具有对健康有益的特性，是自然界天然、营养、卫生、安全的理想饮品，在包装饮用水中占有较大的比重，特别是近几年发展很快。

②饮用纯净水　以直接来源于地表、地下或公共供水系统的水为水源，经适当的净化加工方法，制成的制品。

③其他类饮用水　其他类饮用水分为三类：

A.饮用天然泉水。以地下自然涌出的泉水或经钻井采集的地下泉水，且未经过公共供水系统的自然来源的水为水源，制成的制品。

B.饮用天然水。以水井、山泉、水库、湖泊或高山冰川等，且未经过公共供水系统的自然来源的水为水源，制成的制品。

C.其他饮用水。上述两种之外的饮用水。如以直接来源于地表、地下或公共供水系统的水为水源，经适当的加工方法，为调整口感加入一定量矿物质，但不得添加糖或其他食品配料制成的制品。

（2）口感

随着生活水平和消费水平的提高，包装饮用水逐渐成为人们日常生活必需品，消耗量巨大。饮用纯净水所占的份额最大，其次是饮用矿物质水、天然饮用水和饮用天然矿泉水。

在饮用水的健康性得以满足后，人们开始对饮用水的口感提出了更高的要求。

饮用水的口感受水的味道和气味的综合影响，是人们口、舌和鼻的感觉神经对饮用水中某些化学物质的整体感觉。因此饮用水口感的优劣与水的水质理化指标密切相关，包括 pH、总溶解性固体（TDS）、无机离子（Na^+、K^+、Mg^{2+}、Ca^{2+}、Cl^-、SO_4^{2-}）、腐殖质的分解产物等。口感好的水通常具有较高的 pH（7.5～8.1）和中低矿化度（TDS 在 200～350mg/L），因此通过反渗透和电渗析工艺来降低矿物质含量，可以改善饮用水的口感，而为了达到更好的口感（更优的矿物质水平），可以将膜处理后的水再矿化。水的硬度也会影响水的口感，适度的硬水口感清冽可口，而硬度过低没有甘甜味，硬度过高则会产生苦涩黏稠的口感，这和水中 Mg^{2+} 和 Ca^{2+} 的含量有关。

纳滤水和矿泉水得分相近，口感优于和蒸馏水、凉白开相近的超滤水。因此据调查，习惯喝桶装水的受访者喜欢矿泉水，习惯喝白开水的受访者喜欢凉白开，习惯喝净水器净化水的受访者更加偏好超滤水。

2. 果蔬汁类及其饮料

果蔬汁是以新鲜或冷藏果蔬（也有一些采用干果）为原料，经过清洗、挑选后，采用物理的方法，如压榨、浸提、离心等方法得到的果蔬汁液。果蔬汁有"液体果蔬"之称。

以水果、蔬菜（包括可食的根、茎、叶、花、果实）等为原料，经加工或发酵制成的液体饮料，称为果蔬汁饮料。

（1）分类

分为三类：

① 果蔬汁（浆）　以水果或蔬菜为原料，采用物理方法（机械方法、水浸提等）制成的可发酵但未发酵的汁液、浆液制品；或在浓缩果蔬汁（浆）中加入其加工过程中除去的等量水分复原制成的汁液、浆液制品，具有原水果果汁（浆）和蔬菜汁（浆）的色泽、风味和可溶性固形物含量，如果汁、蔬菜汁、果浆/蔬菜浆、复合果蔬汁（浆）等。可以使用食糖、酸味剂或食盐，调整果汁、蔬菜汁的风味，但不得同时使用食糖和酸味剂调整果汁的风味。

② 浓缩果蔬汁（浆）　以水果或蔬菜为原料，从采用物理方法榨取的果汁（浆）或蔬菜汁（浆）中除去一定量的水分制成的，加入其加工过程中除去的等量水分复原后具有果汁（浆）或蔬菜汁（浆）应有特征的制品。

含有不少于两种浓缩果汁（浆），或浓缩蔬菜汁（浆），或浓缩果汁（浆）和浓缩蔬菜汁（浆）的制品为浓缩复合果蔬汁（浆）。

③ 果蔬汁（浆）类饮料　以果蔬汁（浆）、浓缩果蔬汁（浆）为原料，添加或不添加其他食品原辅料、食品添加剂，经加工制成的制品，例如果蔬汁饮料、果肉（浆）饮料、复合果蔬汁饮料、果蔬汁饮料浓浆、发酵果蔬汁饮料、水果饮料等。

（2）营养价值

果蔬汁饮料的生产在果蔬加工中历史较短，但发展速度却相当快，已成为现代食品工业的一个重要组成部分。近几年来，果蔬汁饮料在饮料市场中占有比率不断扩大。随着经济的发展，人们在不断提高生活水平的同时，也越来越注重健康的生活方式，传统碳酸饮料对健康的危害已经被人们所认识，而以水果和蔬菜为原料的果蔬汁饮料越来越为追求健康的现代人所认可。

果蔬汁是果蔬的汁液部分，含有果蔬中所含的各种可溶性营养成分、矿物质、维生素、糖、酸等和果蔬的芳香成分，因此营养丰富，风味良好，无论在营养或风味上，都是十分接近天然果蔬的一种制品。果蔬汁一般以提供维生素、矿物质、膳食纤维（浑浊果汁和果肉饮料）为主，此外还含有一些有益于健康的植物成分，如维生素 P（生物类黄酮）是一种天然抗氧化剂，能维持血管的正常功能，能保护维生素 A、维生素 C、维生素 E 等不被氧化破坏；又如番茄汁含有大量的柠檬酸和苹果酸，对新陈代谢有好处，可以促进胃液生成，加强对油腻食物的消化，保护血管，防治高血压，改善心脏功能等。

3. 蛋白饮料

以乳或乳制品，或其他动物来源的可食用蛋白，或含有一定蛋白质的植物果实、种子或种仁等为原料，添加或不添加其他食品原辅料、食品添加剂，经过加工或发酵制成的液体饮料。主要包括：

（1）含乳饮料

以乳或乳制品为原料、添加或不添加其他食品原辅料、食品添加剂，经加工或发酵制成的制品，如配制型含乳饮料、发酵型含乳饮料、乳酸菌饮料等。

含乳饮料一般不含二氧化碳，盛入各种形状的瓶、管内，封口成定型包装食品出售。由于其味道香甜，并有奶香味，受到人们特别是儿童的喜爱，近年销量大增。含乳饮料的口味非常丰富，可以调配成多种水果味，如草莓、橘子、芒果、樱桃等。含乳饮料中的乳酸菌饮料具有较多的保健功能，特别是选用双歧杆菌、嗜酸乳杆菌做发酵剂的产品。它可在肠道内抑制有害菌的生长，调节肠道微生态平衡，增强人体的免疫能力。

（2）植物蛋白饮料

以一种或多种含有一定蛋白质的植物果实、种子或种仁等为原料，添加或不添加其他食品原辅料、食品添加剂，经加工或发酵制成的制品，如豆浆、豆奶饮料、椰子汁、杏仁露、核桃露、花生露等。

以两种或两种以上含有一定蛋白质的植物果实、种子、种仁等为原料，添加或不添加其他食品原辅料、食品添加剂，经加工或发酵制成的制品称为复合植物蛋白饮料，如花生核桃、核桃杏仁、花生杏仁复合植物蛋白饮料。

（3）复合蛋白饮料

以乳或乳制品，和一种或多种含有一定蛋白质的植物果实、种子或种仁等为原料，添加或不添加其他食品原辅料、食品添加剂，经加工或发酵制成的制品。

4. 碳酸饮料（汽水）

以食品原辅料、食品添加剂为基础，经加工制成的，在一定条件下充入一定量二氧化碳气体的液体饮料，如果汁型碳酸饮料、果味型碳酸饮料、可乐型碳酸饮料、其他型碳酸饮料等，不包括由发酵自身产生二氧化碳气的饮料。

碳酸饮料大多颜色艳丽剔透，口感清爽，碳酸饮料最大的特点是饮料中含有"碳酸气"，因而赋予饮料特殊的风味以及不可替代的夏季消暑解渴功能。

碳酸饮料口味种类繁多，但目前市场销售的主要是可乐、柠檬、甜橙口味汽水，这些产品大多数不含果汁。

5. 特殊用途饮料

加入具有特定成分的适应所有或某些人群需要的液体饮料。主要包括：

（1）运动饮料

营养成分及其含量能适应运动或体力活动人群的生理特点，能为机体补充水分、电解质和能量，可被迅速吸收的制品。

（2）营养素饮料

添加适量的食品营养强化剂，以补充机体营养需要的制品，如营养补充液。

（3）能量饮料

含有一定能量并添加适量营养成分或其他特定成分，能为机体补充能量，或加速能量释放和吸收的制品。

（4）电解质饮料

添加机体所需要的矿物质及其他营养成分，能为机体补充新陈代谢消耗的电解质、水分的制品。

（5）其他特殊用途饮料

上述四种之外的特殊用途饮料。

6. 风味饮料

以糖（包括食糖和淀粉糖）、甜味剂、酸度调节剂、食用香精香料等的一种或者多种作为调整风味的主要手段，经加工或发酵制成的液体饮料，如茶味饮料、果味饮料、乳味饮料、咖啡味饮料、风味水饮料、其他风味饮料等。

不经调色处理、不添加糖（包括食糖和淀粉糖）的风味饮料为风味水饮料，如苏打水饮料、薄荷水饮料、玫瑰水饮料等。

7. 茶（类）饮料

以茶叶或茶叶的水提取液或其浓缩液、茶粉（包括速溶茶粉、研磨茶粉）或直接以茶的鲜叶为原料，添加或不添加食品原辅料、食品添加剂，经加工制成的液体饮料。

茶饮料具有茶叶的独特风味，含有天然茶多酚、咖啡碱等茶叶有效成分，兼有营养、保健功效，是清凉解渴的多功能饮料。

根据茶饮料国家标准（GB/T 21733—2008）的规定，茶饮料按产品风味分为：茶饮料（茶汤）、调味茶饮料、复（混）合茶饮料、茶浓缩液四类。

茶饮料（茶汤）分为：红茶饮料、绿茶饮料、乌龙茶饮料、花茶饮料、其他茶饮料。

调味茶饮料分为：果汁茶饮料、果味茶饮料、奶茶饮料、奶味茶饮料、碳酸茶饮料、其他调味茶饮料。

8. 咖啡（类）饮料

咖啡（coffee），是用经过烘焙磨粉的咖啡豆制作出来的饮料。作为世界三大饮料之一，其与可可、茶同为流行于世界的主要饮品。

咖啡饮料的主要原料是咖啡豆及咖啡粉，它是以咖啡豆、咖啡制品（研磨咖啡粉、咖啡的提取液或其浓缩液、速溶咖啡等）为原料，添加或不添加糖（食糖、淀粉糖）、乳、乳制品、植脂末等食品原辅料、食品添加剂，经加工制成的液体饮料。

咖啡饮料除了注重口味的地道外，对于品牌风格的建立及包装的设计都比其他饮料更为重视，而这都受到了咖啡饮料的消费者对品牌忠诚度较高的影响。

目前市场中的咖啡饮料可分为：口味较甜的传统调合咖啡、风味较浓醇的单品咖啡饮料。

9. 植物饮料

以植物或植物提取物为原料，添加或不添加其他食品原辅料、食品添加剂，经加工或发酵制成的液体饮料。如可可饮料、谷物类饮料、草本（本草）饮料、食用菌饮料、藻类饮料、其他植物饮料，不包括果蔬汁类及其饮料、茶（类）饮料和咖啡（类）饮料。

植物饮料的特点可以归纳为"三低"：低热量、低糖、低脂肪，清香淡雅，富含保健成分。随着人们对健康追求的增加，消费者渐渐偏爱天然、绿色的健康饮品。以植物或植物提取物为原料的植物饮料，凭借"天然、营养、绿色、健康"的品类特性，逐渐赢得了很多消费者的青睐和追捧。

10. 固体饮料

用食品原辅料、食品添加剂等加工制成的粉末状、颗粒状或块状等，供冲调或冲泡饮用的固态制品。如风味固体饮料、果蔬固体饮料、蛋白固体饮料、茶固体饮料、咖啡固体饮料、植物固体饮料、特殊用途固体饮料、其他固体饮料等。

固体饮料主要分为：蛋白型固体饮料（包含氨基酸饮料）、普通型固体饮料。

蛋白型固体饮料：指以乳及乳制品、蛋及蛋制品、其他动植物蛋白、氨基酸等为主要原料，添加或不添加辅料制成的、蛋白质含量大于或等于 4% 的制品，常见的有豆奶粉、核桃粉、麦乳精等。

普通型固体饮料：指以果粉或经烘烤的咖啡、茶叶、菊花、茅根等植物提取物为主要原料，添加或不添加其他辅料制成的、蛋白质含量低于 4% 的制品。常见的有酸梅粉、菊花晶、速溶茶粉、茅根精等。

固体饮料是由液体饮料除去水分而制成的，去除水分的目的：一是防止被干燥饮料由于其本身的酶或微生物引起的变质或腐败，以利储藏；二是便于储存和运输。

一直以来，固体饮料因品种多样、风味独特、易于存放而备受消费者青睐；尤其是那些富含维生素、矿物质、氨基酸等营养成分的固体饮料，可以及时补充人体代谢所需营养，更成为许多人生活中离不开的好伴侣。

11. 其他类饮料

上述 10 类之外的饮料，其中经国家相关部门批准，可声称具有特定保健功能的制品为功能饮料。

四、饮料的发展趋势

随着经济的发展，我国饮料的消费水平逐年增加，饮料的发展趋势总体而言是：四化、三低、二高、一无。

1. 四化

四化，是指：品种多样化、天然健康化、加工精深化、包装颜值化。

（1）品种多样化

以茶饮料为例。目前市场上出现了很多种类的茶饮料，根据 GB/T 21733—2008 茶饮料标准，按产品风味，茶饮料分为茶饮料（茶汤）、调味茶饮料、复（混）合茶饮料、茶浓缩液；茶饮料（茶汤）也称为纯茶饮料，是最为传统的茶饮料，分为红茶饮料、绿茶饮料、乌龙茶饮料、花茶饮料、其他茶饮料；调味茶饮料是指在茶叶浸泡过程中加入果汁或者奶等，分为果汁茶饮料、果味茶饮料、奶茶饮料、奶味茶饮料、碳酸茶饮料、其他调味茶饮料。

根据不同茶饮料的具体用途，可以添加一些其他成分，从而使得茶饮料具有相应的香味、口感等，例如，果汁茶饮料是运用有着丰富营养成分、具有美容功效的果汁作为原料制备而成；药茶饮料是用药材作为原料进行研制而成的。

消费者健康意识不断增强，新的茶品类、小品类茶，以及新概念、新包装的无糖茶饮料将成为瓶装茶饮料新的增长点。有技术含量、品质风味独特、有故事、有概念的茶叶产品将会被广泛地应用于茶饮料开发。

（2）天然健康化

随着消费群体年龄结构的换挡以及消费观念的转变，人们更倾向于消费更天然、绿色、健康、低热量的饮料，果汁、茶、咖啡、草本、减糖新品类能量饮料逐渐成为新的发展趋势，我国现有丰富的水果、茶以及草本植物资源，为研究开发此类饮品提供了良好的原料基础。

过去，饮茶似乎是中老年人的事情，然而随着时代的发展以及茶饮料新型制作工艺的研发进步，吸引了更多的年轻人加入饮茶这一队伍中来，使得茶饮料消费群体逐渐呈现年轻化发展趋势。同时由于茶饮料在发展中一直遵循"天然、健康"的原则，可以满足广大消费者的健康需求，茶饮料的消费方式也可以满足现代人的生活方式。

新型花卉饮料正走向市场。这种花卉饮料不含刺激性物质，它不仅颜色、香味令人赏心悦目，而且具有滋润肌肤、美容养颜和提神明目之功效，特别受到女消费者的青睐。

（3）加工精深化

加工精深化是在粗加工、初加工基础上，将其营养成分、功能成分、活性物质和副产物等进行再次加工，实现精加工、深加工等多次增值的加工过程，是提升价值链、构建利益链的关键操作。

以茶为例。茶叶加工精深化是指以茶鲜叶、半成品、成品茶或副产品为原料，应用现代高新技术及加工工艺，实现多学科、跨领域、集成化、系统化的开发加工。主要包括为两个方面：一是将传统工艺加工的成品来进行更深层次的加工，形成新型茶饮料品种；二是提取和利用茶叶中功能性成分，并将这些产品应用于医药、食品、化工等行业。茶产业的深度开发，综合利用已经延伸到人们生活的方方面面，茶产品附加值增加了几倍到几十倍。

以茶饮料为例。先进的加工工艺和技术被开发应用于速溶茶或浓缩汁的生产，极大地提高了速溶茶的风味品质。例如，逆流连续萃取技术、茶香气萃取和回收技术、膜分离技术、冷冻干燥技术、薄膜蒸发技术、瞬时高温灭菌技术、无菌包装技术、超临界萃取技术等。

（4）包装颜值化

现代饮料包装从商品的附属品转变为与产品不可分割的整体，从原本基础的保护性功能扩展为宣传功能、销售功能等，在为商品带来附加值的同时提升了企业品牌形象及知名度。产品包装在销售中越来越重要，也是吸引消费者眼球的第一步。高颜值、个性化的产品，能够激起消费者的购买欲望。为迎合消费者喜好及市场需求，不少饮料企业开始在包装设计上下功夫，试图以产品外观提升品牌形象，促进销售。

"90后"、"00后"的消费者受互联网的新媒体和社交媒体的影响更加深重，饮料的消费进入了"看脸""颜值""粉丝"等的时代，这导致了国内饮料企业更加注重营销创新和包装的创新，产品"卖萌""好玩""易传播"，才能吸引年轻消费者。

目前国内多数饮料企业正在包装设计上不断尝试、突破与创新，从生理和心理上满足消费者需求，已有部分企业走在国内前沿，引领设计潮流。企业分别从颜色、字体、IP卡通形象、适用开盖等维度，对产品包装进行升级，以人为本、以沟通体验为主的交互式包装设计成饮料行业新突破口，让产品在市场上更有辨识度。

2. 三低

三低，是指：低糖、低脂、低胆固醇。

（1）低糖

随着人们健康观念的改变，人们对糖的认知正在迅速发生变化，少糖、减糖已成为一种趋势，高糖、高热量已成为一个令人拒绝的原因，而转向更健康的选择或低糖、无糖的替代品。

世界卫生组织建议每人每天仅 25g 糖。这轮新风向下首当其冲的是可口可乐这类碳酸饮料。碳酸饮料的含糖量是所有饮料中最高的。一罐可口可乐或百事可乐含有约 40g 糖，这样的含糖量一直为人所诟病，因为喝下一瓶就相当于摄取了一天所需的糖分的 100% 以上，容易导致肥胖甚至诱发糖尿病。

"低糖"饮料是指饮料中的糖含量低于一定的界限值。按照我国标准规定，糖含量低于 5g/100g 或者 5g/100mL，就属于"低糖"食品。低糖，高品质的饮料已经成为当下年轻消费者关注的焦点。对于甜度不足的问题，依靠高倍甜味剂来解决。以罗汉果糖苷和甜菊糖苷为代表的天然甜味剂开始逐步受到广泛关注，并应用于食品饮料中，尤其甜菊糖苷因其加工技术的不断改进创新，其口感和味道与真正的蔗糖已非常相似。

（2）低脂

脂肪为人体营养所必需，是人体必需脂肪酸、氨基酸、前列腺素的来源和脂溶性维生素的载体。它作为食品主要组成之一，提供了风味、口感及香气，使产品具备肥满可口、柔滑细腻的特性。但是，脂肪也是能量最高的营养素，每千克脂肪能提供 39.58kJ 的能量，摄入过量的脂肪会引发肥胖、心脏病、高胆固醇、冠心病及某些癌症。自从 20 世纪 70 年代以来，食用饱和脂肪会直接提高心脏病发病风险一直是营养学的核心理念。

因此，限制饮食中的脂肪是有益的。低糖、低脂、低热量的饮料，不仅可以迅速降温、止渴，让身体恢复元气，也能满足人们对美味饮品的渴望。

（3）低胆固醇

胆固醇是一种重要的类脂质，人体内的胆固醇来自食物（特别是动物性食品）和体内组织的合成。在体内，胆固醇可转化为胆汁酸、类固醇激素和维生素 D 而发挥着重要的生理功能。但是，摄取过量的胆固醇会对人体健康造成危害，引起动脉粥样硬化、冠心病和高胆固醇血症。许多研究资料已经证明，摄入多量的胆固醇与高胆固醇血症、心血管疾病的高发病率成正相关。也有研究人员报道，心血管疾病的发病直接与食品摄取胆固醇量有关。

营养和医学专家推荐食物胆固醇的摄入量应不超过 250～300mg/(d·人)。动物实验和流行病实验研究证明，减少膳食胆固醇、总脂肪和饱和脂肪酸的摄入量是降低血液胆固醇水平、减少心脑血管疾病发生的一种有效方法。

3. 二高

二高，是指：高蛋白、高膳食纤维。

（1）高蛋白

近年来，高蛋白饮料越来越受健身爱好者们的欢迎，因为这种饮料不仅能为人体补充日常所需的蛋白质，而且还有助于降低身体脂肪含量，从而减轻体重。

研究发现，高蛋白饮食可以减少更多的体重。许多研究表明，在限制能量的饮食中增加蛋白质，降低碳水化合物，会更有利于减轻体重；高蛋白饮食还有助于减体重后的维持、防止体重反弹。高蛋白饮食降低体重的原因，一方面可能与包括增加饮食生热效应、增加饱腹感、减少饮食后的能量摄入有关；另一方面也可能与高蛋白饮食中低碳水化合物、尤其是精制碳水化合物的摄入减少有关。

市场上，植物蛋白饮料种类多样，如杏仁露、核桃露、椰汁以及豆奶等。植物蛋白饮料中的蛋白质含量要求不低于 0.5%，如果声称"高蛋白"饮料，每 100g 饮料中蛋白质含量应≥12g。

（2）高膳食纤维

膳食纤维被称继"六大营养素"之后的"第七大营养素"，和蛋白质、脂肪、碳水化合物、维生素、矿物质与水并列为人体不可或缺的重要营养素。膳食纤维因其在润肠通便、排毒解毒、调节血脂、胆固醇、预防肥胖等方面有十分明显的作用，因此可作为一种功能因子，添加到各种饮料中，增添饮料的健康效应，衍生出各具特色的健康概念。

膳食纤维是我们人体不可或缺的一种物质，我们经常会听到一些营养学家说要多食用一些膳食纤维高的蔬菜和水果，比如芹菜、胡萝卜。但是有的人群生活节奏紧张，无法及时获取膳食纤维，那么高膳食纤维固体饮料，能随时补充我们每天所需的膳食纤维。

4. 一无

一无，是指无添加，更深层地说，是指无添加主义。

（1）无添加

通常认为，无是指无添加——不添加防腐剂、香精、人工色素等，也就是说，在生产和销售过程中没有添加对人体造成伤害的成分，以避免出现"香污染""色污染""油污染"，对消费者身体造成伤害。

不添加防腐剂、香精、人工色素等，正在逐渐成为一条崇尚健康的分界线。

防腐剂是能抑制微生物生长、防止食品腐败变质，延长保存期的一类添加剂。国内食品加工业最常用的有苯甲酸钠、山梨酸钾等。苯甲酸钠的毒性比山梨酸钾强，而在相同的酸度值下抑菌效力仅为山梨酸钾的 1/3，但由于山梨酸钾的价格较高，因此绝大多数企业都使用苯甲酸钠作为防腐剂。硝酸钠、硝酸钾、亚硝酸钠、亚硝酸钾等常用于肉类食品的抗氧化和防腐，但是，加入肉中的硝酸盐，易被细菌还原成活性致癌物质亚硝酸盐。

香精作为一种可影响食品口感和风味的特殊添加剂，已经被广泛应用到食品生产的各个领域，它可以弥补食品本身的香味缺陷，赋予部分食品生动的原滋味，加强食品的香味，掩盖食物的不良气息。然而近二十年来的研究成果告诉我们，食品香精并不是完全安全的，大部分香精的危害要经过长期的积累才能表现出来，这些物质常常危害人类的生殖系统，同时多数具有潜在的致癌性。如丙烯酰胺、氯丙醇等具有对人体的生殖毒性、致癌性等。

人工合成色素是以煤焦油为原料制成的，由于它成本低廉、色泽鲜艳，为大家广泛使用。许多人工合成色素本身或其代谢产物具有毒性，对人体有伤害作用，可能导致生育力下降、畸胎等，有些色素在人体内可能转换成致癌物质。其危害包括一般毒性、致泻性、致突性（基因突变）与致癌作用。特别是偶氮化合物类合成色素的致癌作用更明显。偶氮化合物在体内分解，可形成芳香胺化合物，芳香胺在体内经过代谢活动后与靶细胞作用而可能引起癌肿。此外，许多食用合成色素除本身或其代谢物有毒外，在生产过程中还可能混入砷和铅。

国家对防腐剂、香精、人工色素的使用制定了严格的法规加以管理，但是无添加的健康理念要求真正做到无添加。

（2）无添加主义

更深层次地说，无添加是指无添加主义。

无添加主义是一种返璞归真的生活态度。在如今各行各业充斥着添加剂的时代，无添加主义正势不可当地融入我们生活的方方面面。从家装到食品，越来越多的领域都逐步引入了无添加的概念。无添加主义是温暖的人文关怀加上严谨的科学精神，让生活更加纯净美好。

第二节　巧克力与饮料的混搭方式

一、混搭的可能性搜寻

我们以巧克力资源与饮料资源为两轴，制成坐标，如图 5-2，在两轴相交的点都有混搭的可能。将饮料资源中各种具体品种都罗列出来，结合发展趋势，从两轴的相交点上去搜寻各种混搭的可能性。

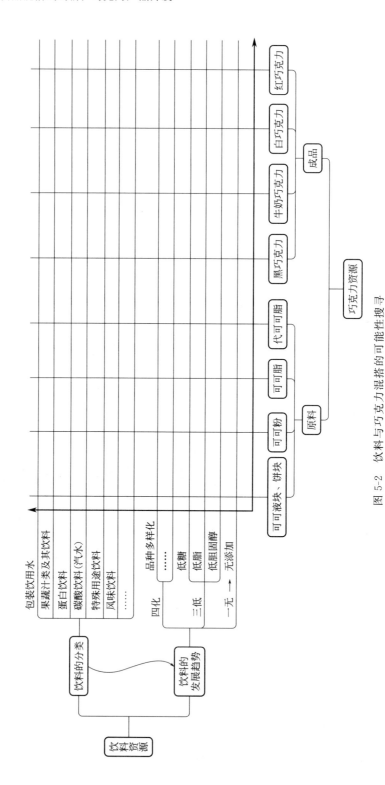

图 5-2　饮料与巧克力混搭的可能性搜寻

二、混搭的主要方式

饮料与巧克力的混搭方式，主要有以下几种：

1. 混合

这是制作固体饮料，将可可粉与固体饮料原料进行混合。例如，一种玛咖巧克力固体饮料，原料配比为：可可粉 30%～35%，玛咖粉 20%～25%，脱脂乳粉 10%～15%，无糖型甜味剂 5%～8%，乳化剂 0.6%～1%，香兰素 0.3%。按原料配比称量、混合、定量包装，即为成品。该饮料玛咖粉含量高，营养丰富，且易于人体吸收；调配成饮品后，具有巧克力香味，口感醇厚，无颗粒感，长期饮用抗疲劳效果明显。

2. 悬浮

添加巧克力的液态饮料，容易出现的质量问题：

一是沉淀。由于可可粉的粒径较大，在重力的作用下发生物理性的沉淀。

二是油脂上浮。可可粉中含有可可脂，在饮料的加工过程中，可可脂从可可粉中渗透出来，灭菌过程会加剧可可脂的溶出，冷却后会凝集成白色的固体浮于液面。

对此，通过均质降低可可粉的粒径，通过乳化使油脂分散于液体中，添加胶体形成产品的凝胶结构，使饮料中的可可粉悬浮均匀，不下沉，可可脂也不上浮，形成稳定的悬浮状态。

3. 涂层

专利 CN 201910445817.2 公布了一种益生菌强化微维固体饮料及其制备方法，以营养强化剂、复合维生素、矿物质元素为主料，以 α-亚麻酸、黑芝麻、红糖等为辅料，混合搅拌后，把搅拌均匀的物料，在 40～46℃ 温度下，通过封闭式传送带输送至巧克力涂层机入口处，进行两次巧克力涂层。在此造型工艺条件下，空气含水量最低，避免造成益生菌失活，通过巧克力喷涂稳固压块形状，达到产品避光、抗氧化、有效控制益生菌固体饮料总含水量≤7%，并能够顺利通过胃酸屏障、在肠黏膜上定植自繁扩增。其巧克力涂层组成：天然可可粉 6～8 份、天然可可脂 9～12 份。

第三节　巧克力＋豆奶→巧克力豆奶：配方与工艺

大豆是一种其种子富含植物蛋白的作物，常常被用来制作各种豆制品，例如豆腐、豆奶等。豆奶作为植物类健康饮料，因其营养价值高，深受大家喜爱。其中巧克力豆奶是以甜腻香醇的巧克力融入豆奶之中，两种口味交叉融合，形成了独有的美味口感。

一、配方

大豆 9.0%，全脂乳粉 1.0%，白砂糖 6.0%，可可粉 1.0%；乳化稳定剂为微晶纤维素 0.25%，卡拉胶 0.013%，单、双甘油脂肪酸酯 0.10%，硬脂酰乳酸钠 0.04%。

二、工艺

工艺流程为：

原料选择→脱皮→浸泡→磨浆→调配→均质→灌装、杀菌→冷却

1. 原料选择

大豆的质量直接影响产品的质量，黄豆、黑豆、棕豆均可用于豆奶生产，应选择颗粒饱满、成熟度较好、蛋白质含量高的大豆，要求色泽光亮、籽粒大小均匀、饱满、无虫蛀和鼠咬，除去大豆中的泥砂、石子和坏豆。大豆可能含有虫害及杂质，也可能混有病斑粒、霉变粒或未熟粒等，这些都影响着豆奶的卫生质量和营养价值，因此必须对购进的每批黄豆进行检验。

水质的好坏在很大程度上决定了成品豆奶的品质。由于受环境水体污染，用水量与水处理能力以及输送管道等多种因素的影响，水质常不稳定，一年四季中尤以夏季水质最差。因此，必须对水源再行处理，并加强监控，尤其是与豆奶生产密切相关的指标，如微生物、硬度、余氯、pH、Fe 杂质等都必须控制在容许限量内。

2. 脱皮

豆奶加工是否要脱皮？在这一问题上分歧严重。不赞成脱皮的认为：节省投资和成本，豆皮有利于豆浆过滤，未脱皮大豆所制备豆奶风味更好，而脱皮大豆制备的豆奶有一种不愉快的涩味。赞成脱皮的认为脱皮有以下好处：去除青草味和苦味，豆奶色泽更白，提高消化率，减少低聚糖，缩短浸泡时间，减少豆浆中微生物数量。

通常认为，脱皮大豆制作的豆奶色泽和风味均佳。如果企业条件有限，也可以不进行脱皮，直接进行浸泡处理，一样可以生产豆奶。

准备脱皮的大豆含水量要低于 12%，以保证脱皮率在 90% 以上。当大豆含水量超过 12% 时，应将大豆置于 105～110℃ 干燥机中进行干燥处理，待冷却后再进行脱皮。大豆脱皮可采用齿轮磨，调节间距，以使大多数大豆可分成

两瓣而不会将大豆子叶粉碎为度，然后以鼓风装置将豆皮吹出。

3. 浸泡

大豆浸泡的目的是软化细胞结构，在加工前使大豆蛋白吸水而膨胀，迫使蛋白质溶解，增加出浆率；浸泡后的大豆组织得到软化，蛋白体膜呈现一定的脆度，可以降低磨浆时的能耗和设备磨损，也可以提高豆浆的分散性和悬浮性。经浸泡软化后的大豆易于碾碎，有利于可溶性营养物质的溶出。浸泡后大豆的重量约为原重 2.2 倍。

大豆蛋白质的溶解与许多因素有关，如水质和浸泡时间及温度。理想的水温一般为 15～20℃，浸泡时间 12h，这样能控制大豆浸泡时的呼吸作用，降低各种酶的活性。

浸泡温度升高可相应缩短浸豆时间，但浸泡时间过短，会影响大豆的出浆率、豆浆的风味；浸泡温度太低，浸豆时间太长，大豆组织易被微生物污染，会引起大豆腐败变质。

为减少豆乳的豆腥味和苦涩味，宜用 0.2%～0.4% 的 $NaHCO_3$ 溶液浸豆。因为一定浓度的 $NaHCO_3$ 与大豆中的涩味物质发生作用，以及小苏打自身的口感能对大豆苦涩味有一定的掩盖作用，但是当碱液浓度过高时，$NaHCO_3$ 能随着水分进入大豆组织内部，无法通过后续的漂洗除去，残留在产品中，从而使豆奶感官品质降低。

大豆蛋白在碱液中的溶解度，跟浸泡液中 $NaHCO_3$ 的量有关系，在豆液比为 1∶3 时，大豆蛋白得到适度的溶解，又不至于溶出到浸泡液中，但如果豆液比进一步加大，由于大豆内外渗透压的作用，使大豆中的蛋白质溶到浸泡液中，导致蛋白质得率降低。

浸泡终点的判断具有较大的主观性，办法是：把浸泡后的大豆分成两瓣，如果豆瓣内侧已基本呈平面，中心部位略呈浅凹面，则是浸泡适度；如果豆瓣内侧完全呈平面，则浸泡过度；如果豆瓣内侧尚有深的凹陷，则浸泡不足。

4. 磨浆

豆腥味是因大豆中含有脂肪氧化酶，致使脂肪氧化而产生，只要采用高温钝化脂肪氧化酶就可避免。在钝化处理过程中应注意钝化的温度和处理的时间，防止蛋白质热变性。

将浸泡后的大豆用沸水或蒸气进行热烫，热烫温度 95～110℃，时间 2～5min，快速使大豆中的脂肪氧化酶失活，以免产生豆腥味，以保证蛋白质不变性，提高提取率。

也可用热磨法，采用热水磨浆，在磨豆浆时保持浆料在 80℃ 以上 10min，即可去除豆腥味。浸泡后的大豆用清水洗净，大豆通过磨浆得到豆糊，进一步分离得到豆浆，用尼龙布过滤。

豆水比与浆浓度的关系具体如下：

特浓浆：豆水比（1∶5）～（1∶6），固形物含量10%～11.5%。

浓浆：豆水比（1∶8）～（1∶8.5），固形物含量7.4%～8.0%，蛋白质3.3%～3.6%，脂肪2.1%。

普通浆：豆水比1∶10，固形物含量6.0%，蛋白质2.7%～3.3%，脂肪1.2%～1.6%。

5. 调配

将可可粉用4～6倍的水煮沸10～15min，静止冷却后，用100～200目筛过滤。

将乳化稳定剂与白砂糖按1∶5的比例干混均匀，分次均匀而缓慢地加入豆浆中，加入其余原料，搅拌均匀，混料定容。所得混合液送入抽滤机中抽滤，以除去未溶解的可可粉残渣。要求滤液100%可通过400目筛。过滤后所得的可可粉残渣调温处理后可重复使用。

因豆奶含有蛋白质、糖等丰富的营养物质，最适宜微生物生长繁殖；如果配料后贮存时间较长，其中的微生物会大量繁殖，分解糖及蛋白质产酸，变味，酸度增加又可促使蛋白质变性凝固，影响产品质量。因此配料应做到即配即用，尽量缩短贮存时间。当生产过程因设备发生故障或其他原因而造成停机时，必须考虑上述因素，加强糖度（Brix）及酸度（pH）的监控（每10min测1次），并及时调整（停机时间超过45min需过一次UHT）。

6. 均质

调配好的豆浆加热至75～85℃，在15～25MPa的压力下，进行均质处理。

均质处理是提高豆奶口感与稳定性的关键工序，均质机的工作原理就是在加压后，将豆奶经过均质阀的狭缝突然放出，豆奶中的油滴和颗粒在剪切力、冲击力及空穴效应的共同作用下，发生微细化，形成均一的分散液，促进了液-液乳化及固-液分散，从而提高豆奶的稳定性。

豆奶均质质量的好坏直接影响豆奶粒子的粒度和与水溶液能否混合成不分层的胶体。均质可以使产品中的颗粒物微粒化、均匀化，从而改良产品的稳定性，因此均质对产品的稳定性非常重要。获得良好的均质效果，均质的温度和压力均不能太低。均质的压力决定产品颗粒直径的大小，小颗粒物质可以通过稳定剂作用黏附于蛋白质粒子的表面，从而提高产品的稳定性。

注意均质后的豆乳切不可长时间放置，因为豆奶中含有的嗜热脂肪芽孢杆菌及其相似菌种，其最适生长温度为50～65℃，在70～77℃的环境中仍能生长。据试验，如果均质后豆乳温度为 65～68℃，放置 1h 后豆乳的 pH 值可从 6.8 降到 5.3，导致蛋白质变性而出现凝乳。

7. 灌装、杀菌

灌装、密封后进行高压灭菌，对于中性或接近中性的豆奶，需要使用 121℃ 的温度才能达到杀菌作用。

121℃、12～15min 灭菌，常温下可保质 6 个月。固形物 7% 以下，200g 包装的豆乳饮料可以采用 121℃ 灭菌 3min。

杀菌技术是关系到豆奶能否长期保存的关键环节之一。目前杀菌工艺主要为直接加热和间接加热两种，不论哪种杀菌方法，其杀菌工艺都是由豆奶的质量和所含细菌的耐热性所决定的。

杀菌包括杀灭其中的芽孢及耐热性毒素，必须掌握好与灭菌有关的系数，如温度、时间、压力等，确保灭菌效果达到要求，又尽量减少营养素的破坏。

从保证豆奶质量观点出发，杀菌温度宜低，时间宜短，从豆奶中含细菌的耐热性来看，豆奶中来自大豆的耐高温细菌较多，必须达到某一温度并经历一定时间才能杀灭所有的细菌，国外在这方面进行了大量研究表明：杀菌温度在 100～145℃ 之间。

8. 冷却

杀菌后的豆奶必须尽快冷却至室温，即为成品。如果长时间停留在高温下，势必造成蛋白质的热变性。

第四节　花生奶＋巧克力→巧克力花生奶：配方与工艺

花生是世界上重要的油料作物，也是一种很好的植物蛋白资源。花生的营养丰富，无论是生食、熟食，其味道都十分鲜美，素有"人参果"的美誉，是一种人们非常喜爱的高营养食品，自古为人珍视，因其有增进人体健康、延年益寿的作用，被誉为"长生果"。

巧克力花生奶融合花生与巧克力的香味与营养价值，口感细腻、顺滑，易被人体吸收，是新一代的营养饮料。

一、配方

花生仁 8.0%，大豆 4%，白砂糖 8%，可可粉 1%，乳化剂 0.18%，CMC-Na0.1%，黄原胶 0.02%，海藻酸钠 0.03%。

二、工艺

工艺流程为：

筛选→焙烤→脱红衣→浸泡→磨浆→调配→均质→灌装→杀菌→冷却

1. 筛选

花生原料的好坏直接关系到产品的质量，因此，用于生产花生奶的花生仁，应保证颗粒饱满，大小均匀，表皮光，无霉变、无虫害、杂质少；去除霉烂、虫蛀、皱皮及变色的子仁，致癌物质黄曲霉毒素主要集中在这类粒子中。

2. 焙烤

焙烤温度条件在 110～130℃ 之间，时间以 15～30min 为宜，以产生香味，而不太熟为好。花生干燥，烘烤温度相对低些，时间也长一些。一般烤到花生皮转色较好。

焙烤有 3 个目的，一是钝化花生中的胰蛋白酶阻碍因子、甲状腺肿素和植物性血球凝集素等；二是改善产品风味，焙烤后可除去花生的生青味，同时产生令人易于接受的愉快气味；三是有助于脱衣。

烘烤花生风味的优劣决定了花生奶的风味品评，烘烤花生的风味物质主要来源于能够水解成果糖和葡萄糖的蔗糖与氨基酸反应生成的挥发性物质。

烤温度和时间对花生奶品质影响较大，烘烤温度不够，有浓重的生腥味，风味较差；烘烤过度，蛋白质变性，花生乳化性差，饮料容易产生絮凝沉淀。

3. 脱红衣

经烘烤的花生仁，通过手工或机械脱掉红衣。

花生红衣占花生仁重量的 3%，其中的鞣酸物质形成苦味。为保证产品的质量，必须在磨浆前将红衣完全脱去，否则会使饮料含有红衣的涩味。

花生红衣的脱除率与其设备性能及浸泡条件有密切的关系。

4. 浸泡

将脱衣后的花生仁投入 pH 值 7.5～8.5 的弱碱中浸泡 6～8h，浸泡液水温为室温。花生与水的比例为 1：（3～5）。

花生浸泡的目的是软化颗粒，并破坏各组成部分间的组织结构，使之易于分离，淀粉颗粒经磨浆后易于分离开来。浸泡效果与浸泡时间、水温、pH 值有一定的关联性。

一般情况下，在一定温度下，浸泡时间过长，会造成蛋白质及碳水化合物降解，有时甚至会出现异味，也会降低营养物质提取率，并影响产品质量。在气温较低的季节，花生仁用软水浸泡 12h 以上；在气温较高的季节浸泡 6～8h 即可。

在 60℃ 以下，随着浸泡温度的升高，花生浆蛋白质含量上升，溶出更多的蛋白。但浸泡温度过高的话，会造成蛋白质变性，溶解度较天然状态时下降。

浸泡水中可加入适量的碳酸氢钠（比例 0.5%），可以缩短浸泡时间。加入不同浓度的碳酸氢钠水溶液会导致花生浆产生不同的 pH 值；在酸性条件下，蛋白质胶体的吸水程度降低，使花生颗粒的膨胀度不佳，以致影响磨制和蛋白质浸出率；提高 pH 值，会升高蛋白溶出率，但添加过高的碳酸氢钠浓度会使得花生浆产生碱味，增加后期调酸的工艺；通常控制在 0.50% 左右为宜。

5. 磨浆

目的是使花生中的蛋白质和不饱和脂肪酸充分释放出来，提高花生饮料的营养价值。

磨浆采用两次法，即第一次先用砂轮磨进行粗磨，加水量 10～15 倍左右，采用 80 目筛网分离。第二次用胶体磨精磨，细度达到 80～150 目，要注意调好磨的间隙，以 0.05 mm 为佳。

磨出的花生浆的颗粒不要过细或过粗，过粗不能使其纤维组织彻底破坏，蛋白质不能最大限度地释放出来，影响饮料的质量，降低饮料的营养价值。如果花生浆的颗粒过细，微细的花生渣在过滤时很难和浆液分离，给过滤带来困难。同时太细小的颗粒所含的淀粉一并和浆液被过滤出来，将会给成品饮料带来沉淀。

磨浆温度为 40～60℃。温度过低，不利于蛋白质的溶出，同时也会溶出较少的花生香气成分；温度过高，会出现明显的哈败味，因为高温长时间研磨，会加速花生油脂的氧化，产生难闻的哈败味。

磨浆时加水量是影响花生浆蛋白质含量的重要因素之一。加水量越大，蛋白质的提取率增高，但是水量过大时，蛋白和风味成分的相对含量降低，花生浆中的花生味较为清寡。

6. 调配

将可可粉用 4～6 倍的水煮沸 10～15min，静止冷却后，用 100～200 目筛过滤。

将乳化剂、胶体与白砂糖拌匀，缓慢加入 30～40 倍的热水中，边加入边搅拌，保持温度在 70～90℃，充分溶融后，与磨浆后的浆液混合，加入其余原料，搅拌混合均匀。

这一步是一个质量把关环节，根据产品标准、所需要的浓度，以折光仪测定，达到产品所需要要求。

7. 均质

物料均匀混合后，进行均质，在 70～80℃、15～25MPa 的压力下，对物料进行均质，第一次均质后接着进行第二次均质，条件和第一次均质完全相同。

均质是将压力施加于被加工处理的流体上，在高压条件下，当流体流经均质阀微小的流道时，产生强烈的湍流、空穴和剪切效应将流体中粒子或滴液破碎成微小的粒子。均质用于提高产品的乳化稳定性、质构、滋味和风味等，均质处理的目的是使颗粒变小，破碎乳状液中的脂肪球，使较小的脂肪球相对均一地分散在乳状液中，粒径分布更加均匀，形成相对较稳定的乳状液。

均质压力和均质温度会影响乳状液的粒度分布，进而影响乳状液的稳定性。低温均质，不利于乳状液中的组分充分溶解或水合；高温长时间均质，可能导致蛋白变性，降低蛋白的溶解性，降低乳状液的稳定性。

增加均质次数会降低花生奶的油脂析出率，主要是因为增加均质次数会使得第一次没有完全破碎的颗粒破碎，或将之前已破碎的颗粒轰击得更碎，颗粒更小，更均匀，从而减缓了脂肪球的上浮速率。

8. 灌装、杀菌

灌装、密封后进行高压灭菌，杀菌工艺为 10-20-15min/121℃，玻璃瓶则采用 20-20-20min/121℃的杀菌工艺。

微生物是引起花生乳饮料质量变化的一个重要因素，杀死饮料中的微生物是保证产品品质稳定的重要手段。因此，在加工中需要施以必要的热力杀菌。

杀菌是关键。它不仅仅指饮料的后杀菌，而且包括设备的杀菌、原料的杀菌、包装物的杀菌，甚至也包括生产场地、人员等的清洁卫生工作。人们往往不重视设备、容器、管道的严格消毒灭菌工作，在使用后、停产前仅用热水甚至冷水冲洗，这样容易造成细菌大量滋生繁殖。

9. 冷却

花生乳饮料经高温杀菌后温度较高，如果长时间停留在高温下，势必造成蛋白质的热变性，因此，有必要进行冷却处理，使产品的温度降至常温水平。

由于花生乳饮料的杀菌是在高温下进行的，为保证容器的密封性能，冷却时应考虑反压的应用，以防止罐内压过大造成泄漏。另外，要注意冷却用水的质量，避免由冷却水导致微生物对杀菌后产品的污染。

第五节　巧克力＋奶茶→巧克力奶茶：配方与工艺

茶被列为世界上三大无酒精饮料之一。茶作为主要饮品，因不同于水的无味，在其主要保健功能上，也为人们津津乐道。茶叶中的多种营养成分和多酚类物质具有抗氧化、抗衰老、抗辐射及增强机体免疫等生理作用。

随着社会的发展，传统饮茶习惯已不能适应当前生活快节奏的需要，因此采用现代科学技术，开发饮用方便的天然茶饮料，具有广阔的发展前景和消费市场。在已有的饮料产品中，奶茶占据很大的市场份额。相比咖啡，奶茶不仅更适合中国人的口味，还有一个好处就是茶叶本身回甘的特性，让它易于与几乎任何辅料搭配，而且残余的味道更快消褪，从而喝得更多。

在风味众多的奶茶中，巧克力风味深受广大消费者喜爱。它将牛乳、茶汁、可可粉相结合，使它在营养上互相弥补，具有牛奶的圆润丰满、茶的清新香气、浓郁的可可香味，入口幼滑入丝，香滑细腻、回味延绵。

一、配方

牛奶 51.33%，茶汁 45%，白砂糖 2.0%，板栗壳棕色素 1%，可可粉 0.4%，巧克力香精 0.07%，羧甲基纤维素钠 0.05%，蔗糖酯 0.07%，卡拉胶 0.06%，AK 糖（安赛蜜）0.02%。

茶汁浸提，按用水量添加：β-环糊精（β-CD）0.5%，乙基麦芽酚 0.01%。

二、工艺

工艺流程：

浸提→调配→均质→杀菌→灌装密封→入库、包装

1. 浸提

茶汤中咖啡碱是主要的苦味物质，多酚类是主要的涩味物质，氨基酸是主要的鲜味物质，因此茶汤滋味的优劣是茶叶中苦涩鲜味物质共同作用的结果。茶液口感的影响因素主要有茶水料液比、浸提温度和浸泡时间。

将符合质量要求的茶叶放入已预热 90℃的烘干机内，干燥约 30min，然后

取出，均匀摊开让其自然冷却，冷却后用锤粉碎机进行粉碎，粒度控制在 $500\mu m$ 以下。

浸提温度 $80\sim90℃$。去离子水浸提，热水中加入 0.5% 的 β-CD、0.01% 乙基麦芽酚。浸提温度过低，茶叶的有效成分提取率将会降低；若浸提温度过高，则会破坏其有效成分。

浸提时间 $5\sim10min$。浸提时间短，茶的有效成分未能充分溶出，茶的颜色、气味和滋味都偏淡；若浸提时间过长，不仅其有效成分不会提高，反而会破坏一些不稳定的成分，使茶的品质变差，发涩发苦，颜色变暗。

用水总量为红茶叶的 30 倍，冲入茶叶粉中，搅拌浸泡 $20\sim30min$，然后用离心过滤机，去除汁液中的微小颗粒，离心机转速为 $1500r/min$，重复操作两次，第 2 次的浸泡时间比第 1 次适当延长。

2. 调配

将可可粉用 $4\sim6$ 倍的水煮沸 $10\sim15min$，静止冷却后，用 $100\sim200$ 目筛过滤。

将红茶浸出液泵入带搅拌器的配料缸中，温度为 $70℃$ 以上，先将白糖与增稠剂、乳化剂干混，充分分散后，缓慢加入，匀速搅拌，使之分散均匀。再加入其余原料，搅拌均匀。

3. 均质

均质是奶茶生产过程中的一个重要环节，适当的均质条件是奶茶获得良好的组织状态和理想口感的重要前提。均质可以减小乳脂肪球平均粒径，使可可粉颗粒减小，使物料变成均匀一致的乳状液，增进物料的黏度，防止在日后货架过程中脂肪的析出，改善奶茶的稳定性，提高口感的润滑程度，减少奶茶的沉淀率。

将溶解好的奶茶液采用高压均质机进行均质，均质温度 $55\sim65℃$、压力 $20\sim25MPa$，均质两次。均质后脂肪球粒径一般在 $1\mu m$ 以下，均质效果可用普通生物显微镜检查。

4. 灭菌

均质后的巧克力奶茶饮料采用 UHT 灭菌处理。

奶茶物料预热到 $90\sim120℃$，使乳蛋白质得到稳定，然后在连续流动的状态下，物料通过热交换器迅速升温至超高温 $140℃$，杀菌持续 $3s$，最后再冷却到灌装温度 $25℃$。

经 UHT 杀菌后的奶茶可在非冷藏条件下保持相当长的时间而产品不变质。

5. 灌装

杀菌后的奶茶饮料，通常在无菌条件下灌装到刚吹塑成型的无菌瓶中。

6. 包装

密封后送入库房，经 24～48h 贮存，检查无异常，即可贴标装箱，打包入库。

第六章 巧克力+酒类：资源、混搭、配方与工艺

酒类是指酒精度（乙醇含量）达到一定量的含酒精饮料。它不是生活的必需品，却在人们生活中占有十分重要的地位，无论是在国内还是国外，酒都蕴含着十分丰富的文化底蕴。作为一种饮品，酒几乎渗透进人类一切活动，并在其中起着重要作用。法国著名化学家马丁·夏特兰·古多华曾说过："酒反映了人类文明史上的许多东西，它向我们展示了宗教、宇宙、自然、肉体和生命。它是涉及死、性、美学、社会和政治的百科全书。"

酒是劳动人民智慧的结晶。在中国，酿酒历史久远，生产工艺更是在世界独树一帜，所谓一方水土养一方人，千百年来中国各地的劳动人民从生产实践中不断总结经验，逐渐形成各种独具特色的酿酒工艺和产品，并成为当地的传统文化的一部分。

巧克力+酒类，自然洋溢出浓浓的酒味。本章内容如图 6-1 所示，首先介绍酒类资源、与巧克力的混搭，然后举例介绍酒心巧克力、巧克力鸡尾酒。

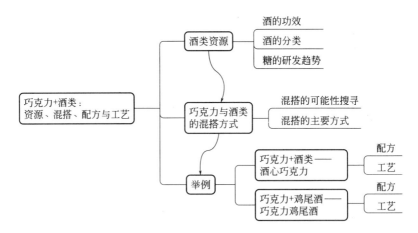

图 6-1　本章内容

第一节　酒类资源

我们从资源的角度来看待酒类，对酒的功效、分类、研发趋势进行一番梳理，为下一步混搭作好准备。

一、酒的功效

粮食酒的生产流程大体上为：原料预处理→蒸煮→接种发酵→蒸馏→勾调→贮存，经过一系列复杂的物理、化学、生物作用，将粮食转变为风味浓郁的酒。

从营养学的角度看，不同的酒类都含有一定的营养成分，但所含的营养成分各不相同，各成分所占的比例也各异。

酒的保健功能自古以来就在民间应用，具有通血脉、散湿气、行药势、杀百邪、理肠胃、御风寒、止腰膝痛等作用。历代医籍中记载了丰富的酒的保健功效，见表6-1。现代认为，酒能提高高密度脂蛋白（HDL）水平，预防和减少动脉硬化及冠心病发病率、抗氧化、辅助抗癌的作用。酒还作为中药饮片炮制的辅料，通过不同工艺对中药进行酒制。历代中药酒的品种较多，酒的质量直接影响中药饮片的质量。

表 6-1　历代对酒的功效认识述要

出典	论述
东汉·张仲景《金匮要略》	治胸痹之病，喘息咳唾，胸背痛，短气，寸口脉沉而迟，关上小紧数：栝楼实一枚（捣），薤白半升，白酒七升。上三味同煮取二升，分温再服。（栝楼薤白白酒汤）用白酒为导引，取其色白而上通于胸肺，借其性，引而上行而后下达
魏晋·诸名医《名医别录》	味苦甘辛，大热，有毒。主行药势，杀百邪，恶毒气。有上行巅顶，旁达四肢，外至肌肤之功
梁·陶弘景《本草经集注》	大寒凝海，惟酒不冰，明其热性，独冠群物，药家多须以行其势。人饮之使体弊神昏，是其有毒故也
唐·陈藏器《本草拾遗》	通血脉，厚肠胃，润皮肤，散湿气。米酒不可合乳饮之，令人气结。凡酒忌诸甜物
唐·孟洗《食疗本草》	远脉，养脾气，扶肝。久饮，软筋骨，醉卧当风，则成癖风

续表

出典	论述
宋·朱翼中《北山酒经》	酒味甘辛，大热，有毒，虽可忘忧，然能作疾。然能作疾，所谓腐肠烂胃，溃髓蒸筋
五代·吴越《日华子本草》	除风及下气
明·刘文泰等《本草品汇精要》	解一切蔬菜毒
明·李时珍《本草纲目》	米酒，解马肉、桐油毒，热饮之甚良。老酒，和血养气，暖胃辟寒。烧酒，消冷积寒气，燥湿痰，开郁结，止水泄。治霍乱，疟疾，噎膈，心腹冷痛，阴毒欲死，杀虫辟瘴，利小便，坚大便；洗赤目肿痛。治冷气心痛：烧酒入飞盐饮。治阴毒腹痛：烧酒温饮。治寒湿泄泻，小便清者：头烧酒饮之。治寒痰咳嗽：烧酒四两，猪脂、蜜、香油、茶末各四两。同浸酒内，煮成一处。每日挑食，以茶下之。治风虫牙痛：烧酒浸花椒，频频漱之。酒，天之美禄也。百曲之酒，少饮则和血行气，壮精御寒，消愁遗性……酒有开佛郁而消沉积，通膈噎而散寒饮，治泄疟而止冷痛
清·汪绂《医林纂要探源》	散水，和血，行气，助肾兴阳，发汗
清·陈其瑞《本草撮要》	入手足太阴、阳明、厥阴经
清·张璐《本经逢原》	新者有毒，陈者无毒。酒……其色红者，能通血脉，养脾胃；色白者，则升清气，益肺胃
清·吴仪烙《本草从新》	酒大热有毒，辛者能散，苦者能降，甘者居中而缓，厚者尤热而毒，淡者利小便。用为向导可以通行一身之表。引药至极高之分，热饮伤肺，温饮和中，少饮者和血行气，壮神御寒，辟邪逐秽，暖水脏，行药势
清·黄宫绣《本草求真》	入脾、胃。酒性种类甚多，然总由水谷之精，熟谷之液，酝酿而成，故其味有甘有辛，有苦有淡，而性皆主热。烧酒则散寒结，然燥金涸血，败胃伤胆。水酒借曲酿酝，其性则热，酒借水成，其质则寒，少饮未至有损，多饮自必见害。糟毟跌伤，行瘀止痛，亦驱蛇毒，及蠡冻疮。醇而无灰，陈久者良
现代《中药大辞典》	甘苦辛，温，有毒。入心、肝、肺、胃经。通血脉，御寒气，行药势。治风寒痹痛，筋脉挛急，胸痹，心腹冷痛。内服：温饮、和药同煎或浸药。外用：淋洗、漱口或摩擦。阴虚、失血及湿热甚者忌服

适量饮酒有利于健康，过量饮酒产生危害。长期饮酒可以导致体内多种营养素缺乏；连续过量饮酒能损伤肝细胞，干扰肝脏的正常代谢，进而可致酒精性肝炎及肝硬化；过量饮酒还影响脂肪代谢，会增加高血压，还对大脑、生殖系统、心脏及胃等造成损害；酒后行为，如交通事故、社会治安、酗酒与犯罪等，对社会、人民财产与安全构成潜在的危害。

二、酒的分类

按照制造工艺和性质，酒类可分为蒸馏酒、酿造酒、配制酒三大类。鸡尾酒作为一种特殊的配制酒，与巧克力混搭有其特别之处，在此单独拿出来介绍，暂时并列在一起。

（一）蒸馏酒

蒸馏酒是指用含有丰富淀粉质和各种糖质的植物为原料，以曲类、酵母为糖化发酵剂，经蒸煮、糖化、发酵、蒸馏、陈酿和勾兑酿制而成。从传统看，世界名酒主要是蒸馏酒，主要包括中国白酒、白兰地、威士忌、朗姆酒、伏特加和金酒等（见表6-2）。其中，中国的白酒与法国白兰地、俄罗斯伏特加、苏格兰威士忌并称世界四大蒸馏酒。成为世界名酒必须具备历史、品牌、价值、口感、经典等几大要素，它们具有很强的民族属性和文化特性，被世界各国人民喜爱。

表6-2 目前世界主要蒸馏酒、原料、乙醇浓度、原产国

蒸馏酒	主要原料	发酵方式	乙醇浓度 （体积分数）/%	原产国、扩展国
白酒	玉米、小麦、高粱	液态、固态	35～55	中国
威士忌（Whisky）	大麦芽、玉米	液态	38～45	英国、爱尔兰、美国、加拿大
伏特加（Vodka）	玉米、大麦芽		40～55	俄罗斯、美国、波兰、南斯拉夫
白兰地（Brandy）	白葡萄、葡萄		38～40	法国、意大利
朗姆酒（Rum）	甘蔗、糖蜜		40～55	古巴、牙买加、南美各国
金酒（Gin）	玉米、杜松子		40～55	荷兰、美国、英国
阿拉克（Arrack）	棕榈子、椰枣、大米、糖蜜		40～55	印度、东南亚、中东、西亚
烧酎	玉米	液态	25～45	日本

1.白酒

白酒是以曲类、酒母等为糖化发酵剂，利用粮谷或代用原料，经蒸煮、糖化发酵、蒸馏、储存、勾调而成的蒸馏酒。因乙醇浓度很高，可以点燃，新中国成立前称之为"烧酒""老白干"等。新中国成立后，政府十分重视这一传统产业的发展，统一名称为白酒。白酒历经几千年传承，渗透于整个中华五千

年的文明史中，酒与人文、自然、亲情、养生保健等息息相关，完全融入人们的生活当中。

白酒的分类如下：

（1）按原料分类

白酒的主要生产原料为高粱、玉米、红薯等粮食作物，还有部分白酒是以果品作为主要生产原料，这些原料经过发酵处理之后，蒸馏得出白酒，因其颜色主要以透明或者微黄为主，为此统称为白酒。由此可分为谷物白酒、薯类白酒等。

（2）按酒度分类

我们平时所说的酒度是指酒精含量。我国多数传统白酒为中高度白酒，近年来出现低度化的趋势。目前，酒度为60%（体积分数）以上的白酒已经很少见。据统计，我国高度白酒约占20%，中度白酒约占40%，低度白酒约占40%。

高度白酒：酒度一般为50%～60%（体积分数），我国许多名优白酒属于此类。

中度白酒：在传统白酒的基础上采用降度工艺，酒度为40%～50%（体积分数）。

低度白酒：酒度一般在40%（体积分数）以下，甚至低至25%（体积分数）。因满足了新的消费需求，低度白酒具有可观的市场前景。

（3）按发酵剂分类

在生产中选择不同的发酵剂所生产出的白酒品质存在较大差异，根据不同发酵剂所生产的白酒种类，可以具体分为大曲酒、小曲酒和麸曲酒。

大曲酒：以高粱、豌豆为主料，适量辅配小麦、大麦，制成块状大曲，并以此为糖化发酵剂，经过发酵、蒸馏、陈酿、勾兑与调味，而制成的一类白酒。

小曲酒：以大米为原料，适量辅以中草药，制成球形或块状，经过发酵制成小曲（又名酒药、酒饼），再以大米或高粱为原料，以小曲为糖化发酵剂，采用半固态发酵、蒸馏而得。小曲酒主要流行于我国的广东、广西、云南、贵州和江西等地。

麸曲酒：以黑曲霉3.4309菌株接种于麸皮上，制成麸曲作糖化剂，以纯种酵母作发酵剂，经发酵、蒸馏而得。

（4）按香型分类

以酒的主体香气成分来分，可以根据其特征分类，在国家级评酒中，目前业内公认的有十二种香型白酒，分别是：

① 四大基础香型 四大基础香型为：酱香型、浓香型、清香型、米香型。

酱香型：以贵州茅台为代表，又称茅香型。其口感风味特点是：酱香突出，幽雅细腻，酒体醇厚，余味悠长。

浓香型：以泸州老窖、五粮液等为代表，又称泸香型、窖香型、五粮液香型。其口感风味特点是：窖香浓郁，绵甜甘洌，香味协调，尾净余长。

清香型：以山西杏花村汾酒为代表，又称汾香型，是中国北方的传统产品。其口感风味特点是：清香纯正，诸味协调，醇甜柔和，余味爽净。

米香型：以桂林三花酒为代表。其口感风味特点是：蜜香清雅，入口柔绵，落口爽净，回味怡畅。

② 其他香型 凡不属于以上四大香型的白酒统属此类。其风味特点是：以酒论酒，以绵柔、醇和、味正余长、风格突出为佳品。

其他香型包括：凤香型、兼香型、芝麻香型、豉香型、特香型、药香型、馥郁香型、老白干香型。

凤香型：代表产品是西凤酒。其风味特点是：酒香醇香秀雅，口感甘润挺爽，诸味谐调，尾净悠长。

兼香型：以安徽口子窖为代表。其风味特点是：浓香带酱香，诸味协调，口味细腻，余味爽净。

芝麻香型：以山东景芝酒为代表。风味特点是：焦香突出，醇和细腻，香气谐调，余味悠长，风格典雅。

豉香型：以广东玉冰烧为代表。风味特点是：豉香独特，醇厚甘润，余味爽净，低而不淡。

特香型：以江西四特酒为代表。风味特点是：酒香芬芳，酒味纯正，酒体柔和，诸味协调，香味悠长。

药香型：以贵州董酒为代表。风味特点是：药香突出，浓郁甘美，口感醇甜，回味悠长。

馥郁香型：以湖南酒鬼酒为代表。风味特点是：闻香浓中带酱，诸香协调，入口有绵甜感，柔和细腻。

老白干香型：以河北衡水老白干为代表。风味特点是：酒香协调、清雅，入口醇厚，不尖、不暴，回味悠长。

2. 白兰地

白兰地是英文"brandy"的音译，意译为"生命之水"。泛指水果发酵蒸馏，经橡木桶储藏陈酿而得到的蒸馏酒，如樱桃白兰地、苹果白兰地和李子白兰地等。在 GB/T 17204—2021 饮料酒术语和分类中，白兰地是指以水果或果汁为原料，经发酵、蒸馏、陈酿、调配而成的蒸馏酒。

在法国当地流传这样一句谚语："男孩子喝红酒，男人喝跑特（port），要想当英雄，就喝白兰地。"人们授予白兰地至高无上的地位，称之为"英雄的酒"。"白兰地"一词分狭义和广义之说，从广义上讲，所有以水果为原料发酵蒸馏而成的酒都称为白兰地。但现在已经习惯把以葡萄为原料，经发酵、蒸馏、贮存、调配而成的酒称作白兰地。而以其他水果为原料制成的蒸馏酒，则在白兰地前面冠以水果的名称，例如苹果白兰地、樱桃白兰地等。

3. 威士忌

"威士忌"一词译自英语"whisky"（主要用于英国、加拿大和美国）或whiskey（主要用于爱尔兰或美国）。

威士忌是一种以大麦、黑麦、燕麦、玉米等谷物类为原料，经糖化、发酵、蒸馏、陈酿而成的含酒精38%～48%（体积分数）的蒸馏酒。在GB/T 17204—2021饮料酒术语和分类中，威士忌是指以谷物为原料，经糖化、发酵、蒸馏、陈酿、经或不经调配而成的蒸馏酒。

约在12世纪初，由天主教神父将蒸馏技术传入英国苏格兰，才出现威士忌，至15世纪制造方法定型并开始作为英王宫饮料酒，19世纪才真正工业化，并传遍世界。

威士忌品种有1000余种，按制造方法和产地可以分为三大类：

（1）苏格兰威士忌

只有在英国苏格兰地区生产的威士忌才能命名"苏格兰威士忌"。实际上按此方法生产的还有英国的爱雷（islays）、坎贝尔城（campbeltown）等麦芽威士忌，美国、日本等国也有按苏格兰方式生产的麦芽威士忌。

苏格兰威士忌的特点是：原料全部采用大麦麦芽，麦芽干燥时用苏格兰地区特产泥炭燃烧烟道气熏烤，使威士忌中带有独特的泥炭烟熏味。威士忌蒸馏用独特釜式两次蒸馏技术，新酒经橡木桶贮存后熟5年以上（一般需8～15年），才能勾兑调成酒。酒体金黄，醇厚，香味浓郁，是世界公认的高质量威士忌。

（2）爱尔兰威士忌

爱尔兰威士忌也属粮谷威士忌，但它的原料除大麦外还加入20%小粒谷物、燕麦和小麦，用未经泥炭烟熏的麦芽为糖化剂。爱尔兰威士忌的特点：酒香浓郁，酒体较重。

（3）美国威士忌

美国威士忌也是粮谷威士忌，主要原料有大麦、黑麦、小麦和玉米等，但美国酿酒条例规定，只有采用某种粮谷超过51%时，才能以此粮谷命名。美国威士忌中以波旁威士忌（Bourbon Whisky）最著名，它是以玉米（51%）

为原料制成。波旁威士忌蒸馏至 40％～80％（体积分数）酒精含量，而且在40％～62.5％（体积分数）下贮存于新烤焦的橡木桶至少四年以上（一般为 6年），酒体芳香强烈。

4. 朗姆酒

朗姆酒是英文 rum 和法文 rhum 的音译，其他中文译名还有老姆、兰姆、罗姆和劳姆。朗姆酒也称火酒。据说过去横行在加勒比海地域的海盗酷爱此酒，又称"海盗之酒"。

朗姆酒是以甘蔗汁或甘蔗糖蜜为原料，经酵母发酵之后，蒸馏、储存、勾兑而成的蒸馏酒，酒精含量 45％～55％（体积分数）。在 GB/T 17204—2008饮料酒分类中，朗姆酒是指以甘蔗汁或糖蜜为原料，经发酵、蒸馏、陈酿、调配而成的蒸馏酒。

用甘蔗汁或糖蜜酿酒，早在公元前二千年印度古经中就有记载（原始"糖蜜酒"）。朗姆酒在十七世纪，中美洲产糖国家（西印度群岛）已经成为传统的地方饮料酒；十八世纪，随着海运的发达，朗姆酒开始输入欧洲，英国是主要贩运国，所以常称为英国朗姆酒。

现在，生产朗姆酒最多的国家，集中于世界甘蔗种植地区，主要是牙买加、古巴、多米尼加、波多黎各等以及亚洲的菲律宾、印度等国。虽然我国也是世界主要甘蔗种植国之一，但由于习惯原因，我国只有很少地区（台湾、华南）的少数工厂生产朗姆酒。

朗姆酒的色泽分为无色、金黄色、琥珀色和棕色。

朗姆酒以香型可分为：

轻型：单纯酵母菌发酵，以古巴朗姆酒为代表，色泽无色至金黄色。

浓型：常采用酵母菌发酸后加入丁酸菌共酵，香味浓郁，富含挥发酯，以牙买加朗姆酒为代表。

5. 伏特加

伏特加是英文 vodka 的音译，国内也被译成俄得克、俄斯克。"vodka"这个词源于俄罗斯，俄罗斯的伏特加酒在世界范围内都很有名气。但是"伏特加"这个词实际上是一种酒类的术语，目前在世界上很多国家出产的酒也在当地被称为"伏特加"。在世界各地诸多的"伏特加"中，俄罗斯的伏特加酒是历史最悠久的，也是最著名的，被俄罗斯人称为"民族饮品""经典酒"。

在 GB/T 17204—2021 饮料酒术语和分类中，伏特加是指以谷物、薯类、糖蜜及其他可食用农作物等为原料，经发酵、蒸馏制成食用酒精，再经过特殊工艺精制加工而成的蒸馏酒。

6. 金酒

金酒，又名锦酒、琴酒和毡酒，是英文 gin 的译音。由于使用了杜松子，又称为杜松子酒。金酒是以粮谷（大麦、黑麦、玉米等）为原料，经过糖化、发酵、蒸馏后，又用杜松子浸泡或串香，酒度在 35%～48.5%（体积分数）的蒸馏酒。在 GB/T 17204—2021 饮料酒术语和分类中，金酒是指以粮谷等为原料，经糖化、发酵、蒸馏所得的基酒，用包括杜松子在内的植物香源浸提或串香复蒸馏后制成的蒸馏酒。

金酒在英国、荷兰很有名。我国青岛生产的金酒也不错。金酒很少直接饮用，大都用于鸡尾酒。

（二）酿造酒

酿造酒是以粮食、水果等为原料，接种酒曲酵母，让其发酵，酵母菌将原料中的淀粉、糖类物质转化为酒精（乙醇）等的饮料。

酿造酒包括葡萄酒、啤酒、黄酒、米酒和果酒等，以葡萄酒和我国的黄酒为代表产品。

1. 葡萄酒

国家标准 GB 15037—2006 中对葡萄酒的定义是：以新鲜葡萄或葡萄汁为原料，经全部或部分发酵酿制而成的，含有一定酒精度的发酵酒。

随着社会快速发展，人们的生活水平逐步提高，对健康的关注度也逐渐升高，健康型饮品葡萄酒的消费也逐渐增多。

我国古代有"葡萄美酒夜光杯"的赞誉诗句，而法国人把消费葡萄酒作为时尚保健品备受推崇。葡萄酒是一种国际通用型酒种，是世界三大畅销酒之一。它不仅具有多种营养保健功能，而且色泽艳丽，口感醇美，令人赏心悦目，更是佐餐的上佳选择，这与广大消费者追求食品"营养、健康、安全"的消费理念不谋而合，所以，广大消费者喜欢并饮用葡萄酒。

葡萄酒是以葡萄为原料，经过酵母发酵而生成，因此保留了绝大部分葡萄果实原有的营养成分，如糖分、酒石酸、苹果酸、花色素、单宁、矿物质等，同时在葡萄的酿制浸渍过程中，还生成了有别于葡萄的新生成分，如乙醇、甘油、酯类等，形成了葡萄酒的独特风味和营养价值。

葡萄酒香气优雅，有其独有的特点，而且还有许多保健功能。李时珍在《本草纲目》中指出葡萄酒具有"暖腰肾，驻容颜，耐寒"等功能。适量饮用葡萄酒有助于消化、减肥、改善肠道功能、美容养颜。葡萄酒能有效缓解人体神经中枢的兴奋与紧张程度，从而促使人体肌肉放松，并产生舒适感。由于焦虑导致的神经官能症患者合理、少量饮用葡萄酒，能有效缓解焦躁情绪。葡萄酒中的酸性成分，还能起到开胃顺气的功效，有助于胃酸分泌。另外，葡萄酒还能改善心血管功能，提高血液脂蛋白浓度，促进胆固醇的排除，在有效控制血压的同时，预防动脉硬化。葡萄酒中的乙醇、酸类等物质，能起到杀菌作用。

葡萄酒按不同的指标，有不同的分类：

综合国家和国际葡萄酒组织的标准，葡萄酒按色泽可分为：白葡萄酒、桃红葡萄酒、红葡萄酒。

按含糖量的多少依次分为：干葡萄酒、半干葡萄酒、半甜葡萄酒、甜葡萄酒。

按二氧化碳含量多少可分为：平静葡萄酒、起泡葡萄酒（又可分为高泡葡萄酒、低泡葡萄酒）。

按采摘以及酿造方法又可分为：葡萄汽酒、冰葡萄酒、山葡萄酒、利口、贵腐、产膜、加香、加强、低醇以脱醇葡萄酒等特种葡萄酒。

除此之外，还有年份葡萄酒、产地葡萄酒、品种葡萄酒。

2. 啤酒

啤酒是英语"beer"的中文音意译。它是以大麦芽为主要原料，以大米或其他淀粉类为辅料，经过糊化和糖化，加入啤酒花煮沸后冷却，再经酵母发酵而制成。

啤酒具有悠久的历史，是一种国际性的低酒度饮品，酒精含量一般为 3％ 左右。啤酒的主要原料大麦芽、啤酒花和啤酒酵母，在酿造过程中，麦芽和啤酒花中所含的单宁，能使蛋白质凝固沉淀，使麦汁澄清透明；啤酒花赋予啤酒特有的酒花香气和爽口的苦味，也能增加泡沫持久性，并使啤酒具有一定的防腐性。啤酒的主要原料酿造成啤酒后，将各种物质的营养价值发挥到了极致，不仅赋予啤酒特殊的香气和苦味，使人们得到愉悦的感觉，还赋予啤酒丰富的营养成分和药理价值，所以啤酒是一种平衡性很好的饮品，被称为"液体面包"。

啤酒中水占的比重很大，因此经常被人用来解渴，它是全世界排名第三的饮料。啤酒中含有 17 种以上的氨基酸和蛋白质、多种维生素等营养成分。啤酒具有很好的提神效果，这是因为啤酒中含有的多种有机酸，能够起到提神醒脑的作用，而且啤酒里的一些物质还能够刺激神经，促进人的肌肉松弛，调解人的精神，使人的不良情绪得到缓解。啤酒还能增强人的新陈代谢。

啤酒因其营养价值高，口感好，颇受消费者欢迎，现在已成为世界上饮用最广泛的饮料之一。在 1972 年世界第九次营养食品会议上，正式将啤酒列为营养食品。德国把啤酒列入病人的膳食中；英国有些妇产科医院还把啤酒作为产妇必需的饮品。

啤酒酿造是一项传统生物技术，其工艺流程几百年来都没有发生明显的改变。随着人民生活水平的提高，消费者对啤酒的营养、质量要求也越来越高。近年来，人们通过在传统啤酒酿造工艺的基础上，变革创新，酿造出新型啤酒。

如今市场上啤酒种类繁多，除了普通型啤酒（即熟啤酒）以外，还有超鲜型、超干型、冰啤等，这些新型啤酒是在传统啤酒的基础上，进行了工艺创新，品质更优良，口味更加多样化，极大地推动了啤酒工业的发展。特别是超干型与冰啤酒，超干型啤酒发酵度可达到 80％～87％，含氮量、含糖量明显下降；冰啤酒是将原啤酒处于冰点温度，使之产生冷混浊（冰晶、蛋白质等），然后滤除，生产出清澈的啤酒，酒精含量在 5.6％以上，高者可达 10％。

3. 黄酒

黄酒是以稻米、黍米、玉米、小麦等为主要原料，通过浸渍、蒸煮、加曲、发酵、压榨、煎酒、贮存、勾兑而成的低度酿造酒，是中国历史最悠久的传统酿造酒，至今已有数千年的悠久历史，被公认为我国的国粹。它与葡萄酒、啤酒并称为世界三大古酒。

黄酒源于中国，且唯中国有之，在 3000 多年前的商周时代，中国人独创酒曲复式发酵法，开始大量酿制黄酒，是世界上最古老的酒类之一。南方侧重于糯米，北方侧重于黍米。黄酒的曲法制酒和独特的双边发酵（边糖化边发酵，也称复式发酵）工艺，与其他酿造酒有明显差异，是我国珍贵的历史文化遗产。

黄酒历来以营养丰富、保健养生著称，是医师药典推崇的传统保健养生佳品。在科学发达的今天，许多中药仍以黄酒泡制，借以提高药效。

现在，一般用"rice wine"表示黄酒。黄酒的基本成分，在于它是一种以粮食谷物为原料，以酒药、麦曲为糖化发酵剂，通过特定的生物发酵酿制过程，制成的一类低度原汁酒。黄酒经长时间的糖化发酵，原料中的淀粉和蛋白质被酶分解为低分子糖类和氨基酸等浸出物，最易被人体吸收，因此黄酒被列为营养食品。其特殊的发酵工艺，保留了大部分对人体有益的营养成分，如蛋白质、碳水化合物、维生素及矿物质等。而且在其发酵过程中，会产生一些具有特殊生物活性的功能性物质，如低聚糖、寡肽、多肽、酚类等。这些发酵营养产物极易被人体吸收利用。研究资料表明，黄酒中氨基酸和多肽的含量都远远超过啤酒和白酒。此外，黄酒还有活血祛寒、通经活络、抗衰护心、减肥、美容、养颜、烹饪时祛腥膻和解油腻等作用。

黄酒的营养价值超过了有"液体面包"之称的啤酒和营养丰富的葡萄酒，功效价值居所有酒类之最，被誉为"液体蛋糕"。加之黄酒生产成本较低，并且久存不坏，其产品风格可根据市场需要加以调配，有望成为多层次消费群体所接受的饮料酒。

我国各地的黄酒不仅品种丰富多样，而且各有千秋。一般按酒的糖分分类，大体可分为：干型黄酒（<1.00g/100mL）、半干型黄酒（1.00～3.00g/100mL）、半甜型黄酒（3.00～10.00g/100mL）、甜型黄酒（10.00～20.00g/100mL）、浓甜黄酒（≥20.00g/100mL）等五种。

黄酒的典型代表为绍兴元红酒（又称状元红）、加饭酒、善酿酒（用陈元红代水酿制）、香雪酒（以糟烧代水酿成）和福建沉缸酒。此外，在黄酒同一品类中，还有众多花色品种和新产品黄酒。大致可分为低度黄酒、汽泡黄酒、果味型黄酒、滋补型黄酒、花香型黄酒、嗜好型黄酒、蔬菜型黄酒、功能型黄酒、强化型黄酒。产品多样化，可满足不同消费者的需求。

4. 清酒

清酒（sake）是日本的一种米酒，又称日本酒，是日本人民非常喜爱的一种传统的酒精饮料。传统清酒要求使用大粒、质软、蛋白质和脂肪含量少、淀粉含量高的大米为原料，经蒸煮、加曲、糖化、发酵、压榨、过滤、脱色、煎酒、贮存、勾兑等工序而成。从外观上看，它类似我国的白酒，但酒精含量较低，仅为15%左右。

清酒按品质分为特级清酒、一级清酒和二级清酒；按口味分为浓醇酒、淡丽酒、甜口酒、辣口酒。

清酒是营养丰富的酿造酒，酒精含量低，含有多种氨基酸、有机酸及人体必需的B族维生素、矿物质等成分，易为人体消化吸收。因此，清酒是具有较高食疗和药用价值的低酒度、低耗粮、高营养的酒种，具有较大的发展空间。

由于清酒具有口味柔软、细腻、甜口、爽口的特点，一般作为开胃酒，或与食物一起饮用。它的风味与传统的日本菜，如生鱼片、油炸食品、豆腐等同时食用时交映生辉。它可以加强日本菜的风味，尤其是生、熟鱼类。通常清酒是温热至40～50℃后饮用，也可以冷冻或加入冰块饮用。

5. 果酒

果酒是指以新鲜水果为原料，经破碎或压榨取汁，通过全部或部分发酵酿制而成的低度发酵酒，酒精含量一般在7%～18%（体积分数）。

2000年以前，果酒作为中国酒类行业的一个小众化产品，其知名度、影响力及消费市场远远不能和传统的白酒、啤酒、黄酒等其他酒类所相比。1998年全国酿酒工作会议提出了果酒、水果蒸馏酒是国家重点发展的酒种；中国酿酒工业协会果露酒专业委员会在行业"十五"计划中指出重点发展水果发酵酒及其蒸馏酒，逐步取代一部分粮食白酒。

随着人们消费观念的改变，具有丰富营养价值和独特风味的低度果酒越来越受消费者青睐。利用原果汁发酵生产出来的果酒是一种绿色、天然、酒精含量低、健康而又具有营养价值的酒类产品。果酒的酒度低，酒质温和爽口，果香味浓，营养价值高，基本保持了水果中的天然营养成分，并且富含人体所需的各种氨基酸、多种维生素及矿物质，被专家认为是所有酒品中具有发展前途的酒种。不同原料品种的果酒含有不同种类的功能性成分，如葡萄酒中含有大量的超氧化物歧化酶，红枣酒中含有芦丁，桑椹酒中含有花青素和白藜芦醇等。这些物质在人体各阶段的代谢过程中起着不同程度的作用，而且它们经微生物发酵后得到进一步的转化，更易于被人体吸收，在一定程度上有益于人体血液的循环、血管软化、促进新陈代谢作用等。

果酒种类繁多，分类方式也各有不同。

根据国家优质食品果酒类的评选标准，按照原料的不同可分为：仁果类、浆果类、核果类、柑橘类、瓜果类、各类原料混合类。

按照酿造方法可分为：发酵果酒、蒸馏果酒、配制果酒、气泡果酒；目前国内外市场都以配制果酒为主。

根据果酒发酵结束后的总糖含量（以葡萄糖计）可分为：干酒（≤4.0g/L）、半干酒（≤12g/L）、半甜酒（≤50g/L）、甜酒（>50g/L）。

（三）配制酒

配制酒是以蒸馏酒或发酵酒为基酒，再配入甜味辅料、香料、色素或浸泡药材、果皮、果实、动植物等形成最终产品的酒。

我国有许多著名的配制酒，如虎骨酒、参茸酒、竹叶青、药酒及滋补酒等；国外配制酒种类繁多，有开胃酒、利口酒等。

我国早在3000年前就有香草药酿制配制酒的记载，药酒和补酒是我国配制酒的雏形。中医6种方剂中的汤剂即为最早的配制酒。最早是用黄酒，而后用白酒为溶剂，浸泡药材制成。近代才出现以葡萄酒、果酒或食用酒精为酒基制作配制酒。

配制酒在5大类酒种中，不论从原料或从成品酒来说，都是最不规格、最不典范的，因为配制酒既没有固定的工艺路线约束，又没有统一的质量标准，而且原料来源广泛，选用的酒基有白酒、黄酒、果酒、啤酒等；选用的呈色、呈香、呈味物质更是丰富，凡是芳香植物的根、茎、叶、花、果、籽及有滋补药用的动物、植物都可作为调香或滋补入酒。因此酒的风格各具特色，可以概括地说，配制酒的特点是：选料广泛，品种繁多，工艺不同，质量各异，风格独特。

（四）鸡尾酒

鸡尾酒属于配制酒范畴，但它基本上是一种现场制作的即兴饮品。

鸡尾酒有着绚丽的色彩、优雅的姿态、动人的名字，变化多端，风情万种，带着调酒师的灵魂，及与众不同的调配艺术，赋予成品别样的灵动情趣。它融会了世界名酒，加上巧妙的调配艺术，形成了色、香、味、型等独特的个性，成为深受欢迎的一种世界性饮品。

1. 定义

鸡尾酒一词是从英文 cocktail 翻译而来，即由英文 cock（公鸡）和 tail（尾）两词组成，自然就有了鸡尾酒的名称。

美国《韦氏词典》这样定义鸡尾酒：鸡尾酒是一种量少而冰镇的酒，它以朗姆酒、威士忌、伏特加或者其他烈酒、葡萄酒为基酒，再配以其他辅料，如蛋清、果汁、牛奶、糖等，以搅拌或者摇晃法调制而成，最后再饰以柠檬片或者薄荷叶。

广义地说，任何酒与酒调和而饮，或酒与其他饮料混合调制，都可以称为鸡尾酒。

目前酒吧业所理解的鸡尾酒的概念为：以一种或几种烈酒（主要是蒸馏酒和酿造酒）作为基酒，与其他配料如汽水、果汁等，按一定的配方、比例和调制方法，调和而成的混合饮料。

2. 基本结构

由上述定义可知，鸡尾酒由基酒、辅料和装饰物等三部分组成，即：

鸡尾酒＝基酒＋辅料＋装饰物

其中：

基酒，是确定鸡尾酒基本面貌的主酒；

辅料，给予鸡尾酒在色、香、味等层次上的丰富变化；

装饰物，犹如画龙点睛的最后一笔，赋予成品鸡尾酒别样的灵动情趣。

对此作进一步的细分，可以这样认为：

鸡尾酒＝基酒＋辅料＋配料＋附加料＋装饰物＋杯具

其中：

基酒，指这款鸡尾酒的主要原料，即决定此款鸡尾酒口味的基础，主要以烈性酒为主。

辅料，指其他酒水，配合基酒使其增加混合后的口味，还可对酒精有所稀释，减轻高度酒精对嗅觉的刺激。

配料，指一些调缓溶液，例如果汁、汽水、碳酸饮料及一些果味酒，其有调味功能，并且还能改变鸡尾酒的颜色。

附加料，指增加口感或颜色的原料，主要是为了突出特殊口感，如盐、胡椒、糖、辣椒汁等。

装饰物，起锦上添花的作用，原则上不宜过于繁杂，以免给人喧宾夺主之感。

杯具，指盛载的杯具，较为考究。

它们之间各司其职，分别承担了调制某款鸡尾酒的独特功能，混合在一起，即产生了具有新口味、新色泽、新气味的酒水新品种，给人以全新的感觉冲击，带来美的感受。原料选材自有讲究，与它们之间各自的特色有关，也与它们之间融合后的酒感有关。

3. 杯具

一般情况下，鸡尾酒的载杯分为多种，像高脚杯、矮脚杯、郁金香杯、古典杯、海波杯，等等。鸡尾酒杯的材质通常为玻璃杯或水晶杯，无色、透明、无雕花，以便鉴赏鸡尾酒的外观。酒杯的形状应根据相应的鸡尾酒名称来挑选。以葡萄酒为基酒的鸡尾酒，常选择郁金香型或圆形缩口高脚杯，以便能轻轻摇动鸡尾酒，并使鸡尾酒的香气能在杯口前浓缩。而以香槟酒为基酒的鸡尾酒，宜选择广口的香槟酒杯，因为该杯柄中间是空的，从杯身直通杯座，酒倒入杯中后，从杯柄上部不断上升的气泡犹如泉涌。

调制鸡尾酒要使用不同的调酒用具及盛载酒杯，只要恰当选择，合理搭配，各司其职，就能营造出特有的缤纷酒形。具体采用哪种杯具，要根据酒品的风格特色，不仅要衬托出酒的美感，增加饮酒的氛围，更要展现出调酒师调酒的思想和感情。不同的鸡尾酒盛放在合适的器皿中，才能淋漓尽致地发挥它的魅力。

4. 环境

酒吧是专门提供和配制酒水、供人们饮用的场所，鸡尾酒是一个酒吧经营的所有酒水的灵魂。酒吧整体环境的营造，通过硬件（装修、设计、布局）与软件（经营意识、服务技艺等）的完美配合，为人们提供休闲娱乐、消除疲劳、释放压力的环境，满足人们因时因境的不同要求。

在酒吧优雅的音乐里，手执鸡尾酒杯，欣赏吧台后调酒师旋转舞动的调酒壶，任凭思绪飞扬，或沉醉于鸡尾酒的色彩，或沉醉于那优雅的氛围中，流连忘返。

5. 分类

鸡尾酒由于其混合酒的复杂性质，分类方法各不相同。主要有以下分类：

（1）按鸡尾酒的酒精度数和饮用时间分类

分为长饮与短饮。

短饮是需要在短时间内饮完的鸡尾酒，时间一长风味就减弱了。此种酒采用摇动或搅拌以及冰镇的方法制成，使用鸡尾酒杯。一般认为酒在调好后10～20min内饮用为好。其酒精浓度较高，在30度左右。适合餐前饮用。

长饮是适于消磨时间、悠闲饮用的鸡尾酒，掺入苏打水、果汁等。长饮鸡尾酒一般是用平底玻璃酒杯或果汁水酒杯这种大容量的容器。它是加冰的冷饮，也有加开水或热奶趁热喝的热饮。尽管如此，一般认为 30min 左右饮用为好。与短饮相比，大多酒精浓度较低，适合餐时或餐后饮用。

（2）按调制的基酒分类

分为白兰地酒类、金酒类、朗姆酒类、香槟酒类、啤酒类、利口酒类、日本清酒类、中国白酒类等。

基酒是鸡尾酒中最主要的成分，是一杯酒的灵魂。用基酒的名字命名相对比较简单，通常把基酒和辅料的名字叠加在一起就可以，比如金汤力是金酒加上汤立水，朗姆可乐就是朗姆酒加上可乐，威士忌可乐是威士忌酒加上可乐。

（3）按配方固定与否分类

分为定型与不定型鸡尾酒。

不定型鸡尾酒是指调制后立即饮用的鸡尾酒，其配方不固定。定型鸡尾酒中大部分是经典鸡尾酒，其配方固定。

（4）按饮用时间和饮用场合分类

分为餐前和餐后鸡尾酒、季节鸡尾酒、俱乐部鸡尾酒等。

（5）按饮用温度分类

分为冰镇、常温和加热三种鸡尾酒。

6. 调制方法

"伏特加马天尼。要摇匀的，不要搅拌。"詹姆斯·邦德在《皇家赌场》中再一次"偏执"地向侍者点了这种鸡尾酒。

"要摇匀的，不要搅拌"，其实是在说鸡尾酒的调制方法。鸡尾酒调制的主要方法有搅拌法、摇和法、兑和法、搅和法等，不同的方法针对不同的鸡尾酒配制，所用的调酒用具也有所不同。这些不同的方法一般都有程序性的要求，以体现出调酒师调酒技艺的观赏性和艺术性，同时保证酒水的恰当融合。

（1）飘浮法（兑和法）

具体做法是：将配方中的酒水按分量直接倒入杯中，不需搅拌。将相对密度大的酒先倒入杯中，相对密度小的酒后倒入。倒酒时可用一支调酒棒放在杯中，使酒沿着调酒棒慢慢流入，以免冲撞混合，这样各种酒在杯中才能层次明显，达到预期效果。制作彩虹鸡尾酒时，就需要采用此种方法。

（2）搅和法

把碎冰块、基酒与各种配料放入电动搅拌器中，开动电动搅拌器转动 10s 左右，使各种原料充分混合，然后倒入杯中即可。用这种方法调制的酒水多使用卡伦杯或长饮杯盛装，适宜在专业酒吧中制作长饮类鸡尾酒使用。

（3）调和法（搅拌法）

调和法是调制鸡尾酒时采用的主要方法之一。在调酒杯中先放入冰块，轻轻摇晃几下，使调酒杯充分冷却，然后按配方放入各种原料，最后放入基酒，左手拿住调酒杯，右手用调酒匙或调酒棒在杯中沿一个方向快速搅动，直至所有原料都融为一体，再将调制好的鸡尾酒用过滤器过滤，斟入预先经过冰镇的酒杯中。

（4）摇晃法（摇和法）

采用"摇晃"手法调酒的目的有两种：一是将酒精度高的酒味压低，以便容易入口；二是让较难混合的材料快速地融合在一起。在调酒壶中放入冰块，按配方放入各种原料和添加物，最后放入基酒，摇晃调酒壶。摇酒时的手法有双手和单手之分。双手摇的方法是左手中指托住壶底部，食指、无名指及小指握住壶身，将酒壶在胸前用力摇晃。单手摇晃时使用右手，食指压住壶盖，其他 4 指和手掌握住壶身，运用手腕的力量来摇晃调酒壶，使酒得到充分混合。一般鸡尾酒摇制的时间为 5s 左右，摇至调酒壶外层表面起霜即可。

7. 品尝

鸡尾酒的种类繁多，配方各异，都是由各调酒师精心设计的佳作，其色、香、味兼备，盛载考究，装饰华丽、协调，观色、嗅香，更有享受、快慰之感。

（1）看

品尝鸡尾酒的第一步就是看，看酒的颜色，特别是分层的鸡尾酒界面是否清晰，是鸡尾酒好坏的关键。欣赏酒的颜色和外型，一般情况下，鸡尾酒的颜色十分绚丽，变幻莫测，加上画龙点睛的艺术装饰，是视觉上的享受。

（2）闻

喝鸡尾酒前，端起酒杯，闻一闻酒的香味，给嗅觉一次完美的旅行。闻闻酒味是否过于突出？鸡尾酒常用多种烈酒与果汁混合，如果酒味过于突出，就会影响口感。

（3）品

喝入一口鸡尾酒，让酒液在口腔内回荡一下，徐徐咽下，细细品味其中的曼妙滋味。轻啜一口，让酒液随着舌尖的味蕾慢慢渗透，闭上眼睛，充分享受鸡尾酒带来的味觉盛宴。

（4）回味

鸡尾酒由几种酒混合而成，味道会比原来的酒好，慢慢回味酒的滋味，会有另一番感受。

三、酒的研发趋势

酒的研发趋势，主要有以下几点：

1. 产品组合多样

企业的创新和发展离不开新品种的开发，即产品创新，这是保证企业利润增长的必要手段。产品组合是一种捷径。不同种类的白酒有着不同的风味类型，每一种白酒的口味也不同，而白酒被用来调制鸡尾酒，带来了许多新的效果。在调酒师的技术引领下，调制出更多的中式鸡尾酒，为白酒的创新发展带来新的经验和机遇。

黄酒的产品创新包括黄酒功能创新（增加保健功能、美容功能等，可视为功能组合）、产品质量创新、产品设计创新等。近几年黄酒各个企业新品种开发力度加大加快，如"帝聚堂""和酒""状元红""石库门""沙洲优黄""善好酒""君再来"等一大批黄酒新品得到了市场的认同，促进了黄酒的消费群体进一步扩大。这些新品种开发，是各个黄酒企业创新的首选，促进黄酒企业的发展和利润的增长。

2. 优化选择材料

合理准确地选取酒类调配原材料十分重要，是构成酒类产品的基础。

首先，原材料是基础，是生成酒精及香味成分的前驱物质。蜚声中外的五粮液、剑南春，传统使用多种原料酿酒，就是充分利用各种粮谷的特点，以高粱为主，辅以小麦、大米、糯米、玉米等，使酒体现出"香、甜、净、醇、爽"的风格。多种粮食的精华、营养互补，为多种微量芳香成分的产生提供了物质基础。

例如，高粱中无机元素及维生素含量丰富，碳氮源充足，是微生物生长繁殖的重要物质基础。高粱中的单宁及酚类化合物在其表皮内含量高，转化为芳香物质，使酒体香味浓郁。玉米含有 60 多种挥发性成分，白酒中芳香族化合物主要来源于玉米。大米、糯米淀粉含量较高，蛋白质及脂肪含量较少，利于低温缓慢发酵；小麦的挥发物中含有醛、酮、醇、酯等成分 20 多种，小麦的蛋白质、淀粉较多，维生素丰富，经微生物作用生成较多的芳香物质，增加酒体陈香、绵长；麸皮蛋白质含量相对较多，加入麸皮可增加配料中蛋白质含量、调整碳氮比、增加芝麻香酒的焦香。小米蛋氨酸、半胱氨酸等含硫氨基酸较多，它们是含硫杂环化合物生成的前体物质。

其次，是辅料的选择。调制鸡尾酒的辅料品种很多，它对酒品的色、香、味、形起重要的作用，选取材料应注意两点：

一是颜色的选择。要明确不同颜色有不同代表意义，如红色象征热情、活力，可选用的酒品有红石榴糖浆、金巴利等；蓝色象征秀丽、清新、宁静，有蓝橙酒等。

二是口味的选择。酒类创作成功与否，关键在于能否正确地选择恰当口味的材料。

3. 多曲多微共酵

业内称粮为酒之体，曲为酒之骨。不同的曲种由于环境、原料和工艺的不同，感官、生化、微生物指标和香味成分的种类及数量存在较大的差异，在发酵过程中代谢产生的微量成分的种类、数量和比例也各有所异。发酵过程中，温度和环境对微生物的影响非常大，所以需要在这种复杂的反应中寻求一个平衡，让酒体更加的醇厚和绵柔。例如，扳倒井浓香型酒以中高温大曲为糖化发酵剂，复粮芝麻香型酒以高中温大曲、河内白曲、米曲霉、红曲霉、生香酵母、细菌等混合使用。

多粮共聚、多曲多微共酵，从源头保证多香共生。多种功能曲药作用于环境微生物，融多曲不同菌系、酶系、香味物质于一体，在酿造过程和白酒香味协同作用，产生丰富的有益风味物质，形成酒类风格和韵味。

4. 创新勾兑调味

酿酒行业兼具技术与艺术，优质酒需要七分技术，剩下的三分艺术便是调味与勾兑。

勾兑是让酒体中分子进行重新排列组合的过程，勾兑可对酒体进行很好的协调和平衡，烘托出酒体主要香型，形成独特的个性风格。不同香型的酒，并非生产出来就具备所需的微量成分，而是通过勾兑，使得酒中的微量成分重新组合，形成一个新的特殊的平衡状态。

白酒中的主要成分是醇类物质，还有微量的酯、酮、酚，这些成分之间的量比关系决定着白酒的独特风格。纯手工制作的白酒，采用多种微生物共同发酵，再通过勾兑，让出厂的酒实现统一酒质，统一标准。

调味是通过加入某些一定浓度的香味和物质，打破基础酒原有的平衡，重新调整酒内的微量成分结构和物质组合，促进平衡向新的理想方向移动，从而达到新的协调与平衡。

采用多种调味酒促进产品风味的形成，运用得当，各自独有妙用。调味酒是用于平衡、协调及补充原酒的香或味方面的某些缺陷或不足，烘托、突出成品酒某些优良特性的精华酒。通俗来讲，调味酒就好比厨师烹饪过程中使用的油、盐、酱、醋等调味品。它的用量很少，往往只有万分之几，但在酒体设计调味中能起到"画龙点睛"的作用。通常情况下，如果香味不足，可选用酒头调味酒或双轮底酒增加香气；醇厚不足，可选取比较好的老酒增加陈香感，酒尾调味酒可增加酒的浓厚感。

5. 研究风味物质

气相色谱分析技术在我国起始于 20 世纪 70 年代，最早由内蒙古轻工研究所组织实施，对白酒的骨架成分酸、酯、醇、醛等进行分析检测，继而在全国各大白酒厂推广，取得了突破性成果。随着白酒科研的不断深入，中国酿酒工业协会和江南大学合作，于 2007 年 6 月组织承担了建国以来白酒工业最大的科研工程——中国白酒"169 计划"项目的研究。为突破气相色谱法分析的局限性，采用色谱-质谱、色谱-红外光谱、色谱-核磁共振等联用仪器，将色谱的高分离效能与其他定性强的仪器相结合，使其发挥更大作用。尤其是色谱-质谱仪的联用（GC-MS 法）对白酒微量香气成分进行定性定量分析检测，使中国白酒开始迈上了风味化学研究的新领域，对指导中国白酒开展多香型融合技术，开发适销对路的新产品起到了决定性的作用。

6. 创新饮用方式

对于白酒而言，目前创新饮用方式主要有两种（以小贵宾郎酒为例）：

（1）冰镇饮用

冰镇不仅可以提高香味物质的阈值，减小酒体的刺激感，还可以改变味蕾的灵敏度，使酒体呈现出不同的风味。冰镇后，酒体温度降低，会降低人体摄入的热量，使人备感清爽。于 5~10℃冰镇时（将小贵宾郎酒放入冰柜冷藏室冷藏 30min 左右），香气纯正，芳香感好，香味协调感好，口感更加冰爽，饮用舒适度最佳。

（2）加冰饮用

加冰类似白酒后处理技术中的加浆降度工艺，加冰后，冰块逐渐融化为水，酒中的酒精度和香味物质浓度随之降低，小贵宾郎酒的酒体风味特征由绵柔型转变为清爽型，表现为酒体的刺激感明显下降，醇厚度降低，甜味由绵甜转变为醇甜，爽口度由甜爽转变为清爽。

第二节　巧克力与酒类的混搭方式

一、混搭的可能性搜寻

我们以巧克力资源与酒类资源为两轴，制成坐标，如图 6-2，在两轴相交的点都有混搭的可能。将酒类资源中各种具体的品种罗列出来，并结合研发趋势，从两轴的相交点去搜寻各种混搭的可能性。

例如，巧克力＋白酒，以夹心的方式，可制成酒心巧克力糖果、酒心巧克力雪糕等，并可在美容、保健功能上拓展。

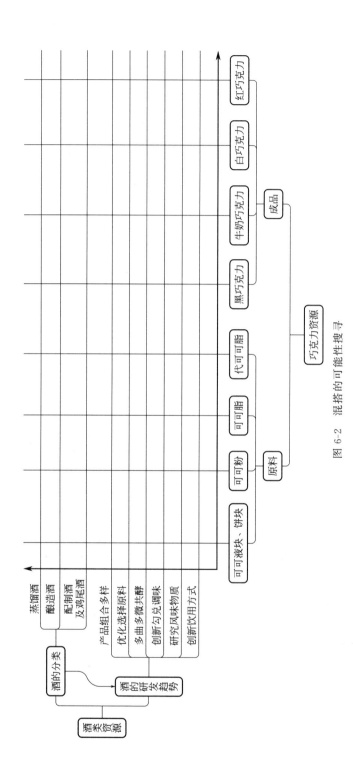

图 6-2 混搭的可能性搜寻

二、混搭的主要方式

酒类与巧克力的混搭方式主要有以下几种：

（一）发酵

例如，巧克力风味啤酒，将可可粉或巧克力引入啤酒生产中，在生产过程中除了使用啤酒花外，原料中还添加了可可粉，这些可可粉使得啤酒散发出巧克力的诱人味道。

由于巧克力风味啤酒在生产过程中加入了可可粉，能量较普通啤酒更高，同时由于可可粉较贵，也增加了巧克力风味啤酒的成本。

（二）悬浮

例如，巧克力风味酒饮料，是将可可粉、白砂糖和牛奶等具有丰富营养的物料混合，与白酒互相配合，制作的一种既含有可可粉和牛奶的香浓甜滑口感，又含有适量白酒的巧克力风味酒饮料；产品可以增加人体的营养，降低人体对酒精的吸收速度，促进可可粉中营养成分在体内的吸收，符合健康饮食需要。

（三）混合

例如，加酒巧克力的制作：将巧克力与鲜奶油混合，并隔水加热至巧克力融化，按比例加入食用酒精或高度白酒，搅拌均匀，倒入巧克力模具中，冷却后制成巧克力酒心块，再次将融化的巧克力液倒入巧克力模具中，使其包覆整个巧克力酒心块，冷却，脱模，制成加酒巧克力。它将酒和巧克力结合，不仅提高巧克力的口感，而且有效提高巧克力的营养价值。

（四）夹心

例如，酒心巧克力的制作，主要是利用过饱和状态的糖-酒混合物的结晶原理，使糖粒的外表结成一层硬性糖壳，自然成为浆液的保护层，四周再涂上巧克力外衣，这样不但使酒心巧克力具有固体般的形态，而且可以延长有效时间，便于运输和贮存。目前作为酒心巧克力心材的基本都是高度酒。

（五）涂层

例如，在添加酒的凝胶软糖外涂巧克力：称取一定量巧克力，为了增加流动性，可加入质量比为 0.3%～0.5% 的卵磷脂，置于沸水浴中，使其熔化，充分搅拌，使卵磷脂在巧克力中分布均匀，当巧克力呈现出良好的流动性时便可涂层，在凝结的软糖上涂上 1～2mm 厚的巧克力，冷却至巧克力凝结为固体。

（六）装饰

用巧克力做装饰，主要用于鸡尾酒中，有以下几种：

1. 巧克力粉、屑

将巧克力粉、屑撒在鸡尾酒的表面做装饰。

2. 巧克力饰品

将巧克力做成饰品，装饰在鸡尾酒的表面。例如：

巧克力片装饰品（古铜钱、齿轮、三角）：将融化后的巧克力浇注在古铜钱、齿轮、三角形配件模具中，用抹刀抹去上面多余的巧克力，移入冰箱冷藏固化，待完全固化后脱模即成。

巧克力网状饰品：将融化后的巧克力装入裱花袋，在透明胶片上来回挤画各种形状的网，移入冰箱冷藏固化，待完全固化后脱离即成。

巧克力树叶：将融化后的巧克力涂布在经洁净处理并消毒过的树叶上面，移入冰箱冷藏固化，待完全固化后脱模即成。

3. 巧克力粘涂

黑巧克力浆粘杯边：将蝶形香槟杯的外壁粘上一圈巧克力浆，作为装饰，将所有原料倒入摇壶中，加入冰块，摇匀，滤入蝶形香槟杯中，饮用。

黑巧克力勺：将黑巧克力融化后，用一把小勺粘上巧克力后，粘上茶叶放入冰箱里冷却。最后将黑巧克力勺插入鸡尾酒中作装饰。

第三节　巧克力＋酒类→酒心巧克力：配方、工艺

酒心巧克力，顾名思义，是以酒做心的巧克力。当酒心巧克力的外层在口腔中熔化或咬开断裂时，立即就会有一股黏呼呼的酒汁流出来，辛辣的酒精锐利地刮过我们的嘴唇；这被巧克力抱在怀里的一缕酒香，总是来得十分突兀，平添几分情趣，巧克力糖特有的苦甜味与名酒的清香和浓厚的醇味融合在一起，别有风味，使人心旷神怡，回味无穷。食用时要注意场合，特别是司机，容易被误认为是酒驾。

酒心巧克力的酒心，是巧妙地利用糖液冷却结晶、结晶糖液与酒汁分离的现象而制成的。首先，白砂糖加水熬煮，达到一定浓度，向糖液中投入各种名酒。酒心成型时，先用模具在刮平的淀粉上压制出凹坑，然后将混合液倒入模

具。当加有酒汁的熬煮糖液倒入凹坑后，糖液就缓慢地自然冷却，白砂糖液自最外层开始冷却结晶，形成裹有酒汁的白砂糖外壳。再穿上巧克力外装，就制成在外形、质地和口味上都别具一格的酒心巧克力了。

酒心巧克力包装精美，外形典雅精致，内里装着各种名酒，甜香芳醇，令人不饮自醉。它以别致精巧的外形吸引着广大消费者，告诉人们酒心巧克力是一种高档产品。

一、配方

白砂糖 20kg，名酒 1kg，酒精 1kg，可可粉（含糖）8kg，可可脂 3kg，糖粉 3kg。

白酒添加量为 10mL/100g 白砂糖，糖坯质量最好。通常选用高度白酒，如酒香浓烈的二锅头，或以白酒＋酒精为酒体。

二、工艺

工艺流程为：

制模→熬糖→浇模→保温→弹粉涂衣→冷却包装

操作要点如下：

1. 制模

模型粉有多种，一种由淀粉和滑石粉组成，比例为 7∶3；一种是面粉和淀粉组成，比例为 10∶3。

模型粉按比例混合后，进行烘焙，放入 35℃ 的恒温箱中烘焙 24h，除去水分，留下其中一部分，其余放置于木盘内压紧压平，用印模制成呈半圆球形等模型，使其间距均匀，深浅一致。模具的形状可以根据需要设计成圆形、蛋形、瓶形和各种花朵形状。

粉制模型与制糖相隔的时间不宜过长，防止粉模再次吸收空气中的水分；也不能因此而采用热粉制模，因为温度高，难以使糖结晶，反而会使其返砂。

2. 熬糖

将白砂糖放入锅中，加水溶化过滤。当熬至 103～107℃ 时，将锅撤离火源，加入酒与酒精，混合后立即注模。

熬糖最终温度的控制是酒心巧克力糖制作的关键。熬糖的最终温度控制在 103～107℃ 范围内，糖坯的感官质量比较好。如果最终温度过高，会使糖浆的浓度过高，结果制成的糖坯变成硬糖，没有酒浆析出；如果温度偏低，会造成因糖浆嫩而不能结成糖块，或结晶的糖壁过薄易碎，严重影响成品质量。

3. 浇模

熬好的糖液要趁热浇模，温度要保持在100℃左右，浇模时糖浆流量缓慢而均匀，切不可冲坏模型的形状。浇满一盘后要撒一层模型粉，约为1cm厚，以加厚表面糖液结晶。浇模应趁热一次浇完，防止糖浆的温度降低而造成返砂。

4. 保温

将浇模后的粉盘放入35℃的保温室，静置结晶8～10h。

当结晶第10h效果最理想，酒心大小适中，糖壁厚度适中，糖内结晶完全。

保温的温度要保持恒温，不能忽高忽低，否则难以结晶；要让糖浆自然冷却，否则会产生粗粒状结晶，容易破碎。

5. 弹粉涂衣

保温结束后，将糖粒轻轻地取出，用毛刷掸去表面所黏附的粉末，然后涂布巧克力浆。

将配方中的可可粉、可可脂、糖粉等微微加热使其熔融成浆（也可用纯巧克力微微加热熔融成浆），稍微冷却，呈糊状时，将糖粒放入其中浸没后捞出，置于蜡纸上干燥。

涂衣的巧克力浆可可脂含量应略高一点，温度应控制在30～33℃范围内。

糖粒与浆料温度应接近，糖粒温度略低于浆料温度；浆料温度过高或浸没时间过长，会导致糖粒软化，不利于涂衣。

6. 冷却包装

涂衣干燥后的糖块必须迅速冷却，其温度控制在7～15℃内，冷却定型后即可包装装盒。

第四节　巧克力＋鸡尾酒→巧克力鸡尾酒：配方、工艺

鸡尾酒遇上巧克力，通常用巧克力作为装饰物，使鸡尾酒锦上添花。混搭的方式简单，通常是制作成各种形状，如树叶、网状等，进行装饰，最简单的是将巧克力粉、屑直接撒在鸡尾酒的表面。

一、配方

波特酒 90mL，黄色沙特勒兹酒 15mL，蛋黄 1 个，中甜度巧克力粉 1 大匙。

二、工艺

制作时，将波特酒、沙特勒兹酒、蛋黄与碎冰放入果汁机，搅打到材料混合均匀后，倒入冷却的鸡尾酒杯，撒上巧克力粉即可。

第七章

巧克力+冷饮：
资源、混搭、配方与工艺

炎炎夏日，随着气温的不断升高，冷饮市场就会迎来一年中的销售旺季。大街小巷的冷柜里都堆满了琳琅满目的冷饮产品。

随着人民生活水平的提高，冷饮的季节性差异正在逐步消失，从过去的防暑降温作用，逐步转变为嗜好、享受为主，从夏季集中销售逐步向一年四季销售的方向发展，特别是一些大宾馆、酒店、西式餐厅等，这种现象更加突出。

冷饮＋巧克力，是绝佳的组合，花样翻新，层出不穷。本章内容如图 7-1 所示，首先介绍冷饮资源、与巧克力的混搭，然后举例介绍巧克力冰淇淋、巧克力雪糕。

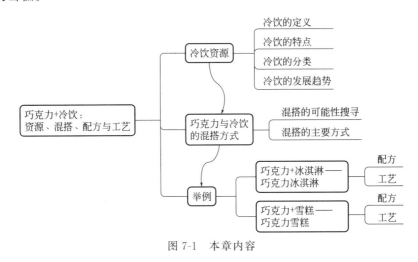

图 7-1　本章内容

第一节　　冷饮资源

我们从资源的角度来看待冷饮，对冷饮的定义、特点、分类、发展趋势等进行一番梳理，为下一步混搭作好准备。

一、冷饮的定义

冷饮，是冷冻饮料的简称，是以饮用水、甜味料、乳品、果品、豆品、食用油脂等为主要原料，加入适量香料、稳定剂、着色剂、乳化剂等食品添加剂，经配料、灭菌、凝冻而制成的冷冻固态饮品，具有低温清凉、提神防暑、解渴充饥、提供营养等作用。

二、冷饮的特点

一般说来，冷饮都具有三个特性：清凉性、刺激性、营养性。

清凉性，指冷饮依靠本身温度较低的性质，在人们饮用之后，可以降低体内温度，带走热量，因而具有清凉感。

刺激性，分为两个方面：一方面是物理刺激，冷饮温度较低，人们饮用之后，短时间内会使胃肠血管受冷收缩，减少消化液分泌，胃肠有节律的蠕动会稍受影响，但一般的人很快能适应，并消除影响；另一方面是化学刺激，冷饮一般甜度、酸度比较大，对胃肠的刺激可加强消化，但是如果饮用过多，有可能导致胃酸的浓度增大，胃肠疾病患者应谨慎饮用酸性的冷饮。

营养性，一般指制作冷饮的原料多为高热量、高脂肪或含有多种维生素，这个特性因冷饮不同而异，如冰淇淋、冻奶、酸奶的营养都比较丰富，而甜味冰、雪泥等由于原料简单，这一特性不明显。

三、冷饮的分类

冷饮主要分为：冰淇淋、雪糕、冰棍、雪泥、甜味冰、食用冰等。

1. 冰淇淋

也称为冰激凌，是一种极具诱惑力的美味冷冻奶制品。它是以饮用水、牛乳、奶粉、奶油（或植物油脂）、食糖等为主要原料，加入适量食品添加剂，经混合、灭菌、均质、老化、凝冻、硬化等工艺制成的体积膨胀的冷冻食品。

2. 雪糕

雪糕是以砂糖、奶粉、淀粉、麦芽粉、明胶等为主要原料，经混合调剂、加热灭菌、均质、轻度凝冻、注模冷冻而制成的带棒的硬质冷冻食品。

雪糕的性质介于冰淇淋与冰棍之间，在形态、口感上模仿冰淇淋，有乳品的一些特点，通过适当的膨胀工艺处理，食用时容易迅速刺激口腔。

3. 冰棍

冰棍，又叫作冰棒、棒冰，通常制作过程简单，成本较低，将水、果汁、糖、牛奶等混合、灭菌、灌装、冷冻而成。一般为长条形，中有细棍儿，一端露出，可供手拿。

4. 雪泥

雪泥是以饮用水、食糖等为主要原料，可添加适量食品添加剂，经混合、灭菌、凝冻、硬化等工艺制成的冰雪状的冷冻饮品。

5. 甜味冰

甜味冰是以饮用水、食糖等为主要原料，可添加适量食品添加剂，经混合、灭菌、灌装、硬化等工艺制成的冷冻饮品，如甜橙味甜味冰、菠萝味甜味冰等。

6. 食用冰

食用冰是以饮用水为原料，经灭菌、注模、冻结、脱模、包装等工艺制成的冷冻饮品。

四、冷饮的发展趋势

冷饮产品的结构造型和口味年年变化年年换，每年冷饮新产品都层出不穷。以冰淇淋及雪糕为例，从口味、质构、功能、外形上变化创新，迎合消费者，满足需求，就会出现新局面。

1. 口味

冰淇淋的主题为牛奶、香草、巧克力口味。布丁、牧场牛奶以及东北市场中的奶块、奶排，因其独特的组织结构和丰富的牛奶香，一直畅销不止；柔滑香草口味的奶昔棒，其丰润的实物感，夹有细小的冰晶清凉感，丝滑感受，无比惬意，成为相当不错的产品；巧克力口味和巧克力制品占据大片市场，体现了巧克力冰淇淋的重要地位。

冰淇淋口味趋向多样化。同样是奶味，形式表现出多样性：纯奶风味、各种花式奶风味、果味酸奶风味，由此形成系列。

果味冰淇淋紧跟饮料的步伐。维生素C果汁饮料在饮料市场异军突起，表现不俗，受到冰淇淋研发人员的关注，于是水果冰淇淋呈现出特殊风味：草莓冰淇淋、树莓冰淇淋、蓝莓冰淇淋、小红莓冰淇淋、芒果冰淇淋、菠萝冰淇淋、柠檬冰淇淋、橘子冰淇淋、百香果冰淇淋、葡萄冰淇淋、樱桃冰淇淋，等等。

创造复合型口味的冰淇淋，以多种口味来吸引消费者，如草本＋坚果组合、巧克力＋橙组合、甜味＋酸味组合、甜味＋咖啡味组合、甜味＋薄荷味组合等。

2.质构

在品种和质构的基础上，进行创新，形成质构不同的冰淇淋，具有较好的发展前景。

（1）夹心

夹心冰淇淋，如草莓夹心、青梅夹心、甜橙汁夹心、西番莲夹心、蔬菜夹心等。

带实物料的夹心冰淇淋逐步取代纯配制夹心冰淇淋，例如红枣夹心、炼乳夹心、密豆夹心，以及类似软糖质构的夹心，果味夹心也逐步加入原浆或原汁，从而保持较好的口感和质构。

（2）涂衣

涂衣类冰淇淋有普通巧克力涂衣、白巧克力涂衣、芝麻酱涂衣、花生酱涂衣；在此基础上逐步发展成各种附有花生、芝麻、核桃仁、葡萄干、瓜子仁、水果布丁等果仁的涂衣冰淇淋。

（3）添加物

添加不同的添加物，由于添加物的丰富多彩，形成不同的冰淇淋。

① 粮食：粮食类冷饮制品持久不衰，属于稳中求胜的品种。蜜制红豆、绿色心情、佰豆集、功夫豆等红豆、绿豆类产品是市场所钟爱的种类。除此之外，还有红豆、绿豆、芝麻等中国传统口味产品，添加曲奇饼、巧克力饼、全麦饼、果味派饼碎块的产品。

② 果仁：各类坚果（榛子、杏仁、山核桃、花生等）。

③ 果粒：菠萝果肉、桃汁、桃肉、椰果粒等果汁、果粒添加于各类棒冰、雪糕、冰淇淋中，成为主旨和点缀产品的重要元素，也就被认为是不可分缺少的原料。

（4）胶体

研究胶体的粘连性、坚挺性、抗融性、变形性、柔软性、拉丝性、松软性、细腻性、留香性（保香性）、匀香性、润滑性、透明性、混浊性、黏弹性、实体性和保形性等，应用于生产具有特色质构的冰淇淋。

3.功能

这里简称的功能，是指天然、保健、功能化。

随着生活水平的提高，人们愿意花钱去购买更优质的冰淇淋产品，冰淇淋产品向天然、保健、功能化方向发展。

采用纯真、天然的原料，回归自然，具有保健意义，已经成为饮食时尚，甜味剂和色素不断减少，天然添加剂应用更加普遍。例如，大豆磷脂是天然乳化剂；蛋黄是具有蛋黄味的天然乳化剂，并具有多种食疗功能；果胶是天然的增稠剂，也具有多种食疗功能；乳脂是具有乳香味的天然脂肪，脱脂奶粉是具有乳香味的天然蛋白质；咖啡粉、可可粉和天然香草粉均为天然风味物质。

高脂肪、高蛋白质、高糖冰淇淋只能适合部分人群的需求；无脂肪、低热量、不含糖的冰淇淋得到大力发展。随着人们保健意识的增强，市场对具有保健功能的冰淇淋的需求量日益增大。用木糖醇、甘露糖醇、赤藓糖醇、麦芽糖醇或山梨糖醇代替蔗糖；低聚糖、膳食纤维、螺旋藻等功能性食品原料在冰淇淋配料中得到应用。可以增强有益成分，如花青素、维生素、矿物质、益生菌、益生元、膳食纤维、强化微量元素、海带、蔬菜，中药花卉中的美容抗氧化成分以及微量元素等健康功能性的成分，成为营养保健类冰淇淋。

4. 外型

冰淇淋产品外型以棒型、杯型、砖型为主，显得比较单一，在外形上进行创新，创造外型奇特、美观的冰淇淋产品，不仅丰富和发展冰淇淋文化，还能把艺术创作寄寓于冰淇淋中，例如：球型、甜筒型、火炬型、具有立体造型的雪山型等。从表面装饰的角度来看，有浆汁盖浇型、花样脆皮包裹型等。外裹脆皮有巧克力脆皮、黑巧克力脆皮、牛奶巧克力脆皮等。

钟薛高推出的有中国建筑特色的"瓦片雪糕"，如图7-2，在顶部雕刻了回字纹，在外包装上采用了"祥云"和"生肖"等元素，充分满足了消费者对于品质生活和独特个性的渴望。

图 7-2 瓦片雪糕
（图源天猫）

第二节　巧克力与冷饮的混搭方式

一、混搭的可能性搜寻

我们以巧克力资源与冷饮资源为两轴，制成坐标，如图7-3，在两轴相交的点都有混搭的可能，从这些相交点上去搜寻，可将冷饮中各种具体的品种罗列出来，结合发展趋势，去搜寻各种混搭的可能性。

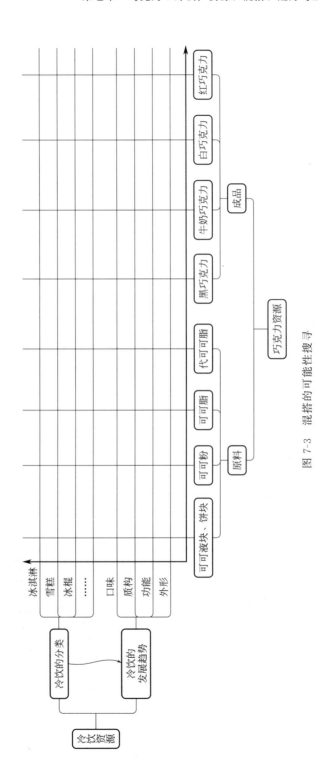

图 7-3 混搭的可能性搜寻

二、混搭的主要方式

巧克力与冷饮的混搭方式，主要有以下几种：

1. 巧克力作容器

以巧克力作容器，盛装冷饮。如图 7-4，巧克力锥形筒冰淇淋，其组成包括：1 为中间被盛装的冰淇淋；2 为盛装冰淇淋的倒圆锥形筒体——巧克力，由可可脂或代可可脂、可可粉、卵磷脂、砂糖、奶粉等制作而成；3 为带盖的外包装套。

2. 涂层

在冰淇淋外涂上一层巧克力，完全覆盖在冰淇淋的表面，形成分布均匀的巧克力层，并具有合适的厚度。经典的产品是伊利冰淇淋"四个圈"：一圈粉色、一圈黄色、一圈奶油、一圈巧克力，分别是淡黄色奶料、巧克力脆皮、白色奶料、棕色巧克力脆皮，圈圈美味。

3. 混合

巧克力以粉末、颗粒的形式，和冰淇淋混合在一起，成为巧克力冰淇淋。

4. 装饰（裱花）

如图 7-5，用黑巧克力在白色的冰淇淋表面裱花，形成漂亮的图案，起到装饰作用。

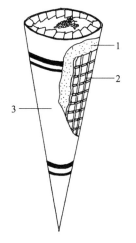

图 7-4　巧克力锥形筒冰淇淋

图 7-5　冰淇淋的猫头像

第三节　巧克力＋冰淇淋→
巧克力冰淇淋：配方、工艺

巧克力冰淇淋以其甜美爽滑的口感，甜中带点苦，甜蜜中暗含一丝别样的苦涩，冰凉中夹杂着巧克力温暖的感觉，带给人们唇齿之间美妙的味觉享受。

一、配方

白砂糖12%、奶粉9%、巧克力1.5%、人造奶油4%、鸡蛋5%、单甘酯0.15%、CMC0.2%、明胶0.4%、香兰素0.1%、加水至100%。

二、工艺

冰淇淋的制造过程可分为前、后两个工序，在前一部分主要是配料、均质、杀菌、冷却与成熟；后一部分主要是冰冻凝结、成型和硬化。其加工工艺流程如下：

混合→杀菌→均质→老化→凝冻→分装→硬化→包装、冷藏、运输

1. 混合

混料的目的是在不改变原料性状的前提下使所有原辅料均一地溶解或分散于水中。由于冰淇淋配料种类较多，性质不一，配料时的加料顺序十分重要。

往混料缸中依次加入各种原料，通常的加入顺序为：热水，再把经预处理的原料按液体物料、半固体物料、固体物料的顺序投入缸内，加水进行定容，并高速搅拌均匀。

将砂糖、乳粉、乳化剂等固体原料加水搅拌，使其完全溶解，过滤后倒入混料缸里中。此时的配料温度为50℃左右。砂糖等也可以制成65%～70%的糖浆备用。奶油可先加热，熔化后使用。由于乳化剂、胶体吸水性强，配料时易结块，因此宜采用3倍以上的白砂糖预混匀后，在搅拌状态下慢慢撒入水中使之溶解。待各种配料加好后，充分搅拌均匀。

在小型工厂，生产能力小，所以全部干物料通常称重后加入混料缸。这些混料缸都能间接加热并带有搅拌器。大型工厂生产使用自动化设施，这些设施一般按生产商特定要求进行制造。缸中的原料被加热并混合均匀，随后进行巴氏杀菌和均质。在大型生产厂通常有两个混料缸，其生产能力按巴氏杀菌器的

每小时生产能力设计，以保证一个稳定的连续流动。

2. 杀菌

混合料过 80～100 目筛后进行巴氏灭菌。原材料标准中不是对每一种原材的微生物都有限量要求，所以不能保证所有原材料都是无菌的，因此需要进行杀菌。巴氏灭菌的目的是杀灭致病菌及大部分其他非致病细菌，使产品达到安全卫生水平，保证混合料中杂菌数低于 50 个/g。若需着色，则在杀菌搅拌初期加入色素。

灭菌温度不宜过高，时间也不宜过长，否则蛋白质会变性，胶体也可能失去作用。应严格控制温度和时间，避免因杀菌不够而导致致病菌残留并迅速繁殖增多，也要防止长时间高温杀菌使产品产生蒸煮味和焦味。

灭菌方式，有 3 种可供选择：

（1）连续板式热交换器灭菌

采用连续板式热交换器灭菌，又可选择：

① 温度 85℃，时间 15s；

② 温度 85～88℃，恒温 22s；

③ 美国 FDA 规定冷饮的巴氏杀菌所需的温度为 79℃、时间为 25s 或等效值。

（2）间歇式立式灭菌缸灭菌

采用间歇式立式灭菌缸，又可选择：

① 温度 75～76℃，时间 20～30min；

② 温度 80～85℃，保温 10～12min；

③ 温度 90℃，杀菌时间 5～10min。

保温过程中不许开启锅盖，确保杀灭料液中的病原微生物。

（3）高温短时间杀菌

如果采用高温短时间杀菌，物料至少应加热至 90℃，杀菌后的物料应立即冷却。有时在软质冰淇淋生产中，冰淇淋物料也可采用超高温灭菌处理，即 150℃，保持 0.2～6s。

3. 均质

冰淇淋组织结构的好坏与均质温度和压力有关。料液经过缓冲罐，使料温降至均质温度 65～75℃ 范围内，均质压力第一级 15～20MPa，第二级 2～5MPa，均质压力随混合料中的固形物和脂肪含量的增加而降低。

未经均质处理的混合料也可制造冰激凌，但因混合不充分，在凝冻时易形成小奶油粒，影响产品质地、结构，产品质地较粗。均质效果好的冰淇淋口感润滑、丰富，同时，均质增强了产品的抗融性。

由于有乳化剂和乳蛋白的存在，破碎后的脂肪球表面又会形成新的脂肪球膜。防止脂肪球重新聚集，常采用两级均质。

均质可使脂肪球达到 $1\sim2\mu m$，同时增加混合料黏度，使冰淇淋组织细腻；脂肪均匀分布；组织润滑柔软；均质也可改善凝冻时的搅打性。小的脂肪球聚集在空气泡周围，脂肪球越小，更小的空气泡才能混入物料中，稳定性和持久性增加，膨胀率提高。

4. 老化

老化是将经均质、杀菌、冷却后的混合料置于老化缸中，在 $2\sim4℃$ 的低温下使混合料进行物理成熟的过程，亦称为"成熟"。其实质是脂肪、蛋白质和稳定剂的水合作用，稳定剂充分吸收水分使料液黏度增加。老化期间的这些物理变化可促进空气的混入，并使气泡稳定，从而使冰淇淋具有细致、均匀的空气气泡分散，赋予冰淇淋细腻的质构，增加冰淇淋的抗融化能力，提高冰淇淋的贮藏稳定性。

老化操作的参数主要为温度和时间。随着温度的降低，老化的时间也将缩短。如在 $2\sim4℃$ 时，老化时间需 4h；而在 $0\sim1℃$ 时，只需 2h。若温度过高，如高于 $6℃$，则时间再长，也难有良好的效果。

老化持续时间与混合料的组成成分有关，干物质越多，黏度越高，老化所需要的时间越短。现在由于制造设备的改进和乳化剂、胶体性能的提高，老化时间可缩短。

5. 凝冻

凝冻是冰激凌加工中的一个重要工序，它是将成熟后的混合基料通过冰淇淋机的强烈搅拌，使冰淇淋的水分在形成冰晶时呈微细的冰结晶，使空气以极微小的气泡均匀地分布于混合料中，使产品凝固成半固体状态，并获得组织细腻滑润、形体良好、膨胀率高的冰淇淋产品。凝冻是冰淇淋制作过程中的一个重要工序，它对冰淇淋的质量、可口性和产率都有较大影响。

凝冻机是混合料制成冰淇淋成品的关键性机械设备。混合料由管道输送至凝冻机进行凝冻，凝冻温度是 $-2\sim-4℃$，间歇式凝冻机凝冻时间为 $15\sim20min$，冰淇淋的出料温度一般在 $-3\sim-5℃$，连续凝冻机进出料是连续的，冰淇淋出料温度为 $-5\sim-6℃$ 左右，连续凝冻必须经常检查膨胀率，从而控制恰当的进出量以及混入之空气。当冰淇淋部分凝冻达到适当稠度时，立即从凝冻机转出。为提高冰淇淋的膨胀率，在凝冻过程中要保持合适的进气量和搅拌器的转速，防止料液凝结成大的冰晶。

生产中要注意两个环节：

（1）空气的混入量

凝冻过程中一边压入一定的空气，一边强烈搅拌，使空气以微小的气泡状态均匀地分布于全部混料中，不仅增加了冰淇淋的容积，而且可改善制品的组织状态。没有混入空气的冰淇淋，其制品坚硬而没有味道。空气混入过多，虽然会增大冰淇淋的容积，但制品的口感和组织状态会变得不好。

膨胀是指混料在凝冻过程中由于空气的混入和水分体积的膨胀，导致体积增加的现象，又称增容。膨胀率指冰淇淋体积增加的百分率，它是冰淇淋品质的一项重要指标。适当的膨胀率可使冰淇淋柔润细腻。膨胀率过高，组织松软；过低则得不到好的口感，并且使成本提高。

冰淇淋制造时应控制一定的膨胀率，以便使其具有优良的组织和形体。膨胀率的计算公式如下：

$$B = (V_1 - V_m)/V_m \times 100\%$$

式中，B 为膨胀率；V_1 为冰激凌体积，L；V_m 为混合料的体积，L。

奶油冰淇淋的适宜膨胀率为 $90\% \sim 100\%$，果味冰淇淋为 $60\% \sim 70\%$，一般膨胀率为混合原料干物质的 $2 \sim 2.5$ 倍为宜。

膨胀率也受原料的含量影响，脂肪在 10% 以下时，制品随脂肪含量的增加而膨胀率增大；无脂固形物在 $8\% \sim 10\%$ 时冰淇淋的膨胀率较好；砂糖含量在 $13\% \sim 14\%$ 时较合适；明胶等胶体过多会使黏度增大而降低膨胀率。

（2）凝冻的温度

混合料在凝冻过程中的水分冻结是逐渐形成的。冰淇淋的组织状态和所含冰结晶的大小有关，只有迅速冻结，冰结晶才会变得细小。连续式冰淇淋凝冻机可使混合料中的水分形成 $5 \sim 10\mu m$ 的结晶，使产品质地滑润，无颗粒感。

细小冰结晶的形成还和搅拌强度、混合基料本身的温度及黏度有关。成熟后送入冰淇淋凝冻机的混合料温度应在 $2 \sim 3℃$ 较好。冰淇淋凝冻机的出口温度应以 $-6 \sim -3℃$ 为宜。

在降低冰淇淋温度时，每降低 $1℃$，其硬化所需的持续时间就可缩短 $10\% \sim 20\%$。但凝冻温度不得低于 $-6℃$，因为温度太低会造成冰淇淋不易从凝冻机内放出。

如果在凝冻过程中出现凝冻时间过短的现象，这主要是由于冰淇淋凝冻机的冷冻温度或混合基料的温度过低所致。这会造成冰淇淋中混入的空气量过少、气泡不均匀、产品组织坚硬厚重、保形不好。反之，如果凝冻时间过长，是由于冰淇淋凝冻机的冰冻温度和混合料的温度过高，以及非脂固形物含量过高引起的，其结果致使混入的气泡消失，乳脂肪凝结成小颗粒，产品的组织不良，口感差。

6. 分装

凝冻后的冰淇淋呈半流体状态，一般称为软质冰淇淋，它的组织松软，无一定形状，需要成型。分装就是按一定质量将呈流体状态的冰淇淋分装于不同容器中，即完成灌注、成型。冰淇淋的成型有冰砖、纸杯、蛋筒、浇模成型、巧克力涂层冰淇淋、异形冰淇淋切割线等多种成型灌装机。成品冰淇淋质量有320g、160g、80g、50g等规格，还有家庭装1.2kg等。

7. 硬化

从凝冻机里出来的冰淇淋处于半固态，必须进行一定时间的低温冷冻过程，以固定冰淇淋的组织状态，并使制品中的水分形成极细小冰结晶，保持产品具有一定的松软和硬度，这一过程称为冰淇淋的硬化。经凝冻的冰淇淋必须及时进行快速分装，并送至冰淇淋硬化室或连续硬化装置中进行硬化。冰淇淋凝冻后如不及时进行分装和硬化，则表面部分易受热而融化，如再经低温冷冻，则会形成粗大的冰结晶，组织粗糙，降低了产品品质。

硬化的目的是将凝冻机出来的冰淇淋（$-5 \sim -3℃$）迅速进行低温（$< -23℃$）冷冻，以固定冰淇淋的组织状态，并完成在冰淇淋中形成极细小的冰结晶过程，使其组织保持适当的硬度，保证冰淇淋的质量，便于销售与贮藏运输。速冻、硬化可采用速冻库（$-25 \sim -23℃$）或速冻隧道（$-40 \sim -35℃$）。一般硬化时间在速冻室为$10 \sim 12$h，若采用速冻隧道将短得多，只需要$30 \sim 50$min。

速冻速度越快，成品的冰晶越细小，口感越细腻。如果急冻温度控制不好（温度高），一方面可以造成产品变形，另一方面可以使产品微生物指标升高。研究表明：膨胀率和出口温度对冰淇淋的冻结速度和冰点降低有一定的影响，但主要影响因素是包装大小、硬化隧道设计、制冷能力等。

8. 包装、冷藏、运输

调节包装机参数，备好包装膜对产品进行一级包装，将经过一级包装的产品，按装箱支数要求装入瓦楞纸包装箱，胶带封存，进行码垛。

包装好的成品经检验合格后送入成品库内储存，库温控制在$-18 \sim -20℃$，相对湿度为$85\% \sim 90\%$，从而抑制嗜冷菌的生长。应保证库温均衡，避免波动过大，波动不超过$\pm 2℃$。若温度高于$-18℃$，则冰淇淋的一部分冻结水融解，此时即使温度再次降低，其组织状态也会明显粗糙化。由于温度变化促进乳糖的再结晶与砂状化也可能影响成品质量。因此，贮藏期间冷库温度不能忽高忽低，以免影响冰淇淋的品质。

运输工具（包括车厢、船舱和各种容器等）应符合卫生要求；要根据产品运输距离及环境配备防雨防尘、冷藏设施；运输作业应避免强烈振荡、撞击，轻拿轻放，防止损伤成品外形；且不得与有毒有害物品混装、混运，防止污染食品；冷藏车温度必须≤－18℃。

第四节　巧克力＋雪糕→
巧克力雪糕：配方、工艺

巧克力＋雪糕，混搭方式主要有两种：

一种是将巧克力原料混合于雪糕中，成为均匀的一体；

一种是在雪糕外涂布巧克力脆皮，产品具有巧克力的顺滑清脆，雪糕的清爽，作为夏日消暑的利器，受到消费者的欢迎。

一、配方

雪糕的配比：白砂糖 14%、奶粉 9%、油 3%、全蛋粉 0.8%、CMC0.1%、明胶 0.1%、魔芋粉 0.1%、香草香精 0.1%。

巧克力涂层料配比，巧克力液块：棕榈油：磷脂＝55：45：(0.3～0.5)。

二、工艺

工艺流程为：

混合→杀菌→均质→冷却老化→凝冻→浇模→冻结→脱模→涂衣→包装、冷藏

1. 混合

按配方将原料混合，配制方法同冰淇淋。

在小型生产厂中，混合主要以人工为主，所用设备可以简化，主要设备可借用巴氏杀菌用的热缸。

原料的好坏直接关系到雪糕质量。各种原料必须按质量标准进行检验，首先进行感官检查，发现色、香、味有异常情况不得使用。同时检验理化指标，不符合要求的采取相应措施弥补。

按照配方进行称量，在搅拌条件下将各种配料混合均匀。

乳化剂、胶体与 10 倍的白砂糖混匀后加入，以利于溶解。

将奶粉、剩余的白砂糖等拌匀后再加 50℃ 左右适量温水调成混合料液。

最后将所有料液混合在一起，搅拌均匀并加水定容。

2. 杀菌

巴氏杀菌为配料工序后的一道工序，其所用设备，小型生产厂以采用间歇低温杀菌方法和设备为宜。间歇式巴氏杀菌设备通常采用有蒸汽夹层并带搅拌器的热缸。

巴氏灭菌是重要环节。目的是杀灭物料中的有害杂菌。据调查，有的原料不进行巴氏杀菌，直接勾兑或用开水冲料，其温度达不到灭菌的目的，以致产品的细菌总数严重超标。

巴氏灭菌的温度和时间，可选择：①在75～80℃下灭菌15～20min；②加热至95～98℃杀菌，灭菌时间为3～5min。经过杀菌后，杂菌数每毫升控制在100个以下，不得检出大肠杆菌。

在杀菌过程中一定要不断搅拌，防止料液受热不均匀而导致糊底。

3. 均质

杀菌后的雪糕原料用均质机均质，目的主要是使配料乳化。制作雪糕时，因油脂及粗质原料用量较高，需要进行均质处理，否则会使脂肪上浮，产品组织粗糙，并有乳酪颗粒存在。通过均质可改善口感，使其更细腻，并防止脂肪上浮和增加料液黏度。小型生产厂采用柱塞式高压泵，可只均质一次。

合适的均质温度和压力对配料的均质效果尤为重要。均质温度在65～70℃，均质压力为15～20MPa时，能获得较好均质效果，均质压力大小主要与配料中脂肪含量有关。

4. 冷却、老化

把上述混合料均质后进行冷却，迅速冷却到2～4℃，防止热敏性营养物质因长时间高温作用遭到破坏，影响产品质量，同时也可提高冻结效率。冷却方式通常采用板式或管式冷却，也有直接在冷热缸中进行冷却。一般冷却温度越低，雪糕的冻结时间越短，这对提高雪糕的冻结率有好处。但冷却温度不能低于−1℃或低至使混合料有结冰现象出现，这将影响雪糕质量。

冷却后的配料进入冷缸，搅拌器以20～30r/min的低转速连续转动，以增强传热，配料在冷缸中恒温2～4℃，并在此温度下保持12～24h，目的在于使脂肪的凝结物与蛋白质、稳定剂起水化作用，进一步提高混合料的稳定性和黏度，有利于提高膨胀率，改善产品的组织结构。老化所需时间较长，并为间歇方式，采用小容积的冷缸可以加快设备的周转，使前后的生产操作比较均衡。

5. 凝冻

将老化后的混合物进行凝冻膨化处理，通过凝冻搅拌，外界空气混入，使料液体积膨胀，因而浓稠的雪糕料液逐渐变成体积膨大而又浓厚的半固态。控制料液的温度为−3～−1℃，膨化时间为30s左右，膨胀率控制在40%～

50%，即可进行浇模。

凝冻工序及设备是生产过程中关键的一环，目前工业生产的凝冻机主要有连续式和间歇式二种。连续式凝冻机均带有混料泵，膨胀率较高，适合于生产冰淇淋。间歇式凝冻机一般没有混料泵，膨胀率不高，适合于生产雪糕。

6. 浇模

浇模即是将膨化好的混合料定量浇入准备好的模具内，然后插杆。从凝冻机内放出的料液可直接注入雪糕模盘内，放料时尽量估计正确，过多、过少都会影响浇模的效率和卫生质量。浇注雪糕混合料时，常选用上部灌装机和底部灌装机。用上部灌装机，雪糕混合料从模子的顶端灌入。这种灌装机是柱塞式的，可将准确数量的混合料灌入每一个模袋中。只要改变灌装筒的柱塞就可以改变灌装容量。若装上附加的设备，这种灌装机可以灌装垂直分色或水平分色的双色雪糕。底部灌装机可以在灌装过程中使灌装嘴向上移动，混合物由底部进入模袋并将模袋装满，由于膨胀率高，在不增加混合料用量的前提下，可生产出较大的雪糕。

浇模前要将模盘、模盖、杆子进行清洗消毒。这是雪糕生产过程中一项非常重要的工作，如消毒不彻底，会使物料遭受污染，造成该产品不合格。

7. 冻结

雪糕的冻结有直接冻结法和间接冻结法。直接冻结法，即直接将模盘浸入盐水池中进行冻结；间接冻结法，即速冻库（管道半接触式冻结装置）与隧道式（强冷风冻结装置）速冻。

产品的中心温度从 -1℃ 降低到 -5℃，所需的时间在 30min 的称为快速冷冻。目前雪糕的冻结是在盐水浓度 $24\sim30\text{°Bé}$、温度 $-30\sim-24\text{℃}$，在 $10\sim12\text{min}$ 将 5℃ 的雪糕料液降温到 -6℃，因此属于快速冻结。冻结速度愈快，产生的冰结晶就愈小，质地愈细；相反，冻结速度愈慢，则产生的冰结晶愈大、质地愈粗糙。

8. 脱模

冻结后取出模具盘放入 $48\sim54\text{℃}$ 烫盘中处理数秒钟，以能脱模为准，待表面融化立即取出脱模，或者用 25℃ 的盐水喷射模具下侧也可脱模。

9. 涂衣

巧克力涂层料配比为：巧克力液块∶棕榈油∶磷脂＝55∶45∶（0.3～0.5）。如果需要突出产品的香脆感，可适当增加巧克力液块的用量，或用部分硬化油来替代棕榈油。如要降低成本，可将巧克力液块与棕榈油的质量比调至1∶（1～1.2）。

巧克力外衣是产品的表皮，直接影响产品的质量。将雪糕成型后采用机械或人工方法浸于涂层浆料中 1～2s，取出后待涂层干燥后，即可包装。要求涂层厚薄均匀一致。要达到此要求除考虑配方因素外，关键是要控制好涂层浆料的温度。根据不同的配方温度一般控制在 34～45℃，巧克力表皮光滑的附着于雪糕的表面，厚度适宜。涂衣温度过低或过高都会影响感官品质，涂衣温度过低，涂衣温度太厚而且还有气泡不光滑；涂衣温度过高，巧克力不能附着于雪糕的表皮，涂层太薄，还会引起"冒汗"甚至"脱筒"现象。

10. 包装、冷藏

包装时应先观察雪糕的质量，如有歪杆、断杆、沾污上盐水的雪糕不得包装，需另外处理。包装要紧、整齐，不得有破裂现象。

刚包装的雪糕硬度尚不够硬，需要继续硬化以增加雪糕的抗融能力，应尽快放入冷库中，温度控制在 −18～−22℃，相对湿度控制在 85%～90%，储放 3～5d，使其进一步冻结硬化处理。冷藏过程中，温度应保持稳定，不可有太大波动，以防雪糕内部形成较大冰晶。

低温可以抑制细菌和真菌的生长繁殖。低温储存，温度逐渐降低，水分形成结晶，细菌外水分的结晶可使细菌内水分外渗，引起电解质的浓缩和蛋白质变性，从而抑制多种细菌的生长繁殖，促使细菌死亡。细菌内水分的结晶可破坏原生质的胶体状态，机械地损伤胞浆膜的完整性，造成细胞内物质外逸，也是促使细菌死亡的因素；在某些情况下，细菌死亡后发生自溶，细菌总数也会显著下降。

第八章

巧克力+焙烤食品：资源、混搭、配方与工艺

在世界范围内，焙烤食品普遍受到人们的喜爱，其消费量因各国地理环境、饮食习惯、传统文化等原因有所区别，但其方便、卫生、营养、美味的特点，一直吸引着各国消费者，使焙烤食品长久不衰；并且随着科技的进步、消费的追求，焙烤食品的品种、口味越发丰富多彩，成为食品行业中引人注目的亮点。

巧克力＋焙烤食品，是一种特殊的结合。本章内容如图 8-1 所示，首先介绍焙烤食品资源、与巧克力的混搭，然后举例介绍巧克力夹心饼干、巧克力面包。

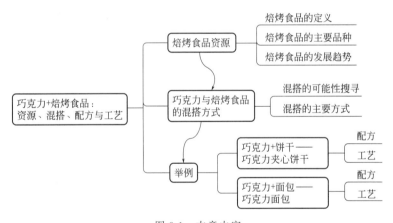

图 8-1　本章内容

第一节　焙烤食品资源

我们从资源的角度来看待焙烤食品，对焙烤食品的定义、分类、发展趋势

进行一番梳理，为下一步的混搭作好准备。

一、焙烤食品的定义

行业标准 NY/T 1046—2016《绿色食品 焙烤食品》中对焙烤食品的定义为：以粮、油、糖、蛋、乳为主料，添加适量辅料，并经调制、成型、焙烤、包装等工序制成的食品。

二、焙烤食品的主要品种

焙烤食品的种类和花色品种繁多，根据其定义，主要品种包括：糕点、面包、饼干、月饼等。

（一）糕点

1. 糕点的概念

糕点是糕点果实的总称。糕是指软胎的点心，点是指带有馅料的点心，两者结合简称为糕点；而果是指挂糖挂面点心，实指既不带糖，又不带馅，里外一致的点心。

糕点是以粮、油、糖（或不加糖）为主要原料，配以蛋、乳、果料、籽仁等辅料和调味品，经过调制成型、熟化，制成的调理食品，色、香、味、形均佳，营养丰富，食用方便，在现代人们日常生活中受到欢迎。

2. 糕点的分类

糕点种类繁多，总的可以分为中式糕点和西式糕点两大类。二者除国度上的区别外，在用料、风味及操作方法上均有很大的不同。

在原料使用上，中式糕点的小麦粉用量较大，并以油、糖、蛋等为主要辅料。油脂侧重于植物油，还经常使用各种果仁、蜜饯及肉制品。调味香料侧重于糖渍桂花、玫瑰以及五香粉等。因此在风味上以甜味和天然香味为主，同时由于各地区物产资源不同，又形成各种地方风味，如福建的桂圆肉、肉松，云南的火腿、荞麦，广东的蚝豉，苏州的蜜饯，河北的山楂，以及各地的芝麻、花生、松子仁、瓜仁等，在糕点加工中都有广泛的应用。西式糕点则侧重于奶、糖、蛋，油脂侧重于奶油，并以可可、果酱、糖渍水果、杏仁等为主要辅料。香料上侧重于白兰地、朗姆酒、豆蔻、肉桂、咖喱粉等以及各种香精香料。在风味上有明显的奶香味，并常带有可可、咖啡或香精、香料形成的各种风味。

在制作方法上，中式糕点有制皮、包馅、手工或模具成型等。虽然有的糕点也饰以图案，但较为简单。熟制方法常用烘烤、油炸、蒸制等。西式糕点的制作则有夹馅、挤糊、挤花、切块等。生坯烤熟后多数需要美化，其装饰图案较为复杂、精致。

（1）中式糕点分类

① 蛋糕类：包括烤蛋糕型和蒸蛋糕型。

② 馅饼类：包括酥皮型（如各地酥皮月饼、京八件、白绫饼等），糖皮型（如广式月饼、提浆饼、龙凤饼等），酵皮型（如酒酿饼、发饼、黄桥烧饼、浏阳茴饼等），油酥型（如状元饼、苏州麻饼、重庆赖桃酥等），水油皮型（如福建礼饼、自来红饼、自来白饼、酒皮饼、奶皮饼等），澄皮型（为淀粉皮型，如广式水晶饼等）。

③ 酥点类：包括油酥型（如桃酥等）、光酥型（如光酥等）、酥型（如德庆酥等）、薄脆型（如四川长寿薄脆、高桥薄脆等）。

④ 炸点类：包括酥脆型（如麻花、馓子、排岔等）、松软型（如麻球、糖糕等）、挂浆型（如萨其马、蜜三刀等）。

⑤ 粉糕类：包括烘糕型（如香糕、桃片、麻糕等）、蒸糕型（如蜂糕、绿豆糕等）、熟制型（如云片糕、橘红糕等）。

⑥ 糕团类：包括黏糕型（如年糕、蜜糕等）、松糕型（如松糕、定胜糕、重阳糕等）、米团型。

（2）西式糕点分类

① 蛋糕类：包括清型、油型和裱花型。

② 起酥类：包括清酥型、夹馅型。

③ 馅饼类：包括膏浆型（如奶油派、淇淋派、泡芙等）、水果型、菜肴型。

④ 干点类：即“酥”“茶酥”等，包括糖面型、挤花型、切制型。

⑤ 炸点类：包括酥脆型、松软型（如糖纳子等）。

西式糕点根据其他国家糕点的特点，可分为法式、德式、美式、日式、意大利式、瑞士式等，各有特色。例如日式糕点与其他各国糕点相比，有以下特点：低糖低脂，讲究造型，注重色彩，具有地方特色，包装精美。

（二）面包

面包是指以小麦面粉为主要原料，以酵母、鸡蛋、油脂、果仁等为辅料，加水调成面团，经过发酵、整形、成形、烘烤、冷却等过程加工而成的松软多孔的食品，以及烤制成熟前或后在面包胚表面或内部添加奶油、人造黄油、蛋白、可可、果酱等的制品。

目前，面包的分类方法较多，主要有以下几种：

1. 按面包的柔软度分类

硬式面包：表面硬脆、有裂纹，内部组织柔软，又称为素料面包、淡面包或咸味面包、主食面包。一般糖、油等配料量较低，形状多为枕形、梭形，如法国面包、荷兰面包、维也纳面包、英国面包，以及我国生产的赛义克、大列巴等面包。

软式面包：组织软松、气孔均匀，又称为重料面包、甜面包、点心面包。一般糖、油、蛋、乳等配料量较高。包括著名的汉堡包、热狗、三明治等。我国生产的大多数面包属于软式面包。

起酥面包：层次清晰、口感酥松。

调理面包：烤制成熟前或后在面包坯表面或内部添加奶油、人造奶油、蛋白、可可、果酱等，不包括加入的新鲜水果、蔬菜以及肉制品的食品。

2. 按质量档次和用途分类

主食面包：亦称为配餐面包，配方中辅助原料较少，为面粉、酵母、盐和糖，含糖量不超过面粉的7%。

点心面包：亦称为高档面包，配方中使用较多的糖、奶粉、奶油、鸡蛋等高级原料。

3. 按成型方法分类

普通面包：成型比较简单的面包。

花色面包：成型比较复杂，形状多样化的面包，例如各种动物面包、夹馅面包、起酥面包等。

4. 按用料分类

根据面包制作用料的不同，可以分为奶油面包、水果面包、鸡蛋面包、椰蓉面包、巧克力面包、全麦面包、杂粮面包、强化面包等。

5. 按形态分类

按照成型后面包的形态不同，可以分为长形、圆形、长方形、棍形和花形等面包。

（三）饼干

饼干是以小麦粉（可添加糯米粉、淀粉等）为主要原料，加入（或不加）糖、油脂及其他原料，经调粉（或调浆）、成型、烘烤（或煎烤）等工艺制成的口感酥松或松脆的食品。饼干具有水分含量少、体积轻、块型完整、耐贮藏、易包装和携带、口味多种等优点，深受消费者尤其是青少年的青睐。

饼干是除面包外生产规模最大的焙烤食品，由于饼干在食品中不是主食，于是一些国家把饼干列为嗜好食品，属于嗜好食品的糕点类，与点心、蛋糕、糖及巧克力并列，这是商业上的分类。

虽然饼干从广义上说，属于方便食品中的焙烤制品类，不过由于其生产历史悠久，品种多样，发展迅速，在配方和生产工艺等方面都已经自成体系，已形成了工业性大规模生产，所以人们在分类时习惯上将它与其他方便食品分开。

饼干是食品行业发展较快的行业，也是焙烤业中的主要工业化生产的产品，其产量占焙烤产品的一半以上。

饼干的品种很多，而且新花色品种不断涌现。从口味上分，饼干有甜、咸和椒盐之分；按配方不同，可分为奶油、蛋黄、维生素、蔬菜饼干等；依对象来分，可分为婴儿、儿童、宇航饼干等；根据形态不同，有大方、小圆、动物、算术、玩具饼干等品种。

在生产制造工艺上，一般根据工艺的特点把饼干分为四大类：普通饼干、发酵饼干、派类和其他深加工饼干。

1. 普通饼干

（1）按制造原理分类

① 韧性饼干   以小麦粉、糖、油脂为主要原料，加入膨松剂、改良剂与其他辅料，经热粉工艺调粉、辊压、辊切或冲印、烘烤制成。所用的原料中，油脂和砂糖的量较少，因而在调制面团时，容易形成面筋，一般需要较长时间调制面团，采用辊轧的方法对面团进行延展整型，切成薄片状烘烤。因为这样的加工方法，可形成层状的面筋组织，所以焙烤后的饼干断面是比较整齐的层状结构。为了防止表面起泡，多为凹花，一般有针眼，外观光滑，表面平整，断面有层次，成品松脆，体积质量轻。常见的品种有牛奶饼干、香草饼干、蛋味饼干、玛利饼干、动物饼干、玩具饼干、大圆饼干等。

② 酥性饼干   以小麦粉、糖、油脂为主要原料，加入膨松剂和其他辅料，经冷粉工艺调粉、辊压、辊印或冲印、烘烤制成。酥性饼干与韧性饼干的原料配比相反，在调制面团时，砂糖和油脂的用量较多，而加水量较少。在调制面团操作时搅拌时间较短，尽量不过多地形成面筋，常用凸花、无针孔印模成型。断面结构呈多孔状组织，口感疏松，一般感觉较厚重，常见的品种有奶油饼干、葱香饼干、芝麻饼干、蛋酥饼干、蜂蜜饼干、早茶饼干、小甜饼、酥饼等。

（2）按照成型方法进行分类

① 冲印硬饼干   将韧性面团经过多次辊轧延展，折叠后经印模冲印成型的一类饼干。一般含糖和油脂较少，表面是有针孔的凹花斑，口感比较硬。

除这种韧性饼干外，以下皆为酥性面团制作的饼干。

② 冲印软饼干　使用酥性面团，一般不折叠，只是用辊轧机延展，然后经印模冲印成型，表面花纹为浮雕型，一般含糖比硬饼干多。

③ 挤出成型饼干

A. 线切饼干。酥性面团的配方含油、糖量较多。将面团从成型机中成条状挤出，然后用钢丝割刀将条状面团切成小薄块。在焙烤后，饼干表面会形成切割时留下的花斑，挤花出口为圆形或花形。

B. 挤条饼干。所使用面团与线切饼干相同，也是用挤出成型机挤出，所不同的只是挤花出口较小，出口为小圆形或扁平型。面团被挤出后，落在下面移动的传送带上，成长条形，然后用切刀切成一定长度。

④ 挤浆（花）成型饼干　面团调成半流质糊状，用挤浆（花）机直接挤到铁板或铁盘上，直接滴成圆形，送入炉中烘烤，成品如小蛋黄饼干等。还有一种所谓曲奇饼干，油、糖含量比较高，面团比浆稍硬，一般挤花出口是星形，挤出时出口还可以作各种轨迹的运动，于是可制成环状或各种形状的酥饼。

⑤ 辊印饼干　辊印饼干使用酥性面团，利用辊印成型工艺进行焙烤前的成型加工，外形与冲印酥性饼干相同。面团的水分较少，手感稍硬，烘烤时间也稍短。

2. 发酵饼干

以小麦粉、糖、油脂为主要原料，酵母为疏松剂，加入各种辅料，经发酵、调粉、辊压、叠层、烘烤制成松脆、具有发酵制品特有香味的焙烤食品。发酵饼干的主要品种有：

（1）苏打饼干

苏打饼干的制造特点是先给一部分小麦粉中加入酵母，然后调成面团，经较长时间发酵后加入其余小麦粉，再经短时间发酵后整型。整型方法与冲印硬饼干相同。也有一次短时间发酵的制作方法。这种饼干，一般为甜饼干，我国常见的有宝石、小动物、字母及甜苏打等。

（2）粗饼干

粗饼干也称发酵饼干，面团调制、发酵和成型工艺与苏打饼干相同，只是成型后的最后发酵是在温度、湿度较高的环境下进行，经发酵膨松到一定程度再焙烤。成品掰开后，其断面组织不像苏打饼干那样呈层状，而是与面包近似呈海绵状，所以也称干面包。粗饼干中糖、油等辅料很少，以咸味为主基调，但保存性较好，所以常作为旅行保存食品。

（3）椒盐卷饼

将发酵面团成型后，通过热的稀碱溶液使表面糊化后，再焙烤。成品表面光泽特别好，常被作成扭结双环状或棒状、粒状等。

（4）半发酵饼干

半发酵饼干就是先在一部分小麦粉中加入酵母，然后调成面团，经较长时间发酵后加入其余小麦粉和各种辅料，再经调粉后辊轧、辊切成型、烘烤制成。它是综合了韧性饼干、酥性饼干和苏打饼干生产工艺优点的发酵性饼干，口感、色泽较为流行。半发酵饼干油、糖含量少，产品层次分明，无大孔洞，口感酥松爽口，并具有发酵制品的特殊风味。

3. 派类

以小麦粉为主要原料，将面团夹油脂层后，多次折叠、延展，然后成型焙烤。风味的基调以咸味为主，所使用油脂为奶油或人造奶油，表面常撒上砂糖或涂上果酱。

4. 深加工花样饼干

给以上饼干及其一些糕点等的加工工序中，最后加上夹馅工序或表面涂巧克力、糖装饰的工序而制成的食品，所夹馅一般是稀奶油，果酱等，作为高级饼干，目前发展很快。如威化饼干、杏元饼干、蛋卷夹心饼干、巧克力饼干等。

（四）月饼

使用小麦粉等谷物粉或植物粉、油、糖（或不加糖）等为主要原料制成饼皮，包裹各种馅料，经加工而成，在中秋节食用为主的传统节日食品。

中国月饼，是中华民族独脉相承的中秋团圆寄情之物，西方国家对月饼的需求量也越来越大。不少生产企业顺应于西方人的口味、营养和情趣，改变传统的东方色彩，把中秋月饼发展成为中西饮食文化交融、技术交融、原材料交融的产物，推动了中西焙烤业的升华、发展。

我国月饼品种繁多，划分方法多样，按产地分有京式、广式、苏式、台式、滇式、港式、潮式等；就口味而言，有甜味、咸味、麻辣味等；从馅心讲，有五仁、豆沙、冰糖、芝麻、火腿月饼等；按饼皮分，则有浆皮、混糖皮、酥皮三大类。

1. 按加工工艺分类

（1）热加工类

烘烤类：以烘烤工艺为最终熟制工序的月饼。

油炸类：以油炸工艺为最终熟制工序的月饼。

其他类：以其他热加工工艺为最终熟制工序的月饼。

（2）冷加工类

熟粉类：将米粉、淀粉、小麦粉或薯类粉等预先熟制，然后经制皮、包馅、成型的月饼。

其他类：以其他冷加工艺为最终加工工序的月饼。

2. 按地方派式特色分类

（1）广式月饼

以广东地区制作工艺和风味特色为代表，以小麦粉等谷物粉或植物粉、糖浆、食用植物油等为主要原料制成饼皮，经包馅、成型、刷蛋、烘烤（或不烘烤）等工艺加工制成的口感柔软的月饼。

广式月饼是目前最大的一类月饼，起源于广东及周边地区，目前已流行于全国各地，其特点是皮薄馅大，通常皮馅比为 2∶8，皮馅的油含量高于其他类，吃起来口感松软、细滑，表面光泽突出。

广式月饼按馅料和饼皮不同分为下列类型：

① 蓉沙类

莲蓉类：包裹以莲子为主要原料加工成馅的月饼。除油、糖外的馅料中，莲籽的质量分数为 100%，为纯莲蓉类；莲籽的质量分数不低于 60%，为莲蓉类。

豆蓉（沙）类：包裹以各种豆类为主要原料加工成馅的月饼。

栗蓉类：包裹以板栗为主要原料加工成馅的月饼。除油、糖外的馅料中，板栗的质量分数不低于 60%。

杂蓉类：包裹以其他含淀粉的原料加工成馅的月饼。

② 果仁类　包裹以核桃仁、瓜子仁等果仁为主要原料加工成馅的月饼，馅料中果仁的质量分数不低于 20%，其中使用核桃仁、杏仁、橄榄仁、瓜子仁、芝麻仁等五种主要原料加工成馅的月饼可称为五仁月饼。

③ 果蔬类

枣蓉（泥）类：包裹以枣为主要原料加工成馅的月饼。

水果类：包裹以水果及其制品为主要原料加工成馅的月饼。馅料中水果的质量分数不低于 25%。

蔬菜类（含水果味月饼）：包裹以蔬菜及其制品为主要原料加工成馅的月饼。

④ 肉与肉制品类　包裹馅料中添加了火腿、叉烧、香肠等肉或肉制品的月饼，馅料中肉或肉制品的质量分数不低于 5%。

⑤ 水产制品类　包裹馅料中添加了虾米、鲍鱼等水产制品的月饼，馅料中水产制品的质量分数不低于 5%。

⑥ 蛋黄类　包裹馅料中添加了咸蛋黄的月饼。

⑦ 水晶皮类　以米粉、淀粉、糖浆等配料，先经熟制成透明状饼皮，再

经包裹各种馅料、成型等工艺加工制成的冷加工类月饼。

⑧ 冰皮类　以糯米粉、大米淀粉、玉米淀粉等为饼皮的主要原料，经熟制后制成饼皮，包裹馅料，并经成型、冷藏（或不冷藏）等冷加工工艺制成的口感绵软的月饼。

⑨ 奶酥皮类　使用小麦粉、奶油、白砂糖等为主要原料制成饼皮，经包馅、成型、刷蛋、烘烤等工艺加工而成的口感绵软的月饼。

（2）京式月饼

以北京地区制作工艺和风味特色为代表，配料重油、轻糖，使用提浆工艺制作糖浆皮面团，或糖、水、油、小麦粉制成松酥皮面团，经包馅、成型、烘烤等工艺加工制成的口味纯甜、纯咸，口感松酥或绵软，香味浓郁的月饼。

京式月饼起源于京津及周边地区，在北方有一定市场，其主要特点是甜度及皮馅比适中，一般皮馅比为 4∶6，以馅的特殊风味为主，口感脆松。

按产品特点和加工工艺不同分为：提浆月饼、自来白月饼、自来红月饼、大酥皮（翻毛）月饼等。

① 提浆月饼　以小麦粉、食用植物油、小苏打、糖浆等制成饼皮，经包馅、磕模成型、焙烤等工艺制成的口感酥脆、香味浓郁的月饼。根据馅料不同可分为果仁类、蓉沙类等。

② 自来白月饼　以小麦粉、绵白糖、猪油或食用植物油等制成饼皮，冰糖、桃仁、瓜仁、桂花、青梅或山楂糕、青红丝等制馅，经包馅、成型、打戳、焙烤等工艺制成的饼皮松酥、馅绵软的月饼。

③ 自来红月饼　以小麦粉、食用植物油、绵白糖、饴糖、小苏打等制成饼皮，熟小麦粉、麻油、瓜仁、桃仁、冰糖、桂花、青红丝等制馅，经包馅、成型、打戳、焙烤等工艺制成的饼皮松酥、馅绵软的月饼。

④ 大酥皮（翻毛）月饼　以小麦粉、食用植物油等制成松酥绵软的酥皮，经包馅、成型、打戳、焙烤等工艺制成的皮层次分明，松酥，馅利口不粘的月饼。根据馅料不同可分为果仁类、蓉沙类等。

（3）苏式月饼

以苏州地区制作工艺和风味特色为代表，以小麦粉、饴糖、油等制成饼皮，小麦粉、油等制酥，经制酥皮、包馅、成型、烘烤等工艺加工制成具有酥层且口感松酥的月饼。

苏式月饼起源于上海、江浙及周边地区，其主要特点是饼皮酥松，馅料有五仁、豆沙等，甜度高于其他类月饼。

按馅料不同可分为蓉沙类、果仁类、肉与肉制品类、果蔬类等，其中果仁类的馅料中果仁含量不低于 20%。

（4）潮式月饼

以潮州地区制作工艺和风味特色为代表，以小麦粉、食用植物油、白砂糖、饴糖、麦芽糖、奶油、淀粉等制成饼皮，包裹各种馅料，经加工制成的月饼。按产品特点和加工工艺不同分为：潮式酥皮类月饼、潮式水晶皮类月饼、潮式奶油皮类月饼等。

① 酥皮类　以小麦粉、饴糖、油等制皮，小麦粉、油制酥，先经包制酥皮，再经包馅、成型、烘烤或油炸等工艺加工制成饼皮酥脆的月饼。

② 水晶皮类　以淀粉、食用明胶、白砂糖、麦芽糖等熟制成透明状饼皮，经包裹各种馅料、成型、杀菌等工艺加工制成的冷加工类饼皮柔软有弹性的月饼。

③ 奶油皮类　以小麦粉、淀粉、食用植物油、白砂糖、奶油等制成饼皮，经包裹各种馅料、成型、烘烤等工艺加工制成的口感绵软的月饼。

（5）滇式月饼

滇式月饼主要起源并流行于云南、贵州及周边地区，目前逐渐受到其他地区消费者的喜欢，其主要特点是馅料采用了滇式火腿，饼皮酥松，馅料咸甜适口，有独特的滇式火腿香味。

滇式月饼以云南地区制作工艺和风味特色为代表，使用小麦粉、荞麦粉、食用油（猪油、植物油）为主要原料制成饼皮，以云腿肉丁、各种果仁、食用花卉、蔬菜、白砂糖、蜂蜜、玫瑰糖、洗沙、枣泥、禽蛋、食用菌等其中几种为主要原料，并配以辅料包馅成型，经烘烤等工艺加工制成的口感具有食用花卉、果仁等不同口味的月饼。按产品特点和加工工艺不同分为：云腿月饼、云腿果蔬食用花卉类月饼等。

① 云腿月饼　以小麦粉、荞麦粉、云腿肉丁、白砂糖、食用油脂为主要原料，并配以辅料，经和面、包馅、成型、烘烤等工艺加工制成的皮酥脆，馅料甜咸爽口、火腿味浓的月饼。

② 云腿果蔬食用花卉类月饼　以小麦粉、荞麦粉、食用油（猪油、植物油）、云腿肉丁、白砂糖、食用花卉、蔬菜、各种果仁等为主要原料，并配以辅料，经和面、包馅、成型，烘烤、包装等工艺加工制成的口感具有食用花卉、果仁等不同口味的月饼。

（6）晋式月饼

以山西地区制作工艺和风味特色为代表，以小麦粉、食用植物油、糖、鸡蛋、淀粉糖浆等制成饼皮，包裹各种馅料，经加工制成的月饼。按产品特点和加工工艺不同分为：晋式蛋月烧类月饼、晋式郭杜林类月饼、晋式夯月饼、晋式提浆类月饼等。

① 蛋月烧类月饼　以小麦粉、鸡蛋、糖、食用植物油、糖浆等为主料，添加乳化剂、膨松剂搅拌加工制成饼皮，经包馅、成型、烘烤等工艺加工制成口感绵软、蛋香浓郁的月饼。

② 郭杜林类月饼　以小麦粉、糖、食用植物油（胡麻油）、膨松剂等搅拌加工制成饼皮，经包馅、成型、刷浆、烘烤等工艺加工制成的口感松酥的月饼。

③ 夯月饼　以小麦粉、糖、食用植物油、淀粉糖浆、膨松剂等搅拌加工制成饼皮，经包馅、成型、刷浆、烘烤等工艺加工制成的口感松酥的月饼。

④ 提浆类月饼　以小麦粉、糖浆、食用植物油、淀粉糖浆等为主要原料加工制成饼皮，经包馅、成型、烘烤等工艺加工制成的口感绵软的月饼。

（7）琼式月饼

以海南地区制作工艺和风味特色为代表，使用小麦粉、花生油、糖浆等原料制成糖浆皮，另用小麦粉、猪油等制成酥，经包酥、按酥、折叠工艺后形成糖浆油酥皮，再经包馅、成型、烘烤等工艺制成具有口感松酥、酥软的月饼。根据馅料的不同可分为：果蔬类、蓉沙类、果仁类、肉与肉制品类、蛋黄类、水产制品类等。

（8）台式月饼

以台湾地区制作工艺和风味特色为代表，以白豆、芸豆、绿豆、红豆等豆类、糖（或不加糖）、奶油、果料（或不加）、鸡蛋或蛋制品（或不加）等为原料，经蒸豆、制皮、包馅、成型、烘烤等工艺加工制成的口感松酥或绵软的月饼。代表品种有台式桃山皮月饼等。

（9）哈式月饼

以哈尔滨地区制作工艺和风味特色为代表，使用提浆工艺制作糖浆皮面团，或以小麦粉、植物油、糖浆制成松酥皮面团（或以小麦粉、白砂糖、奶油制成松酥奶皮面团），经包馅、成型、刷蛋（奶酥类除外）、烘烤等工艺加工制成的饼皮绵软、口感松酥的月饼。按产品特点和加工工艺不同，分为川酥类、提浆类、奶酥类等。

（10）其他类月饼

在各派式月饼及其他地区中，或以其他月饼加工工艺制成的风味独特的月饼。

三、焙烤食品的发展趋势

纵观大局，从产品研发的角度来看，焙烤食品的发展趋势主要为：

（一）健康天然

随着人们饮食观念的不断成熟，追求健康、崇尚天然、返璞归真已经成为一种时尚，一种科学的生活方式。对原料也提出了天然无污染、无毒无害的要求。

膳食结构直接关系到人们的身体健康水平，平衡的膳食结构是提高人们健康水平的关键要素。传统上，中国人饮食以五谷杂粮为主，基本符合营养平衡的要求。我国膳食指南中也提出了应重视多样化和粗细搭配，适量选择一些全麦制品、碾磨不太精细的米面和粗粮、薯类及杂豆。

我国杂粮品种丰富，也是杂粮主要生产国。我国杂粮种植面积广、产量大，在世界上名列前茅。从营养方面来说，杂粮的利用价值很高。杂粮具有丰富的营养价值和独特的生理功效，但往往加工过于粗糙，口感差，味道不佳，色泽也不吸引人。将杂粮膨化细化后与精细粮混合加工成焙烤食品，不但改善了产品风味，提高其感官品质，增加了产品的花色品种，而且还提高了焙烤食品的营养价值。

（二）营养强化

随着人们营养保健意识的逐渐增强，焙烤食品的营养强化也备受关注。有关焙烤食品的营养强化研究，主要体现在蛋白质、膳食纤维及微量元素等方面，各类新型焙烤食品不断推出，如荞麦蛋糕、螺旋藻面包、高纤维面包、富硒饼干等功能性食品。

焙烤食品中适量添加蛋白质，不仅可以提高其蛋白质含量，对人体健康起着积极作用，而且能够在一定程度上改善焙烤食品的品质。用于焙烤食品的蛋白质原料有牛奶、鸡蛋、大豆等，其中以大豆蛋白研究最多。

膳食纤维是一种多糖，它不能够被胃肠道消化吸收，也不是产能物质，但是膳食纤维具有预防便秘、肥胖，降低血脂，预防糖尿病、癌症、胆结石，促进矿物质的吸收，提高牙齿的坚固性等功能。

微量元素在维持人体的健康中是不可缺少的，对加强人体健康、调节机体的新陈代谢、平衡营养有重要的作用，所以每天应该补充适量的微量元素。有关微量元素在焙烤食品中的营养强化研究，主要集中在硒、铁、锌等元素。

（三）低热量

低糖、无糖，低热量的焙烤食品占有必要地位，需求在稳步攀升。

传统的焙烤食品使用的原料多是全脂奶粉、糖、蛋白和油脂，属于高糖分、高脂肪、高胆固醇的高能量食品，这就使人们陷入了一种健康与美食享受两难齐美的困境之中，不符合现代人们追求健康的趋势。在肥胖症、高血脂、高血压、糖尿病等疾病发病率不断上升的今天，这些高热量、营养单一的焙烤食品显然不能适应人们对健康饮食的消费需求。这就要求烘焙食品改变高糖、高脂肪、高热量的现状，向清淡、营养平衡的方向发展。

焙烤食品的配料系统十分复杂，需配合平衡才能得到良好的口感特性。在这平衡的配料体系中，蔗糖和脂肪起着很重要的作用。在低能量焙烤食品中，蔗糖替代品和脂肪替代品的功能特性对保证产品质量非常重要。如低聚糖和糖醇或非糖甜味部分代替蔗糖，或采用如南瓜果浆为馅料，制作的低糖西点、糕点；使用多种糖醇和低聚糖配合，生产无糖海绵蛋糕；使用杏仁粉、圆苞车前子壳粉、奇亚籽、亚麻籽粉替代小麦粉，生产的低能量、高纤面包，开始受到关注。

（四）国际风味

国际风味食品将越来越普遍。随着全球经济一体化的进展，越来越多的异国他乡特色的食品朝着国际化的方向发展，呈现本国传统食品与其他国家特色食品相互交融、相互辉映、给消费者以多种选择的市场。更多的国外的技术和原料通过适当的调制而被国人所接受，这包括应用现代食品科学技术生产出来的异国风味的焙烤食品。洋为中用，中西融合，使得大江南北的食客们，能够随时随地轻松地享受到各种的美味食品。

（五）时尚

焙烤食品产业是一个典型的现代食品产业，随着人们物质生活的丰富，越来越多的消费者在消费方式上开始追求前卫、另类和个性化。食品已成为时尚化、情趣化和娱乐化的载体，消费者在满足物质消费的同时，也享受着娱乐带来的心灵满足。以年轻人和少年儿童为消费群体的食品，是娱乐化的舞台，食品不仅好吃而且要好玩，要跟上时代发展。

第二节 巧克力与焙烤食品的混搭方式

一、混搭的可能性搜寻

我们以焙烤食品资源与巧克力资源为两轴，制成坐标，如图 8-2，在两轴相交的点都有混搭的可能；可将焙烤食品中各种具体的品种罗列出来，结合发展趋势，从两轴的相交点上去搜寻各种混搭的可能性。

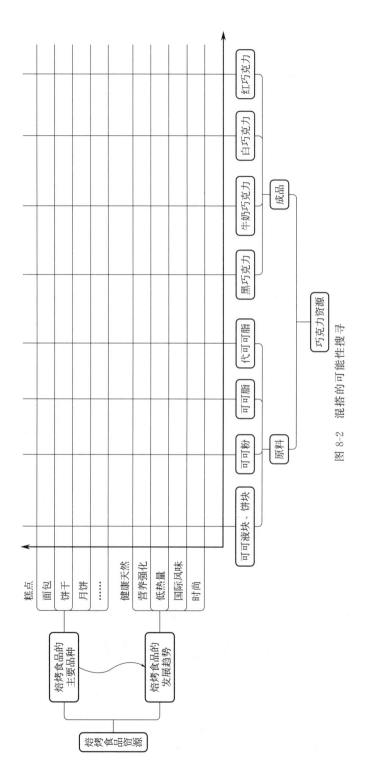

图 8-2　混搭的可能性搜寻

二、混搭的主要方式

以饼干为例，与巧克力混搭的方式主要有 6 种：

1. 前混合

将巧克力和做饼干的原料进行混合，按饼干的生产工艺生产出巧克力饼干。

例如，巧克力饼干的配方，以质量份计：低筋面粉 100 份，黄油 25 份，紫薯泥 20 份，巧克力 15 份，奶油 7 份。

制作方法：①将黄油加热软化，将低筋面粉加到黄油中揉均匀成面团；②将紫薯泥、巧克力和奶油混匀，加入面团中继续揉匀，制成薄片；③将薄片放置于冰箱中冷藏 20～30min；④取出面片，用饼干模压出形状，放入预热好的 180℃烤箱中烘烤 15～20min，取出冷却，得到巧克力饼干。

2. 后混合

经烘烤冷却制得饼干粒，与巧克力浆进行混合，注模成型、冷却制得巧克力饼干。

或者，以牛奶巧克力、可可饼干、手指饼干为原料，经融化、粉碎、搅匀、注模成型、冷却、脱模，制成巧克力饼干。

3. 注心

即将巧克力填充在饼干的中心，制成注心式巧克力饼干。

4. 涂层

将巧克力涂覆、包裹在饼干的表面，制成表面涂层式巧克力饼干。

5. 夹心

将巧克力简单地夹置在两层或多层的饼干之间，制成夹心式巧克力饼干。

6. 裱花

在饼干表面，用黑、白巧克力裱出表情，满足艺术欣赏和文化品位的需要。

第三节　巧克力+饼干→ 巧克力夹心饼干：配方、工艺

一、配方

饼干配料（质量份）：低筋面粉 100 份、中筋粉 25 份、黄油 50 份、白砂

糖粉 25 份、卵磷脂 1 份、小苏打 0.6 份、干酵母 1.5 份、奶粉 2 份、食盐 0.5 份、葡萄糖浆 5 份、可可粉 7 份。

夹心：牛奶巧克力或黑巧克力 100 份。

二、工艺

工艺流程为：

面粉等原料→预处理→调制面团→辊轧成型→烘焙→冷却→夹心→包装

1. 预处理

面粉预处理：面粉使用前必须过筛，目的在于清除杂质，并使面粉中混入一定的空气，有利于饼干酥松。

砂糖预处理：白砂糖晶粒在调面团时不易溶化，而且为了清除杂质、保证细度，将白砂糖晶粒磨成糖粉，并用 100 目筛子过筛。

酵母活化：取干酵母 1.5 份、葡萄糖浆 0.25 份、温水（30～38℃）10 份，混合搅拌溶解均匀，活化 30～45min 待用。

2. 调制面团

在调制操作之前，先将糖、油和水等各种辅料依次投入面机中进行搅拌，充分混合均匀，然后再投入面粉、淀粉等原料制成面团。其目的是使面粉在一定浓度的糖、油存在的情况下胀润，可限制面筋性蛋白质吸水，控制面筋形成的力度。加工韧性饼干使用湿面筋含量在 36% 以下的面粉为宜。

面团温度一般控制在 38～40℃。适当的面团温度可加速面筋的形成，缩短面团的调制时间。

调制后的静置可以消除搅拌时产生的张力，降低面团的黏性和弹性。一般静置 15～20min，若调制好的面团的物理性状已符合工艺要求，就没必要再进行静置。

判断调完毕的重要标志是：面团调制接近终了时，面筋量会逐渐下降，面团中已经吸收的水分将进行重新分配，即面筋所吸收的水分会部分析出，而使面团变得较为柔软。这种返软现象再加上面筋弹性的显著减弱，说明调粉完毕，面团品质已符合要求。

3. 辊轧成型

面团调制完成后，需经辊轧、辊切，经成型机制成各种形状的夹心饼干胚，印模上的针孔应穿透饼坯。

若不冲穿饼坯，烘烤时将影响饼坯的排气，由于饼坯气体排出不均匀，会使内部水分分布不均匀，饼干出炉后，水分蒸发速度不均，使内部产生应力，当这种应力超过一定限度时，饼干就会断裂。

4. 烘焙

成型以后的饼坯进入烤炉，炉温在 200～260℃，烘烤时间视温度的高低而定。

饼干烘烤一般分为胀发、定型、脱水和上色 4 个阶段。韧性饼干由于面团吸水量多，宜采用低温长时间的烘烤工艺。前 3 区温度为 200℃ 至 260℃ 均匀递增，使水分均匀增发，第 4 温区一般温度较低或不加热为保温区。第 1 温区的上火温度不宜过高，否则会使饼坯表面迅速结成硬壳，阻止了气体的散逸；另外，第 4 温区温度如果过高，饼干出炉就暴露在低温干燥的空气中，会使饼干内部产生应力而断裂。

饼干出炉时水分一般在 8% 左右。饼坯经烘烤将产生一系列的物理、化学及生物化学性质的变化，最后由生变熟，成为疏松多孔的海绵状结构的成品，具有良好的色、香、味、形。

5. 冷却

利用鼓风机的鼓风降温，空气流速 2.5m/s，冷却适宜温度 30～40℃，冷却后饼干含水一般在 3%～4%。

6. 夹心

先将饼干的底面朝上，固定平放，然后用机器或手工均匀地涂上一层夹心浆料。在饼干平面的四周要注意保留适当的空隙，以防夹浆后两块重叠受压，浆料外溢。

然后另取一块饼干，将其底朝下，重合在涂好浆料的饼干上面，稍受压，使两块饼干和浆料黏结在一起。

浆料和饼干两者比例要适当。浆料过多，会造成滋味不和谐，不能为大家所接受；浆料过少，则会失去产品的特色。一般浆料和饼干之比以 1：3 为宜。

可采用设备进行夹心操作，例如巧克力夹心饼干制作设备：纠偏装置可以将各单片饼坯排列整齐，使得单片饼坯进入烘箱内能够均匀分布。过渡输送线可以将饼干承接到翻转机构上，饼干贴合机构可以将饼干覆盖到巧克力层上，定位分离机构可以将多块巧克力饼干进行分离定位，第一次碾压机构、第二次碾压机构可以对巧克力饼干进行碾压处理，两次碾压使得饼干与巧克力层贴合得更加紧密。

7. 包装

浆料夹好后，由于油脂尚未凝固，极易受外力后发生移动，影响外观，造成破碎，夹心后应随即进行包装，从而起到定型作用。

夹心饼干应保存在密封的听内，贮存于干燥通风处，防止温度过高，以免夹心溶化或变质。

第四节	巧克力＋面包→

巧克力面包：配方、工艺

一、配方

高筋面粉 100 份、酵母粉 5 份、奶粉 2 份、食盐 2 份、鸡蛋 15 份、黄油 10 份、红糖 15 份、巧克力浆 25 份、葡萄干适量。

二、工艺

1. 面团调制

除黄油、巧克力浆、葡萄干外，将其他材料投入搅拌机中进行搅拌，低速 3min，中低速 5min，高速 1min，加入黄油后继续搅拌，低速 2min，中低速 3min，高速 1min，面团温度 26℃。

2. 发酵、静置

调制好的面团在室温下发酵 40min，稍作整理后继续发酵 30min，开始分割，每块面团重 250g，并放入 -6℃ 的冷藏箱中冷却 50min。

3. 成型

将面团从冷藏箱中取出，用面棒排成长 20cm，宽 15cm，厚 7mm 的面片，涂上可可浆，再均匀地撒上葡萄干，卷成圆柱形；另外，将起酥发酵面团擀成型 1.5mm 的面片，再切成边长为 20cm 的正方形，将已经成型的圆柱形面团卷在其中，放在模具中。

4. 发酵与烘烤

将成型后的制品放入醒发箱中，在温度 30～35℃，湿度 60%～70% 的条件下发酵 30～50min，从醒发箱中取出后放入 180～200℃ 烤炉中烘烤 20～30min。

第九章 巧克力+糖果：资源、混搭、配方与工艺

　　糖果行业作为我国传统的两大支柱零食产业之一，保持着快速的增长，潜力市场份额不断扩张。

　　巧克力＋糖果，是一种特殊的结合，已经有很长的历史了，仍在不断发展，更新迭代。本章内容如图 9-1 所示，首先介绍糖果资源、与巧克力的混搭，然后举例介绍巧克力果仁脆糖、巧克力牛轧糖、巧克力夹心棉花糖、巧克力夹心椰子糖、巧克力酥糖。

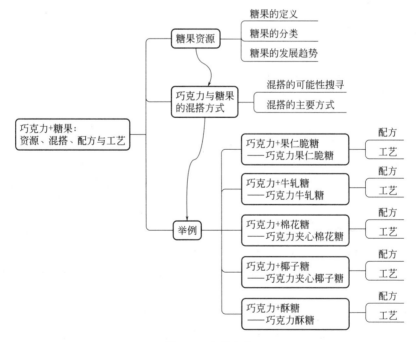

图 9-1　本章内容

第一节　糖果资源

我们从资源的角度来看待糖果，对糖果的定义、分类、发展趋势进行一番梳理，为下一步的混搭作为准备。

一、糖果的定义

糖果是以白砂糖、淀粉糖浆（或其他食糖）、糖醇或允许使用的其他甜味剂为主要原料，经相关工艺制成的固态、半固态或液态甜味食品。

二、糖果的分类

糖果可分为 11 类：硬质糖果（硬糖）、充气糖果、奶糖糖果（奶糖）、焦香糖果（太妃糖）、酥质糖果（酥糖）、凝胶软糖、胶基糖果、压片糖果、流质糖果、花式糖果（工艺糖果）、膜片糖果。

1. 硬质糖果

硬质糖果，简称硬糖，通常是以多种糖类（碳水化合物）为基体组成，经过高温熬煮、脱水浓缩而成。在常温下，它是一种坚硬易脆裂的固体物质。

硬糖是糖果中的一个大类品种，量大面广，是全国食品工业产品的主要品种之一。

现在发展起来的无糖硬糖，通常是以糖醇（包括木糖醇、山梨醇、麦芽糖醇、甘露醇等）替代糖类为基本组成来生产的硬质糖果。

硬糖作为一种传统商品，能长期消费而又历久不衰，来自它具有其他糖果所缺少的魅力，这种魅力形成其风味特色——鲜明的色泽、微妙的质构、优美的香味以及稳定的货架寿命。

硬糖的种类很多，划分方法也多，按不同的思路和维度来划分，就会得到不同的归类和结果，这有利于发散思维，对产品设计有所帮助。例如：

（1）按工艺方法划分

透明型：各种水果味、薄荷、桂花硬糖等。

夹心型：如酱心糖（橘子、菠萝、桃子、巧克力、苹果等夹心糖），粉心糖（果味、可可等夹心糖）。

丝光型：各种拷花糖等。

（2）按主要原料划分

砂糖、淀粉糖浆型：以白砂糖、淀粉糖浆为主要原料制成的硬糖。

砂糖型：以白砂糖为主要原料制成的硬糖。

无糖型：以糖醇为主要原料制成的硬糖。

（3）按调香方式划分

加香硬糖：以香精进行调香的硬糖。

原味硬糖：不添加或很少添加香精，突出天然原料自然香味，或由天然原料在生产过程中相互作用产生的具有特殊自然风味的硬糖。

2. 充气糖果

充气糖果是使用充气剂，使气体分散在糖体之中，在糖体内部有细密、均匀气泡的糖果。

根据产品密度差别，充气糖果可分为低度充气、中度充气和高度充气三类产品。如图 9-2。

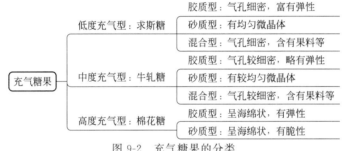

图 9-2　充气糖果的分类

（1）低度充气糖果

低度充气糖果的充气程度很低，糖体结实，疏松度差，口感柔韧，相对密度在 $1.15\sim1.35\text{g/cm}^3$，相对含水量在 5%～8%之间，产品以求斯糖和奶糖为代表。

低度充气糖果制作历史最长的是求斯糖（chews candy），求斯糖具有馥郁的水果风味，适宜的甜酸比，有一定咀嚼性和优良的口感。

求斯糖的原意为耐嚼糖果，咀嚼性是求斯糖韧性结构的特征，构成糖体的咀嚼性是依靠糖体的黏稠度和延伸度；糖体在咀嚼过程中释放出令人愉快的香气。柠檬酸与苹果酸配合使用，能增进与天然水果相似的酸味，浓缩果汁或果汁粉能助长生成浓郁的天然水果风味。除了水果风味以外，也可以采用其他风味，但求斯糖以鲜明独特的水果风味居多。

（2）中度充气糖果

中度充气糖果的充气程度略低，松软程度不如高度充气糖果，相对密度在 $0.8\sim1.1\text{g/cm}^3$ 之间，几乎能漂浮在水中，糖体结构比较紧密，相对含水量较低，约在10％以下，其代表性糖果为牛轧糖。

牛轧糖是一种洁白、疏松、柔韧而坚脆的中度充气糖果，体积增加不到一倍，水分含量6％～9％之间，质构比较紧密，略有弹性，具有松脆和柔韧两种明显不同的质构。

（3）高度充气糖果

高度充气糖果的充气程度大，使体积增大，密度明显降低，质地轻、组织疏松，能漂浮在水上，密度在$0.6g/cm^3$以下，色泽洁白、口感柔软、略有韧性而富有弹性，不粘牙。典型的具有代表性的产品为棉花糖。

棉花糖具有"软、泡、香"的特征，表面平滑细腻，气泡致密，非常轻，水分含量较高，水分可高达16％以上，但其货架寿命却长，产品质构十分稳定。

3. 奶糖糖果

在SB/T 10022—2017《糖果 奶糖糖果》中，对奶糖的定义：以食糖和/或糖浆或甜味剂、乳制品等为主要原料制成具有乳香味的糖果。

奶香是人们最为熟悉和喜爱的香气之一，具有奶香的食品是人们十分喜爱的。

奶糖是富有天然牛奶风味、色泽洁白的糖果。其中，硬质型奶糖坚硬易脆裂，并具有滑润香浓的口感；半软性奶糖质地致密、细腻柔韧、带有韧性和弹性、耐咀嚼，是一种低度充气糖果，其质地与求斯糖非常相似。

奶糖具有奶香，这是奶糖区别于其他糖果的特征。高质量的奶糖具有牛奶的独特芳香，口感舒适，醇厚甜美，营养丰富，深受人们的喜爱。

奶糖除了纯正浓郁的牛奶风味以外，其营养价值也受到消费者青睐。市场上曾一度流传某品牌的七粒奶糖可冲成一杯300mL牛奶。

奶糖主要分为三类：胶质型、砂质型、硬质型。如图9-3。

图 9-3 奶糖分类

（1）胶质型奶糖

糖体剖面有微小的气孔，带有韧性和弹性，耐咀嚼。传统奶糖都是韧性质构。胶质奶糖是我国首创的糖果品种，历来在国内糖果消费市场上占有一定份额。

（2）砂质型奶糖

糖体内有较均匀微晶体的奶糖糖果。为了改善口感，在胶质奶糖中加入一定量的方登，其性能就发生了根本性的变化；方登的微晶均匀地分布在胶质网状骨架中，降低了奶糖的黏度，在口中溶解速度快、奶味浓。同时胶质网状结构抑制微晶的扩大，起着稳固作用。

（3）硬质型奶糖

糖体硬、脆。典型的代表产品是悠哈特浓硬质奶糖。20 世纪末日本首先以突出味觉的悠哈特浓牛奶糖进入我国市场，并进一步在我国建厂生产。

4. 焦香糖果

焦香糖果，也称为太妃糖，是以白砂糖、淀粉糖浆（或其他食糖）、油脂和乳制品为主料制成的，经焦香化加工处理，成为具有特殊乳脂香味和焦香味的糖果。

1890 年，英国人首先生产出太妃糖。作为一种舶来品，太妃糖已成为经典传统糖果之一。伴随着浓浓的香醇，太妃糖为越来越多的消费者所痴迷。

焦香糖果的特征明显：

具有独特的焦香风味以及浓郁的乳脂香——味道好；

口感细腻润滑，质地黏稠、致密，软糖有咀嚼性——有嚼头；

外观颜色棕黄——色泽诱人；

富含蛋白质等营养素——营养丰富；

经过高度乳化——糖体组织状态细腻、均一。

焦香糖果可简单地分为硬糖（水分＜2.5％）与半软糖（水分 7％～9％）两大类。

5. 酥质糖果

酥质糖果，简称酥糖，是用食糖、碎粒果仁（酱）等为主要原料制成的疏松酥脆糖果。

酥质糖果具有口感酥松、香味浓郁、甜而不腻的特点，深受广大消费者喜爱。作为一种传统休闲食品，酥质糖果口味好，甜度相对较低，在众多的糖果品种中，因其独特的香酥口味而长销不衰。

酥质糖果以酥、脆、香、甜为特色，形状规整，层次分明，口感酥脆，滋味芳香，风味独特，营养丰富，十分适口，久食不腻。

酥糖从外观上分为两类：①裹皮型，指裹有糖皮馅心的酥质糖果，即酥心糖；②无皮型，指糖体疏松的酥质糖果，通常直接称为酥糖。

从含糖量可分为两类：①常量，采用白砂糖和麦芽糖浆等生产；②降糖：采用糖醇等部分代替白砂糖生产。

6. 凝胶糖果

凝胶糖果，也称为凝胶软糖，是一种多水分、质地柔软、粘糯而有弹性的一类糖果，具有咀嚼性好、有咬劲、不粘牙、不易龋齿等优点，加上低甜度、低热值、富含天然亲水性胶体等保健特点，成为国内近年来发展较快的糖果之一。

长期以来，人们常把凝胶型糖果视作软性糖果，也称为软糖。以此区别于质构坚脆的硬糖。但是将所有的凝胶型糖果视成柔软的糖果是不确切的，其中部分品种具有软嫩的质感，也有部分品种具有黏稠而坚实的质感，从而形成一定的口感差异。因此，将凝胶型糖果视作一种坚韧的糖果更具现实意义，它缺乏硬糖的固有刚性，富有延伸性与弹性。随着加工条件的变化，也可赋予一些凝胶糖果以酥脆性或疏松性。

凝胶糖果含有一种或一种以上的凝胶剂，并依靠凝胶剂形成稳定的半坚固凝胶体。凝胶剂的共同特点：能吸收大量水分，加热时生成溶胶，冷却时形成凝胶体，与糖类结合后，使糖类分散在凝胶体之间，成为无定形的透明凝胶糖体。这一特点形成凝胶软糖特有的质构，如：甜度较低、含水量高、透明性好、柔软稳实、富有弹性、外观呈透明或半透明状、货架寿命长。也有用模具浇注成型，采用多样化的模具，可以制成逗人喜爱的水果或动物形状，颇受儿童们欢迎。随着人们生活水平的提高，消费者对软糖质量的要求也随之提高，并向着高档次、高品位的方向发展。

任何一种凝胶糖果都是在凝胶剂存在的前提下形成的，因含有不同的凝胶剂可以形成不同类型的凝胶糖果。例如：

淀粉软糖：以淀粉为凝胶剂制成的一种软糖。质地软糯而略有弹性，明亮似半透明状，口味清甜不腻，咀嚼时糖软爽口。一般还可加入各种果仁，如花生仁、核桃仁、芝麻仁、枣泥等，制出各具特色的果仁淀粉软糖，富有松脆或松嫩的果仁香味，营养丰富。

果胶软糖：以果胶为凝胶剂制成的凝胶糖果，具有质地柔软、结构细腻、口感爽快、货架期长等优点。从加工角度来看，果胶软糖比淀粉软糖容易生产，生产周期也短。

明胶软糖：以明胶作为凝胶剂制成的凝胶糖果，制品透明并富有弹性和韧性。含水量与琼脂软糖近似，多制成水果味型、奶味型或清凉味型。

琼脂软糖：以琼脂为凝胶剂制作而成的凝胶糖果，又称琼脂、洋菜、冻粉或雪花等软糖。这类软糖的透明度好，具有良好的弹性、韧性和脆性。多制成水果味型、清凉味型和奶味型。

7. 胶基糖果

胶基糖果（gum base candy）又称胶姆糖，是以食糖或糖浆或甜味剂、胶基等为主要原料，经相关工艺制成的咀嚼或吹泡型的糖果。

胶基糖果属于糖果中的一大类，是近代科学所产生的饮食文化的产物，代表现代社会的嗜好食品。它与普通糖果不同，除了可供人体消化吸收的成分外，还具有供咀嚼的一种被称为胶基的不溶于水的物质。

它是一种别具一格的耐咀嚼性糖果，与其他糖果比较有其独特之处，而且加工工艺也完全不同：首先，它需要耐咀嚼性不溶于水的胶质原料，经过精制后，再与糖、香味料以及必要的添加剂混合而成，所以胶基糖的生产包括胶基和胶基糖制造两个部分。

胶基糖果主要有口香糖（chewing gum）和泡泡糖（bubble gum）两大类。

（1）口香糖

口香糖是耐咀嚼的胶基糖果。它既可吃又可玩，深受儿童和青年人喜爱。同时也成为大部分年轻人扮酷、时尚的新宠。在提升口腔健康的同时，通过咀嚼口香糖带来的面部肌肉运动，因而具有多重效果。

（2）泡泡糖

泡泡糖是可以吹泡的胶基糖果。泡泡糖既好吃，又可以吹泡泡玩，深受孩子们的喜爱。

8. 压片糖果

在 SB/T 10347—2017《糖果　压片糖果》中对压片糖果的定义是：以食糖或糖浆（粉剂）或甜味剂等为主要原料，经混合、造粒或不造粒、压制成型等相关工艺制成的固体糖果。

这个定义应注意两点：①主要原料可以不是糖类，而是其他甜味剂；②可以不用制粒，而用粉末直接压片，即经混合、压制成型。

压片糖果是一类特殊的糖果，生产不经过加热过程，属于冷加工，能较好保持产品固有的营养成分、质构、色泽和新鲜度等优势。它选用原料的范围更为广阔，更具有想象空间，有更多值得做的事情。因此，压片糖果是所有糖果中最活跃、最充满活力的领域。

压片糖果可以采用多维度的分类方法；不同的分类得出不同的结果，有利于思维的拓展，达到一定的广度和多样性。

（1）按加工方式分类

可分为：制粒压片和粉末直接压片，而制粒压片又分为湿法和干法。

（2）按主要原料分类

可分为：普通型（以白砂糖为主要原料，如薄荷粉糖和水果粉糖）、无糖型（以糖醇为主要原料）、其他（以其他填充剂为主要原料）。

（3）按是否包衣分类

可分为包衣型和非包衣型。包衣型压片糖果是在压片的基础上，以片子作为片芯外包衣膜，包衣的目的是增加产品稳定性，改善外观。

（4）按压片层数分类

可分为单层、多层。多层压片糖是由二层或多层组成，各层可含有不同口味及色泽，如双色片，其设备——双层片压片机的主要动作，包括第一层物料填充、定量、预压，第二层物料填充、定量、主压、出片等工序。

（5）按口感分

可分为泡腾片、咀嚼片、普通类等。泡腾片含有泡腾崩解剂，遇水可产生气体（如二氧化碳）。咀嚼片与普通压片糖类似，所不同的是侧重咀嚼功能，是以咀嚼为目的，如奶片等；普通压片糖侧重口含功能，是以口含为目的，如薄荷片等。

（6）按功能分类

做出的保健类压片糖果，功能可分为：增强免疫力、抗氧化、辅助改善记忆、减肥、清咽、调节肠道菌群等。

9. 流质糖果

流质糖果，是以砂糖、淀粉糖浆、果葡糖浆或糖醇等甜味料和果酸、食用色素为基础物料，添加具有一定功能的食品添加剂，加工制作成流体或半流体形式的，具有一定观赏性、趣味性的可食甜体。

流质糖果标新立异，富有创意，是最有"个性"的糖果品类。它作为糖果新门类有着较广阔的市场，随着产品的逐步升级，产品开发的前景十分可观。

流质糖果的主要特征为色泽鲜艳、透明、均匀一致，呈流动或膏状的流质或半流质，酸甜可口、香气纯正，糖酸比符合流体甜味食品的设计原则。不同品种的物态体系和质构特征各不相同。有的同一品种，在不同状态下会呈现不同的物态体系和质构特征。

例如，变色流质糖会从橘红色变为葡萄紫色；发泡的流质糖常态下呈具有流变性的液态，但压力罐装的糖品受挤压被喷出后呈现出泡沫状；吹泡流质糖会像肥皂液一样，能吹出一串串的彩色泡泡。

国家颁布的糖果分类标准中明确，流质糖果有含糖型和无糖型，可分为液体糖果型、糖果糖液型、泡沫糖液型、起泡糖液型、吹泡糖液型及其他类型，共计六大类别。这几类流质糖果在主要质构特征上有所差别，具体产品品种也有差异。

液体糖果型：糖液清晰、透明、无浑浊或悬浮物，无分层现象。

糖果糖液型：糖液清晰、透明、糖块成固态稍透明（加不透明辅料或充气型除外），有弹性、不粘牙。

泡沫糖液型：压出的糖液呈泡沫状态，泡沫充分，大小较均匀。

起泡糖液型：喷出的糖液呈泡沫状态，均匀、细密。

吹泡糖液型：吹泡充分、气泡透明，具有一定的稳定性。

10. 花式糖果（工艺糖果）

花式糖果基本上被称为工艺糖果，是在象形糖和拷花糖的基础上迅速发展起来的一类糖果，目前由硬质糖果、奶糖、充气糖果、凝胶糖果和巧克力等品类制成。工艺糖果大多采用手工制作，有的则采用模具制出基础造型后，再经人工进行裱花"点化"。

工艺糖果是将食用性、趣味性、观赏性集于一体，它既是糖果，又可以当作饰品欣赏，当作玩具把玩，或用来装饰糕点、蛋糕等甜品。工艺糖果的造型可谓千姿百态，多采用仿真手法，将产品制成各种动物、水果、鲜花和玩具，或者塑造成人们耳熟能详的卡通形象。

制造工艺糖果一般需要机械与人工共同配合来完成。近年来，由于数控裱花机的问世，工艺糖果的制作逐步向机械化和自动化方向发展。工艺糖果工艺比较复杂，有时是几个种类糖果的组合造型，有时是多种图案的结合，有时则是凭借现代科技手段将文字、图案、图像喷绘在糖果表面，因此，工艺糖果的制作在一定的时期内不可能完全摆脱人工制作。

工艺糖果按质构特征，仍可归划为硬质糖果、奶糖、凝胶糖果、充气糖果、巧克力等类别。但大多数工艺糖果是两种不同类别的糖果组合而成的，按其产品的质构特征来划分，难以准确，而按工艺糖果的主要工艺特点来分类较为合理，可划分为：

裱花类：如圣诞老人、阿童木、蓝精灵、大阿福、米老鼠、唐老鸭卡通造型糖。

成像类：如印刷、喷绘文字、图案的棒棒糖、硬糖。

象形类：如草莓、橘子、梨子、香蕉等水果硬糖；兔子、鱼、熊猫等小动物造型的立体凝胶糖果、棉花糖。

工艺糖果的商品名称一般以造型和糖果归类来命名。

11. 膜片糖果

这是一类创意糖果，采用优质的麦芽糖浆、白砂糖、异麦芽酮糖醇制成，糖体透明，糖体中间夹上可食用膜片；膜片采用可食用油墨，进行印刷装潢，描绘出复杂、丰富的图案色彩，让产品在感官上更具魔力。

这样，在品尝美味之前，突出视觉效果，以此来留住美丽的瞬间、开心的一刻，从而赋予糖果更高的品味和内涵，让生活更加丰富多彩。这是一个新的理念和尝试，也是一个新的富有吸引力的市场机遇。

糖果膜片是一种由多糖、糖、食品添加剂组成的可食用膜，有素膜和彩膜两种，是制作照片糖、星空棒棒糖、蛋糕裙边、纸杯蛋糕装饰的新型膜材料，比糖霜纸更薄、更光滑细腻，高清照片级打印效果，能让糖果价值翻倍。

三、糖果的发展趋势

糖果的发展趋势可以概括为"五化"：产品营养化、原料天然化、配方无糖化、功能多样化、风味多元化。

1. 产品营养化

随着人们生活水平的不断提高，健康意识不断增强，消费者的购买偏好也在发生变化，对于食品质量及营养的要求也随之提高。未来食品制造业将开发营养功能食品、特殊医用配方食品、营养导向食品，科学减少油、盐、糖含量，推进传统食品升级换代。人们对健康食品、便利性食品、全新概念食品的需求得到强化；愿意为优良品质、真实原料的产品支付更多的费用，对糖果消费的特征已从过去的需要型向休闲型转化、向营养化转变。把糖果的营养化作为企业的战略发展目标，研究应用相关营养化技术，将促进企业规模和效益的提升。

2. 原料天然化

在 20 世纪 50～60 年代，石油化工蓬勃发展，其产品渗透到生产、生活各部门。但是后来发现，许多合成原料对人体产生不利影响。经历了这样的认识过程，原料天然化渐渐被提到重要位置，使用天然原料，或通过精细化工、生物化学技术，将具有独特功能和生物活性的化合物从天然原料中提取分离，得到无害衍生物，生产天然食品，顺应回归自然的消费趋势，成为发展方向。消费者开始更多地关注健康、安全，越来越多的人追求那些含有更多天然成分、不含防腐剂、没有或只有最少量化学成分的食品。例如，面向婴幼儿的糖果不添加香精香料等，因为香精香料会增加婴幼儿肝肾代谢负担，尤其是肝脏，并且容易使宝宝对香精香料产生依赖症。

3. 配方无糖化

我国有 13 亿人口，有大量不宜摄入食糖的人群，如糖尿病人、高血脂病人、肥胖病人等，还有广大的少年儿童龋齿发生率很高，也需要开发能预防龋齿的无糖糖果。

爱吃糖果的人很多，随着生活水平的提高和人们健康意识的增强，人们会更加注意摄入低糖低热的食品，尤其是女孩子是糖果消费的主力人群，喜欢吃糖又怕发胖，这时包装精美而又无糖的糖果会成为她们的最爱。

因此，中国的无糖糖果市场前景广阔，市场空白点多，需求量日益扩大。

无糖糖果通常是以甜味剂来替代糖类（蔗糖、果糖和麦芽糖等），其作用就是有糖的味感，却没有糖的能量。甜味剂有各种各样的生产方式，有天然原料制成的，有人工合成的，还有低聚糖成分的。所谓低聚糖就是人为的改变糖的分子结构，使之产生很低的热能。

糖果可分为 11 类，其中硬质糖果（硬糖）、凝胶软糖、胶基糖果、压片糖果、流质糖果、花式糖果（工艺糖果）、膜片糖果，近年来都出现了无糖糖果，并呈现扩大趋势。

4. 功能多样化

人类对食品的要求，首先是吃饱，其次是吃好。当这两个要求都得以满足以后，就希望所摄入的食品对自身健康有促进作用，于是出现了功能性食品。

一般食品通常只具有提供营养、感官享受等基础功能。在此基础上，经特殊的设计、加工，含有与人体防御、人体节律调整、防止疾病、恢复健康和抗衰老等有关的生理功能因子（或称功效成分、有效成分），因而能调节人体生理机能的，但不以治疗疾病为目的的食品，国际上称为"功能食品"。

人们对糖果的消费越来越注重健康，糖果的消费已经由早期的质量、口味逐渐发展到现在的功能，尤其是肆虐的非典、新型冠状病毒过后，人们对功能性糖果的需求更加明显；通过添加新材料，如双歧因子、微量元素、维生素、植物蛋白、新型凝胶等提供丰富营养的糖果，将越来越受到消费者的欢迎。

5. 风味多元化

风味多元化是众多食品行业新品研发的主要方向，糖果行业也不例外。

如何最大程度地满足消费者对不同口味的需求，是糖果企业都必须认真对待的事情。

全球化激发了消费者对于新食品的好奇心，未来的全球食品风味会有进一步增长。互联网世界使各个年龄段的消费者更加了解其他文化，从而使人们对世界各地正宗美食的选择变得多样而广泛，消费者开始接受曾经不熟悉的大胆风味。消费者在寻找新的风味体验，可以用具有异域风情的世界风味、民族风味、街头风味来满足消费者的好奇心，这股潮流将继续增长。

第二节　　巧克力与糖果的混搭方式

一、混搭的可能性搜寻

我们以巧克力资源与糖果资源为两轴，制成坐标，如图 9-4，在两轴相交的点都有混搭的可能，从这些相交点上去搜寻，去搜寻各种混搭的可能性。

例如，黑巧克力与酥质糖果混搭，进行巧克力涂层，还可以结合糖果的发展趋势——功能多样化，通过添加原料乳矿物盐（即添加微量元素钙），制成高钙巧克力涂层酥糖。

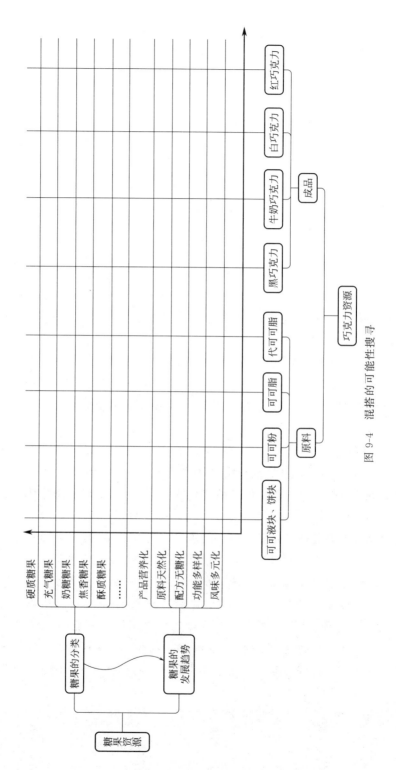

图 9-4 混搭的可能性搜寻

二、混搭的主要方式

巧克力与糖果的混搭方式主要有以下几种：

1. 涂层

采用机械涂淋，或手工涂层。

手工涂层：将糖果作为心料，投入巧克力浆料中进行涂裹，将糖心完全浸没后，迅速捞出，放置在7～12℃的环境中进行冷却，得到巧克力涂层糖果。即使在同一批生产配方和条件完全相同的情况下，巧克力涂裹的厚度也可能存在差别；如果巧克力的厚度在第一次浸没后过薄，可重复"投入→浸没→捞出"过程，直到满意为止。

2. 包衣

糖果冷却后，投入巧克力浆料内涂裹，2～4s内捞出冷却，如涂裹厚度不够，再涂1～2次，涂裹厚度达到0.2～0.3cm，然后磨圆，或者用涂浆机涂裹，然后磨圆，得到巧克力包衣成品。

3. 裱花

巧克力裱花是用来装饰食品的良好选择。传统裱花是以手工方式完成，现在的裱花设备能够做到让浇注嘴做空间三维运动，具有柔性，通过简单的编程，能够生产出品种丰富的产品，极大地解放了产品设计师的创意，提高企业的技术水平和生产效益。

4. 3D 打印

3D打印技术是以计算机三维设计模型为蓝本，通过软件分层离散和数控成型系统，将打印材料逐层堆积黏结，最终叠加成型，制造出实体产品。

专利CN 107125406A公布一种适用于3D打印巧克力夹心糖果的制备方法，由巧克力心和糖果外壳构成。制作时，先通过3D打印出巧克力心，然后在巧克力心上直接打印糖果外壳。糖果外壳的原料配比（质量份）为：葡萄糖30～60份、微晶纤维素3～8份、玉米糖浆10～20份、糊精1～10份、香精0.1～0.3份、改性淀粉0.5～1份、硬脂酸镁0.1～0.5份。制备过程是：先将葡萄糖、微晶纤维素、糊精、玉米糖浆、香精以及硬脂酸镁混合搅拌至均匀；再按照1∶5的液比将改性淀粉和40℃水混合，搅拌均匀，并将上述混合物置于淀粉与水的混合液中，加热煮沸至没有明显液态水，彻底冷却后即可用于3D打印出糖果外壳。

第三节　巧克力＋果仁脆糖→
巧克力果仁脆糖：配方、工艺

果仁脆糖是将花生仁炒熟后加工成碎粒状，与熬煮好的硬糖糖膏混合均匀制成的糖品。果仁香与硬糖的透明、坚脆质构的有机结合是该产品的特色。巧克力果仁脆糖，是在此基础上用巧克力涂衣，就加入了浓醇的巧克力味道，产品的风味更为显著。

一、配方

白砂糖 11kg，淀粉糖浆 8kg，黄油 2.4kg，熟花生仁 4～11kg，小苏打 18g，食盐 30g，香兰素 20g，涂层用巧克力浆 38～48kg。

二、工艺

工艺流程为：

花生烘烤、脱皮、轧碎
↓
熬糖→拌和→成型→涂层、冷却、包装
↑
巧克力浆

操作要点如下：

1. 花生烘烤、脱皮、轧碎

选用籽粒饱满、仁色乳白和风味正常的花生米，剔除其中的杂质、霉烂、虫蛀及未成熟的颗粒。然后放进烤盘摊平，进行烘烤。

烘烤温度一般为 130～150℃，时间为 20～30min，以花生呈浅棕黄色并产生浓郁香气为准。要求烘烤程度均匀，从花生果仁中心到外表的颜色基本一致。

烤熟的花生仁应立即用冷风机吹冷，使温度速降至 45℃以下，以免花生后熟焦糊。

花生仁的粒度对产品的品质有很大的影响。花生仁颗粒过大，需要黏合的糖浆量会加大，导致产品质地变硬，影响口感；颗粒过小，也会增大糖浆的用

量，影响产品的感官品质。将花生轧碎制成花生碎，花生仁的适宜粒度为2.4mm（8目）。轧碎时力求大小均匀，切不可加工成酱体状。

2. 熬糖

将白砂糖加入30％的水，加热至沸腾，然后加入麦芽糖浆，加热煮沸后，过滤入另一容器内，加入油脂，再继续加热熬制。熬糖时应注意搅拌，加热熬制到150～160℃左右（以脆为准），产品具有较好的感官品质。

熬糖温度对黏合效果具有显著影响。随着熬糖温度的升高，产品的硬度和咀嚼性均呈增大趋势。

3. 拌和

先加入膨松剂，拌和均匀，然后加入香料、花生仁、芝麻，快速搅拌，边下料边炒动，以使花生仁和糖混合均匀（花生仁及芝麻最好预热至40℃以上）。

花生糖黏合糖浆的适宜用量为40％（糖浆质量和花生仁颗粒的质量之和为100％），当然这是一种口感的理想状态。糖浆用量过高，产品过甜，过硬，且色泽偏黄；糖浆用量过低，糖浆的黏合成型效果受到影响，产品成型差。

4. 成型

将糖膏冷却到80～85℃，分块压片，冷却到70～75℃，用机器进行开条、成型，并严格注意颗粒的形状、大小，要求无缺角，厚薄一致，切口整齐。

5. 涂层、冷却、包装

设定浆料的温度，打开巧克力浆料循环泵和散热风机，分别开启钢丝网输送带、隧道输送带，再打开风机及制冷机。待所有加热和制冷达到正常后，开始涂层，并调整好涂层与输送带的速度匹配性。涂层时必须注意浆料循环是否畅通，涂层厚度是否符合工艺标准，可通过调整浆料的温度和风量来控制。

纯可可脂巧克力浆料的调温温度为29～30℃，代可可脂巧克力浆料的调温温度为35～38℃。巧克力浆料涂层吹散温度应保持在25℃左右，冷却温度10～15℃，时间为3～5min。冷却后产品从输送带上取下进行包装。

第四节　巧克力＋牛轧糖→巧克力牛轧糖：配方、工艺

牛轧糖是一种洁白、疏松、柔韧而坚脆的中度充气糖果，体积增加不到一

倍，水分含量 6%～9% 之间，质构比较紧密，略有弹性，具有松脆和柔韧两种明显不同的质构。

牛轧糖用巧克力涂衣，就加入了浓醇的巧克力味道，带着淡淡的苦味，可以中和牛轧糖的甜味，使得这款糖果的味道更内敛，回味更足。

一、配方

牛轧糖：麦芽糖浆 12kg、白砂糖 8kg、花生 6kg、奶粉 0.6kg、无水奶油 0.4kg、香兰素 6g、鸡蛋清 0.8kg。

涂层：可可液块 2.6kg、可可脂 3.7kg、奶粉 2.6kg、糖粉 6.3kg、磷脂 52g。

二、工艺

工艺流程为：

花生烘烤、脱皮
↓
化糖→熬糖→充气搅拌→混合→成型→涂衣、冷却、包装

操作要点如下：

1. 花生烘烤、脱皮

挑选无霉变、不出芽、气味正常的花生仁，剔除石子、泥土等杂质，进行烘烤。

烘烤温度：150℃。

烘烤时间：26～28min，根据花生的干湿程度进行调节。

烘烤程度：成牙黄色，有花生正常的香味，无焦煳味，无哈败味，无生味。

然后经磨去皮，装袋，封口严密，备用。

2. 化糖

按配方称量，操作分 3 步：

① 夹层锅中加水，加水量为白砂糖的 1/3。

② 加入白砂糖，打开蒸汽，蒸汽压力 0.4～0.5MPa，搅拌，煮沸，使白砂糖完全溶化。

③ 加入麦芽糖浆，进行搅拌，加热到 107℃。然后将糖液经过过滤，打入贮料罐中。

加热时要不断搅拌，以帮助白砂糖溶化，防止糖浆变焦或溶化不彻底。溶化的程度：用棍或瓢插入糖液中，提起来，目视或手捏，无颗粒感。化糖要配

合后道熬糖工序进行，溶化后的糖液不能在加热锅内太久，以防止转化糖增加，色泽变深。一般化糖时间在 10min 内。

化糖用水，要符合生活饮用水卫生标准。凡是看上去可疑的、不合格的，不得使用。

3. 熬糖

化好的糖液经过送料泵打入熬糖锅，进行熬煮。

控制参数：温度、真空度、蒸汽压力。汽压：0.7～0.8MPa；熬煮达到温度：129℃左右；抽真空达到温度：112℃；真空度：约−0.048MPa。

4. 充气搅拌

打鸡蛋，取蛋清，和麦芽糖浆一起进行搅打起泡，加入充气搅拌罐中。

将熬煮好的糖液放入充气搅拌罐中，进行充气搅拌，时间 3min，充气压力 0.3MPa（即 3kg）。充气压力到 2.5kg，开始计时。

糖体充气达到的要求：色泽洁白，质构疏松，剖面有许多细孔；冷却后，口感脆。

5. 混合

将糖放入搅拌器中，加入花生仁、奶粉、无水奶油、香兰素，进行搅拌，混合均匀。

混合程度：添加的辅料，应混合至均匀一致；奶粉和油脂等无结块、无成团现象。

（1）所加入的原料，进行保温处理：

油脂：经保温、化开。

花生仁：经烘箱保温，量小时保温 70～80℃，量大时可提高到 120～140℃，并时常翻动，将下面的冷的翻到上面，以利于温度达到一致。加入的花生仁的温度，以手感知，烫。

（2）混合时间

混合时间：宜短，在 5min 内，混合均匀即可。

生产过程中产生的次品、糖头，在其温度还没有冷却的情况下，及时加入，搅拌均匀。

其余时间的糖头、回料，已经完全冷却的，应作保温以提升其温度后加入。

6. 成型

（1）叠糖

在冷板上对糖膏进行折叠。

折叠的方法：将糖膏在工作台上分块，将冷的一面对折在里面（不宜用手压平，以保持糖体疏松），如此反复，将糖膏冷却到软硬适度，约为55～60℃，呈圆柱形，加入保温辊床。

（2）辊床、平压、冷却、切条

将糖块放在保温辊床上，经滚轮滚动成糖条后，进入平压机，压至规定厚度的糖片，经过风冷进行适度冷却，然后切条，切块。

注意：糖条冷却到合适程度，以满足后工序的包装效果为标准：不碎裂、不裂纹、不粘刀、不变形。如果过冷，会在后工序发生裂纹、碎裂，在切块时果仁脱落而导致产品缺角；过热时会造成切割困难或成品坍塌、变形。

7.涂衣、冷却、包装

将温度适宜的牛轧糖心，排列在连续涂衣机输送网带上，输入涂衣机进行涂衣。

巧克力涂衣浆料预先进行调温，浆料温度控制在29～30℃之间，然后输入涂衣机料缸中进行连续涂布，启动循环泵将巧克力浆料输送到涂布槽，使其均匀地流散在糖心表面，启动风机，调节风量，吹去过多的巧克力浆料，然后输出进入冷却隧道输送带上进行冷却，控制冷却温度10～15℃，冷却时间约3～5min，冷却后产品从输送带上取下进行包装；要求糖心不得暴露。

第五节　巧克力＋棉花糖→巧克力夹心棉花糖：配方、工艺

一、配方

棉花糖：白砂糖5kg，葡萄糖0.6kg，淀粉糖浆1kg，水1.4kg，明胶0.3kg，热水0.8kg，香兰素5g，色素少许。

心料：巧克力浆2kg。

二、工艺

工艺流程为：

$$
\begin{array}{ccc}
& 泡胶 & 巧克力浆 \\
& \downarrow & \downarrow \\
化糖 \rightarrow 熬糖 \rightarrow & 充气 \rightarrow 成型 \rightarrow & 干燥、包装
\end{array}
$$

操作要点如下：

1. 泡胶

将明胶加 2 倍的水浸润 30min，使水分子渗透到明胶颗粒中间，形成浸润的胶冻。

2. 化糖

将白砂糖加 30％的水，加热溶化、沸腾，保证完全溶解，然后加入淀粉糖浆，煮沸，过滤输进熬糖锅。

3. 熬糖

熬糖有以下方式，可选其中一种：

① 熬煮法：适用于含蔗糖高的配料，熬糖温度可控制在 116～120℃，倒入搅拌锅中，加入明胶。

② 半熬煮法：适用于含蔗糖量低的配料，糖类溶液加热至 82℃左右，倒入搅拌锅中，加入明胶。

③ 冷加工法：适用于含水量高的棉花糖，配料保持 60℃搅拌溶化，倒入搅拌锅中，然后加入预先融化的浸泡明胶。

4. 充气

充气有以下方式，可选其中一种：

① 常压充气法：适宜于小型以刀平车切割成型生产。采用立式搅拌机，一般转速在 160～200r/min，搅打 10～15min，会使体积增加 2～3 倍，密度为 0.4～0.5g/cm^3，即可停机取下进行成型。

② 压力充气法：适宜于中小型以连续滚压截切成型或浇注成型生产。启动搅拌器，将复水的明胶、糖液混合 1～2min，混合均匀，然后通入压缩空气进行充气，充气约 3min，压力升至 0.3MPa，关闭压缩空气，停止充气。

③ 连续压力充气法：生产速度快，批量大，适宜于大中型以挤出成型生产。

5. 成型

充气适度的糖胶混合膏状物冷却至具有一定的可塑性时，即可移至挤压成型机料斗处，经挤压机挤压成空心条状，此时与成型机机头相连接的输送泵将所需要注入的巧克力浆料泵入空心糖条内，再经匀条机调整为粗细适中的糖条，最后由成型机扣压或滚压成型，便可制成夹心棉花糖。

巧克力浆料的注入量不宜过多，保守量为糖体总质量的 6％左右。糖条挤出后，在注心料成型前，即在匀条过程中，冷却一定要适度，不可过软或过硬，否则容易造成爆浆露馅现象，甚至中断生产。

6. 干燥、包装

根据制成的夹心棉花糖水分含量情况，可经自然干燥或送至干燥室、或经隧道式干燥设备进行干燥，至水分含量为 11％～16％即可取出进行整理、包装。

第六节 巧克力＋椰子糖→ 巧克力夹心椰子糖：配方、工艺

一、配方

皮料：椰浆 36kg、麦芽糖浆 38kg、红糖 16kg、白砂糖 11kg、方登 3.6kg、炼乳 4.8kg、奶粉 2.2kg、单甘酯 0.6kg、食盐 0.2kg。

心料：糖粉 1.9kg、可可脂 2kg、可可液块 1.2kg、磷脂 0.2kg。

二、工艺

工艺流程为：

　　　　　磷脂　　　　制备方登　制备巧克力心料
　　　　　　↓　　　　　　↓　　　　　　↓
化糖→乳化→熬糖→揉糖→老化→挤出、夹心→匀条→糖条冷却→扣压成型→糖粒冷却→包装

操作要点如下：

1. 制备方登

按配方（白砂糖：麦芽糖浆＝3：1）称取白砂糖、麦芽糖浆、水（加水量为白砂糖量的 30％），加入夹层锅内，打开蒸汽，进行搅拌，使白砂糖彻底溶化，并继续加热，蒸发掉多余水分。熬制的终止温度为 121℃，即停止加热。

提前打开方登机的冷却水（水温≤20℃），将熬制好的糖液加入方登机的容器，启动机器，打开放料口，调小流量，至方登机出料口有乳白色稠状液流出，此即方登。在生产过程中，注意控制糖液的流量，当挤出的方登糖浆过稀时，要减小流量，反之可加大流量。

2. 制备巧克力心料

① 化油：将可可脂、可可液块加热到 50～55℃，融化，备磨。

② 预热：关闭精磨机进出水阀，开启电加热器电源，加热精磨机至精磨机缸体约 50℃。

③ 投料：先开机（松缸状态），先投入已经融化的液体油脂、可可液块，适当紧刀，再投入糖粉、奶粉、乳化剂等。

④ 机器中原料搅拌均匀后，逐步紧刀，可以分二次或三次，视具体情况而定。同时观察电流表，听机器声音，一旦发生不稳定或异常，应适当松刀或停机检查。生产进程中需把投料盖打开，进行排气脱臭。停机前 3h 应放料 10kg，再倒入缸内进行循环，避免放料口的浆料未磨细。

⑤ 精磨机中巧克力浆温要求在 50～55℃范围内。

⑥ 根据工艺要求，在投料精磨 3～4h 后，查看浆料的细度和黏度，细度以口尝无粗糙感为宜，或用细度测试设备测试，黏度以铲试其在铲上的流动性来评价，以黏稠并且具有流动性为宜。

3. 化糖

在夹层锅中加入糖浆、椰浆、白砂糖、红糖、炼乳、食盐，将奶粉和白砂糖混合并加入。

打开蒸汽，蒸汽压力 0.3～0.4MPa，搅拌，煮沸约 3min，使白砂糖、红糖完全溶化。

将糖液经过管道过滤，打入乳化罐中，过滤网为 100 目。

4. 乳化

在乳化罐中加入磷脂，进行乳化，时间约 12min。

5. 熬糖

采用电磁锅熬糖，熬至硬糖的程度，关闭火力，停止搅拌、升起搅拌臂，将锅倾斜，倒出糖液。

注意：在出锅的过程中，速度应快，不能拖延。每次刮锅，应刮干净，不宜有较多的残留；如有残留，最初的搅拌叶片应适当提高，待残留的糖块溶化后，需要将刮片放下，接触锅壁，不能有间隙，否则造成温度不准。

6. 揉糖

① 对熬出的糖膏，在冷却台（冷板）上，稍加折叠、冷却，然后加入方登，进行反复折叠操作，使整块糖坯温度均匀下降，软硬适度，方登完全融化。

② 折叠方式：将糖膏从中间提起，将贴近冷却台的冷却的一面折叠到中间，反复按压，使糖膏延展，被压平，然后再从中间提起、折叠、按压，如此操作，多次重复，直到糖体冷却到适宜的程度——能够成团抱走时，进行老化。

7. 老化

① 烘房温度设置：50～55℃，时间12h以上，让糖体进行微结晶。要求：烘房的温度达到一致，不能因设计等原因，造成温度不均的情况。

② 标识：放入烘房时，应在标识牌上对产品进行标识，标注日期、时间，以便先进先出。

8. 挤出、夹心

① 升温：提前1h升温，挤出机和夹心的温度设置为50℃。

② 挤出：将糖坯加入挤出机中，适当加压，使糖均匀挤出成条状。调整糖条和心料的电机转速频率，以后端扣压后的检测数据进行调节，以保证糖心料的比例。

③ 生产结束后，应将夹心的孔、挤料仓、挤出头等进行清理，以保证管道畅通无阻。

9. 匀条

挤出机和匀条机同步运行，把粗的糖条挤拉成均匀的细糖条，便于成型和成型后的糖粒大小和重量一致。

糖条经过匀条机，调整匀条规格，使其逐步由粗变细，并达到成型规格的要求。

糖条的调整：一般一对糖轮只缩小糖条的15％的直径，过多易造成断条或细条。

10. 糖条冷却

调节输送带转速，使糖条在输送带上呈大S形输送；开启风机，使糖条进行适当冷却。

11. 扣压成型

糖条送入扣压机入口，并调整糖粒的厚度，使其达到成型规格的要求。通过调节手柄，微调两糖轮之间的中心距，改变糖条的粗细，使糖条正好通过糖轮的要求。

随时观察糖条的变化、夹心机中心料的存量，前后工序协调一致，及时沟通。

12. 糖粒冷却

采用冷柜进行冷却。

开启制冷，调节温度8～12℃。

调节转速，使糖体经过冷柜降温，最终糖粒温度略高于环境温度。

出冷柜后，接糖时进行挑选，剔除不合格的糖粒。接糖时，不能堆得太多、太厚，只放一层，防止糖体变形。

13. 包装

采用裹包机进行裹包，然后装盒。注意对糖粒进行挑选，剔除碎、烂、纸未包好的糖粒；铝箔纸包装端正、不露产品、铝箔不露白，防止出现卡纸、裸糖等现象；如遇碎糖，应立即用压缩空气吹干净。

第七节　巧克力+酥糖→ 巧克力酥糖：配方、工艺

酥质糖果具有口感酥松、香味浓郁、甜而不腻的特点，深受广大消费者喜爱。作为一种传统休闲食品，酥质糖果口味好，甜度相对较低，在众多的糖果品种中，因其独特的香酥口味而长销不衰。

酥糖外涂巧克力，采用的是无皮型的酥心糖（称为酥糖），省去了制糖皮和用糖皮包酥心的工序，直接用酥心外涂巧克力。

一、配方

酥心糖：白砂糖 15kg，麦芽糖浆 10kg，花生酱或芝麻酱 40kg，奶油 0.5kg。

涂衣用巧克力浆 78kg。

二、工艺

工艺流程为：

白砂糖+麦芽糖浆→化糖→熬糖→包酱→拉酥→成型→涂衣→包装

操作要点如下：

1. 化糖-熬糖

按配比称取白砂糖、淀粉糖浆，化糖时加水量控制在白砂糖的 30%，然后进行熬煮，待熬制糖体金黄色，熬温 150℃ 左右，这时用筷子蘸取糖浆拉长能成薄纸状而不断裂，入水凉后咬有脆响声，行话称起"骨子"了，说明糖浆已熬成。

真空连续熬糖，熬温 136～142℃，其终点的判断相同。

要掌握好糖骨子的火色，其实质是产品的含水量判断。糖骨子老了，即含水分少时，不易操作，糖皮易碎；糖骨子嫩了，即含量水量太多时，无松脆

感，容易吸潮溶化，不易存放。根据季节略有变化，冬季熬得稍嫩一些，夏季熬得稍老一些。

熬制好的糖液倒入通有冷却水的冷却台上，加强翻折，当冷却至一定温度时，液体变成半固体，称为糖坯或糖膏。

2. 包酱-拉酥

前处理：对花生酱保温，是为了便于拉酥，不致因酱温低而降低糖坯温度，使糖坯变硬而不便成型，但酱温过高会烫化糖坯，不便拉酥。花生酱温度控制在 80℃ 左右较为适宜。糖坯温度也在 80℃ 左右较为适宜，糖坯可塑性较好。

利用传统的人工拉酥技术，制成充气叠层的内心：将一定比例的糖皮摊平，把称量好并保温的花生酱倒在中间，两人一起，用糖皮紧密包裹酱心，避免露出酱心或包入空气，就像包饺子一样，做成饺子形；然后拉长，折叠成两层，再拉长，再重叠，均匀地把糖包拉长折叠约 9～12 次，达到的结果是：糖体色泽光亮，但不能有破裂爆酱，糖坯与酱体相互间隔，糖坯塑制成很薄的酥层，即成为组织均匀，层次分明，疏松状的糖、酱混合体。

包酱拉酥要求：包得严、拉得匀、折叠好、次数足、不露馅，以保证酥有清晰的层次结构。

要控制好糖体的温度（80℃ 左右）。如果温度太低，可塑性小，手工不易拉伸；温度太高，可塑性大，即使拉伸后也会使糖体僵硬不酥。

3. 成型

拉酥之后，稍加冷却后即擀成长方型薄片，切割成条状。

4. 涂衣-包装

酥糖冷却后，便可置于巧克力涂衣机上进行涂层。

涂衣巧克力浆液温度：纯可可脂温度应保持在 30～31℃ 左右涂层。涂衣机钢丝输送带应绷直，否则涂层不均匀，同时应调节好风量，确保涂层厚薄均匀。

冷却隧道的温度应调节适中，不宜过冷，防止产生露滴，造成产品贮存一段时间后表层发花的现象。

产品冷却后进行包装，包装时应注意室温与糖体的温差不能过大，过大则会造成产品发花（起糖霜），包装一般用铝箔纸。

第十章

巧克力＋水果：资源、混搭、配方与工艺

水果是多汁的、主要味觉为甜味和酸味的、可食用的植物果实。水果是对我们身体很有益的一类食物。巧克力＋水果，是一种特殊的结合。本章内容如图 10-1 所示，首先介绍水果的资源、与巧克力的混搭，然后举例介绍膨化苹果巧克力、苹果脯巧克力。

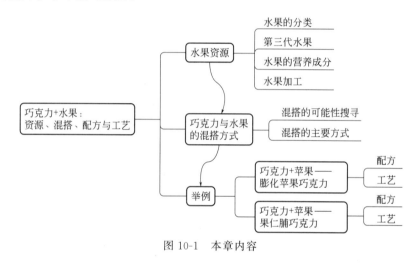

图 10-1　本章内容

第一节　水果资源

我们从资源的角度来看待水果，对水果的分类、营养成分、水果加工进行一番梳理，为下一步混搭作好准备。

一、水果的分类

我国地跨寒、温、热三带，自然条件极其复杂，植物种类繁多，果树资源

尤为丰富。水果产业是我国种植业中位列粮食、蔬菜之后的第三大产业，在我国国民经济中占有非常重要的地位。我国是世界水果生产和消费大国，是很多水果品种的发源地，堪称"水果之乡"，其中柑橘、苹果、梨子、葡萄、香蕉的产量最大，被称为五种大宗水果。

我国水果种类繁多，目前有 59 科 694 种，其中盛产的栽培果树 300 多种，计 1 万多个品种。

水果可分为浆果类、仁果类、核果类等。

浆果类，如葡萄、草莓、番石榴、猕猴桃等，此类水果果汁果肉多、种子小或多粒存在。

仁果类，如山楂、梨、苹果、柑橘等，此类水果果汁果肉多、有核，种子较大或多粒存在。

核果类，如枇杷、桃、荔枝、杨梅等，此类水果有坚硬的大果核存在，在水果加工中必须去除。

水果可按季节、地域分类，见表 10-1。

表 10-1 水果按季节、地域分类汇总表

大类	细分	水果名称
按季节分类	春季	西瓜、香瓜、甜桃、香蕉、葡萄、草莓等
	夏季	荔枝、龙眼、西瓜、香蕉、水梨、葡萄柚、苹果、芒果
	秋季	苹果、香蕉、橘子、山楂、梨、西瓜（秋西瓜、小西瓜等）、柠檬、葡萄、橙子、柚子、芒果、枣（品种多，有冬枣、大冬枣、红枣等）、石榴、秋桃、柿子、橘子、猕猴桃、哈密瓜、番茄、火龙果、石竹、南果梨、莲心、干桂园、干荔枝、荸荠、布朗果、龙眼、橄榄、菠萝、木瓜、文旦、榴莲、蛇果、蜜柚等
	冬季	苹果、梨、橙、菠萝、柚子、柑橘等
按地域分类	北方	葡萄、苹果、梨、桃、李子、杏、草莓、柿子、山楂、红枣等
	南方	杨桃、番石榴、释迦果、莲雾、龙眼、榴莲、山竹、柠檬、菠萝、火龙果、橙子、柑橘、菠萝蜜、牛油果、柚子、红毛丹、草莓、香蕉、芒果、佛手果、奇异果等

二、第三代水果

近年来，人们根据水果栽培历史和开发利用程度，习惯将水果分为第一代、第二代、第三代水果。

第一代水果，是指人工选育栽培的传统水果，主要种类有梨、桃、葡萄、苹果、柑橘等，目前种植面积很大，市场饱和。第一代水果栽培历史悠久，一般在几百年以上，有的在千年以上，果品开发利用程度较高，在我国的水果生产中发挥了重要作用。

第二代水果，泛指近几十年来开发的人工栽培或野生山果，例如已具规模的猕猴桃、草莓、山楂等水果。这些水果是近几十年发展最为迅速的水果，规模不断扩大，经济效益明显高于第一代水果，成为农民脱贫致富的新树种。

第三代水果，是指大量分布于荒山野岭，尚未被广泛开发利用的一些野生水果和一些新开发出的优特水果。例如沙棘、刺梨、野蔷薇、茅栗、野葡萄、悬钩子、越橘、酸枣及美国黑梅、木本苹果梨等新优特水果。第三代水果分布广，品种多，适应性强，产量高，且生长在无污染的山野，无公害，其果实被誉为"天然绿色食品""健康食品"，资源十分丰富。经科学检测，在第三代水果中，有的营养价值高于第一、二代，不同品种各有特色，所含物质多样，具有很高的药用价值。例如沙棘，是一种适应性极强的优良品种，浑身是宝，用途广泛，其果中含有多种对人体有益的营养物质和生理活性物质。它的社会、生态、经济效益也很显著，小沙棘已托起了大产业。

三、水果的营养成分

水果作为营养最均衡的食物之一，是人类膳食中维生素、矿物质、蛋白质和氨基酸以及膳食纤维等的重要来源，此外，还含有多酚、类黄酮、花青素、有机酸（果酸、柠檬酸、苹果酸、酒石酸等）等多种植物活性成分。《中国居民膳食指南（2016）》推荐，每人每天摄入水果类 200～350g，摄入充足的各类水果，保证膳食纤维、微量元素和一些植物素的摄入，对人体健康有重要作用。

一些水果中天然存在着几种功能性营养成分：

（一）鞣花酸

鞣花酸发现于 1831 年，是一种天然酚类，广泛存在于各种软果、坚果等植物组织中，呈反式没食子酸单宁结构。含有鞣花酸的水果种类有许多，并且不同水果中含量有所不同，同种水果类型中的不同品种间差异也较大，其中以树莓、蓝莓、草莓等含量较多。

近十年来，由于发现了鞣花酸的抗突变、抗癌变效应以及它可以作为化学致癌物质的抑制剂的性质，引起了人们更大的关注。鞣花酸具有多种生物活性功能，例如抗炎、抗菌、抗病毒、抗氧化、抗肿瘤、凝血、降压、镇痛、免疫调节、心血管保护、肠道微生物调节、减肥等，此外对癌症、癫痫、动脉硬化、糖尿病等疾病具有良好的预防和治疗效果，在保健方面具有广阔的应用前景。

（二）白藜芦醇

白藜芦醇是许多植物类在破损、紫外照射及真菌感染时合成的一种天然多酚类物质，广泛存在于植物中，目前至少在 21 科 31 属 72 种植物中发现。白藜芦醇苷是白藜芦醇与葡萄糖结合的产物，和白藜芦醇一样，具有保护心肌细胞、改善微循环、抑制血小板聚集、降血脂、抗氧化等多种药理作用。

我国蔬菜水果中白藜芦醇主要以反式白藜芦醇苷的形式存在。葡萄是人们所熟知的富含白藜芦醇的水果。就鲜食果肉而言，桑葚、猕猴桃中白藜芦醇含量较高。

（三）槲皮素

槲皮素属于生物黄酮类，广泛分布于人们的食用植物中。水果中的槲皮素能够占据其所含总类黄酮物质的 70% 以上，石榴、山楂、芒果、草莓、龙眼、冬枣、红提、葡萄、榴莲等水果中的槲皮素含量相对较高，能达到 10mg/100g 以上。

槲皮素主要的功能是抗氧化、清除自由基。槲皮素能使血管舒张，改善内皮细胞、抑制氧化应激；抑制低密度脂蛋白氧化；减少黏附分子和其他炎症标记物；防止神经元氧化和炎性损伤血管内皮功能。槲皮素还可通过清除超氧阴离子、清除自由基及与自由基相关酶作用对抗氧化应激过程，从而保护心肌细胞。大量的证据表明，多食用含有槲皮素的水果和蔬菜可减少心血管疾病。槲皮素可以阻止潜在的致癌物成为最终的致癌物。

（四）褪黑素

褪黑素是一种多效性分子，是一种强力的内源性自由基清除剂和抗氧化剂，其抗氧化能力甚至高于维生素 C 和维生素 E、类胡萝卜素和谷胱甘肽等人们熟知的活性成分。医学研究表明，其具有改善睡眠、调整时差、免疫调节、延缓衰老、抗肿瘤等生理功能，并且已有证据表明，食品中所含的褪黑素可被人体消化道吸收，例如人体摄入富含褪黑素的水果及相关制品后，血液中褪黑素水平显著升高，并且总抗氧化能力也得以增强，因此果品中的内源性褪黑素在发挥人体保健功能方面极具潜在应用价值。

褪黑素普遍存在于樱桃、葡萄、香蕉、菠萝和橘子等水果中，并且同种水果中品种间差异较大，以樱桃中的含量最为丰富，其次为草莓和葡萄。

四、水果加工

水果加工可分为：水果罐头、果汁、干制、果粉、果醋、果酱、果酒、提炼成分等。世界上的水果加工以果汁、果酒、果酱及罐头为主，尤其是果汁加工发展最快。

（一）罐头

凡用密封容器包装、并经高温杀菌的食品称为罐藏食品。它的生产过程是由预处理（包括清洗、非食用部分的清除、整修等）、漂洗、加糖水或盐水等装罐，以及最后经排气密封和杀菌冷却等工序组成；经过高温处理，将绝大部分微生物消灭掉，在防止外界微生物再次入侵的条件下，获得在室温长期贮存。罐头食品不仅便于携带和运输，还便于贮存，不易破损，耐久藏。另外，罐头食品是卓越的战备物资，能常年供应市场，不受季节影响。

罐头食品可供直接食用，它的食味稍逊于新鲜食品，但基本上还能保持原有风味和营养价值，而有些罐头的风味如菠萝罐头却胜于鲜食。

水果类罐头具有品种多、口味独特、保质期长、食用方便等特点，与新鲜水果相差较小的营养价值，受到广大消费者、特别是年轻人的喜欢。

按加工方法不同，水果类罐头分为：糖水类水果罐头、糖浆类水果罐头、果酱类水果罐头、果汁类罐头，主要以菠萝、黄桃、雪梨、荔枝等水果为主，因其诱人口味受到广大消费者的喜爱。

我国是水果罐头的生产和消费大国，年产量在百万吨以上，出口量在世界上也是名列前茅。

（二）果汁

果汁是指水果以压榨或提取所得的汁液。果汁具有天然果实的风味，不但能解渴，还含有多种对人体健康有益的维生素、矿物质、微量元素及生物活性物质等，具有极高的营养价值和保健功能。

果汁的分类：

1. 鲜榨果汁

一般是通过榨汁机来完成，往往要加水加糖，味道相对比较鲜香，但比起原果汁味道要差一些，制作环境的卫生条件也相对差一些。鲜榨果汁不属于产品范围，一般是即榨即售。

2. 浓缩果汁

在果汁生产过程中，原产地的果汁浓缩加工是解决产地原料消化、果汁贮运的有效手段。果汁浓缩可以减小体积（一般浓缩至原体积 $1/3 \sim 1/6$），可以方便运输保管；同时浓缩果汁的可溶性固形物含量高达 $70\% \sim 80\%$，浓度高导致糖度和酸度大为提高，可以抑制微生物引起的败坏，提高产品的保藏性；另外为了克服加工季节的矛盾，延长加工期，也常将果蔬汁制成浓缩汁。目前国内外果汁加工绝大多数都采用真空蒸汽加热浓缩技术。而目前最有前途的替代法是膜分离技术，其用于果蔬汁浓缩一般采用反渗透浓缩技术。

3. 浓缩还原果汁

用水果浓缩汁和水为配料制成的果汁。市场上自称为100％纯果汁的饮品就是此类果汁，配料表里大多是纯净水＋水果浓缩汁。果汁公司生产的时候，从原产地运来水果浓缩汁，再加水复原到原果汁的浓度，具有该种水果原有风味特征。

4. 果汁饮料

由原果汁（或浓缩果汁）加糖、酸等调制而成的制品，果汁含量一般限定在不低于10％，有含气和不含气的，加和不加全脂乳粉的，种类很多。果汁饮料一般加水、加糖，为了弥补口味和增加营养，还要添加各种食品添加剂。市场上的果味饮料比果汁饮料的果汁含量更低，甚至根本就不含有果汁成分。

果汁饮料的品种发展，打破了传统的单一橘子型的格局，向着品种多样化的方向发展。现在已形成批量生产的品种有数十种，主要有：苹果汁、柑橘汁、鲜橙汁、椰子汁、鲜桃汁、葡萄汁、杏汁、猕猴桃汁、刺梨汁、西番莲汁、沙棘汁、黑加仑汁、山楂汁、山枣汁、越橘汁、杏仁露、花生露等。

5. 果肉果汁饮料

果肉果汁饮料是一种在澄清的果汁中，悬浮分散着果粒或果肉的天然饮料。在五彩缤纷的饮品市场上，这种悬浮着晶莹果粒或果肉的水果饮料，宛如水晶上镶嵌的明珠，以其独特的风姿和诱人的风味，赢得消费者的喜爱。

果肉果汁饮料的加工方法，目前多数采用分别制备果汁和果粒，然后进行调制的加工工艺。柑橘类饮料的果粒是采用柑橘或柚子的砂囊，而其他果肉饮料的果粒是采用食用部分的颗粒或薄片，颗粒或薄片一定要均匀，柔软，不含杂质。

（三）干制

水果是含水量丰富的鲜活易腐农产品，极易因微生物和酶的作用而发生各种不良的物理、化学、生化反应而造成腐烂变质。水果干制是将经过预处理的原料脱水后所得的制品，包括梨干、苹果干、柿饼、葡萄干等。这些产品除了具有特定的色、香、味、形外，还具有含水量低、便于储存、体积小（仅为原料的1/2～1/50）、重量轻（仅为原料的1/3～1/20）的优点。其中苹果的干燥率可达（6～8）∶1，梨的干燥率（4～8）∶1，柿子的干燥率（3.5～4.5）∶1。

水果干制技术可以分为传统的干制方法和现代干制技术。

1. 传统的干制方法

传统的干制方法主要是自然干燥、热风干燥等。

（1）自然干燥

自然干燥，如晒干、阴干、风干等。其原理是通过空气流动和太阳辐射，使水分从物料中散失，干燥原理与热风干燥相同。自然干燥的优点是成本低、无需专用设备、操作简单、对热敏物质的保存效果较好，缺点是干燥过程不易控制、易受天气等不确定因素的影响、干燥时间长、产品质量参差不齐，卫生品质不易达标。有研究表明，自然干燥对水果的部分热敏性功能因子保存较好。

（2）热风干燥

热风干燥是最常用的干制方式之一，设备用热风干燥箱。干燥空气的流动速度越大，水果表面的水分蒸发也越快，并迅速带走蒸发出的水分，使干燥速度加快，节省了干燥时间，提高了经济效益。普通烘房中加强通风，同样可以起到这种作用。热风干燥的优点是操作简单、成本低、适用范围广，缺点为干燥时间长、干燥后产品品质差、不利于热敏物质的保存、营养损失大。

2. 现代干制技术

现代干制技术主要有微波干燥、远红外线干燥、真空干燥、真空冷冻干燥等。

（1）微波干燥

微波是指波长在 1mm～1m 之间，频率在 300MHz～300GHz 之间的电磁波。微波具备电场所特有的振荡周期短、穿透能力强、与物质相互作用可产生特定效应等特点。

微波干燥是一种内部加热的方法，微波进入物料并被吸收后，其能量在物料电介质内部转换成热能。因此，微波干燥是利用电磁波作为加热源、被干燥物料本身为发热体的一种干燥方式。微波干燥具有加热均匀、干制时间短的优点，这使得微波干制的水果产品营养更丰富，生产效率高。

（2）远红外线干燥

远红外线干燥是辐射式干燥的一种，它是将电能转变为远红外线辐射，从热源辐射出大于 4nm 波长的远红外线，果品分子吸收后产生共振，自身生热，水分由内向外逐渐扩散，从而达到干燥的效果。优点是干燥时间短、干燥效率高。缺点是不利于热敏性物质的保存，对结构破坏较大。

（3）真空干燥

设备是真空干燥箱。真空干燥的原理是将物料放置在密闭的空间内，用真空系统抽真空的同时，对物料进行加热，随着压力的降低，水的沸点明显降低，物料中的水分在这个过程中通过压力差或浓度差扩散到表面，最后被真空系统抽走。其优点是传热均匀，干燥温度低，水分容易除掉。缺点是成本较高、时间较长。

（4）真空冷冻干燥。

设备是真空冷冻干燥箱。真空冷冻干燥的原理是将物料先冷冻到其共晶点温度以下，使内部水分变成固态的冰，然后在较高的真空度下，使冰直接升华为水蒸气，再用真空系统中的水汽凝结器将水蒸气冷凝，从而达到物料脱水干燥的目的。

真空冷冻干燥的优点是：①当果品深冻时，水分形成冰晶，而水分升华后，无机盐和其他可溶物质会析出，滞留在干制品内部，降低了干制品的营养损失；②真空冷冻干燥后的果品呈多孔的疏松结构，产品脆性好，口感佳；③一些热敏性的功能成分得以保留。缺点是干燥时间长，设备昂贵，能耗大，成本较高。

（四）果粉

我国果类资源丰富，每年除销售新鲜水果及加工罐头食品外，仍有15％的水果在运输、销售、贮存等过程中积压腐烂，造成极大浪费。如果将这些积压的水果及果皮、果心等开发加工成果粉，效益可观。

加工果粉的方法比较简单，设备投资也不大，只要将积压的水果或生产罐头所剩余的果皮、果心洗净晾干，去除腐烂部分，再进行粉碎、搅拌、烘干，制成颗粒状即可。为使果粉有较长的贮存期限，烘干后应进行短时间的高温杀菌，并根据不同的品种控制与之相适应的水分含量，然后重新粉碎成粉末。

果粉的用途有下述3个方面：

① 作为果酒、果汁的原料。

② 作为食品添加剂。糕点、饼干、面包等诸多食品都可以在生产过程中添加一定比例的果粉。这样可以改善营养结构，还能促使原有产品在色、香、味上更胜一筹。

③ 作为原料进行深加工。果粉中含有色素、果胶、单宁等成分，某些特定水果还含有药用成分，可以通过生化途径提取有价值的副产品。

（五）果醋

果醋是以果蔬或果蔬加工下脚料为主要原料，经酒精发酵、醋酸发酵酿制而成的一种营养丰富、风味优良的酸性调味品。

随着果醋的流行，果醋的类型也越来越多，品种越来越丰富。目前还没有关于果醋的具体分类方法和标准，市场上销售的果醋产品大多以酿制果醋的主要水果原料名称来命名，例如苹果醋、葡萄醋、柿子醋、猕猴桃醋、荔枝醋、菠萝醋、芒果醋等。市场上常见的普通水果果醋主要有苹果醋和葡萄醋，以苹果醋居多；野生特色水果果醋有宣木瓜果醋、番木瓜果醋、欧李果醋、刺梨果醋、野生酸枣果醋等；国外引进品种水果果醋比较少见。

果醋兼有果蔬和食醋的营养保健功能，是集营养、保健、食疗等为一体的新型饮品。

水果营养丰富，一般含有糖、有机酸、多种氨基酸、矿物质和丰富的维生素等。加工后，其糖分大部分被微生物发酵生成果醋的主要成分醋酸，只有少量直接进入食醋成品中；氨基酸、有机酸、矿物质元素、维生素等的小部分被微生物利用形成新的营养和风味成分，其余直接进入成品食醋中。因此，果醋中保留大部分水果原有的营养成分，除了具有一般食醋的解除疲劳、消除肌肉疼痛、降低血压、降低胆固醇、预防动脉硬化和心血管病的发生、增进食欲、促进消化、保护皮肤等作用，还兼有水果的保健功能。如：山楂的降血压、改善心脏收缩力、降低体内脂肪酸和堆积的乳酸，具有健美、消除疲劳的作用；苹果的治脾虚火盛、补中益气、润肺、悦心，生津开胃；梨的生津润燥、清热化痰、止咳等功效。果醋中营养保健成分的种类和数量随原料种类、加工工艺、果醋功能类型、人为调配和工艺控制等因素有较大差异。

果醋的开发，不仅能充分利用我国的水果资源，提高水果利用率，促进水果产业发展，而且可以减少食醋酿制过程中的粮食消耗，还能给人们提供营养价值高、具保健功效的新型饮品。

（六）果酱

果酱是一种以水果、果汁或果浆及糖等为主要原料，经预处理、煮制、打浆（或破碎）、配料、浓缩、包装等工序制成的酱状产品。不论草莓、蓝莓、葡萄等小型果实，或李、橙、苹果、桃等大型果实，切小后，都可制成果酱。可用来制作果酱的水果种类繁多，将新鲜水果制成果酱，在延长水果保存时间的同时，还保留水果原有的酸甜味道。

果酱作为水果加工制品中的传统产品，不仅是一种营养丰富、风味独特、食用方便的水果加工制品，而且也是水果产业化中的主要加工产品之一，同时在国内外均有很大的消费市场。

近年来，随着人们健康意识的进一步增强，肥胖、代谢综合征和糖尿病引发的健康问题越来越多，传统的果酱制品由于含糖量高（一般都高达$60\%\sim65\%$），口感甜腻，口味单调，越来越不能迎合当前消费者对食物"三低"（低糖、低盐、低脂肪）的要求，消费群体呈逐年下降趋势，市场上对低糖产品的需求急剧增加，开发低糖果酱取代高糖果酱已是国内外消费市场的发展趋势。低糖果酱是指含糖量在$25\%\sim50\%$的果酱制品，其突出优点是原果风味浓郁，具有清爽的口感，可作为营养丰富的佐餐佳品和旅游方便食品，市场潜力巨大。

（七）果酒

酒是以粮食为原料，经酿造而成的一种含酒精饮料，主要分为白酒、啤酒和果酒等。

果酒是以果实为原料酿制而成，是色、香、味俱佳，且营养丰富的含酒精饮料。

我国果酒酿造已有两千多年的历史，据文献记载，在明清时期不仅有果酒生产，而且品种繁多。

1. 果酒的营养价值

果酒中含有丰富的营养物质，如不可发酵性糖或微生物代谢后产生的糖类、维生素、氨基酸、微量元素、矿物质等，浆果类发酵酒中还富含花青素、黄酮类、白藜芦醇等酚类及醇类物质等。这些物质在人体各阶段的代谢过程中起着不同程度的作用，而且它们经微生物发酵后得到进一步的转化，更易于被人体吸收，在一定程度上有益于人体血液循环、血管软化、新陈代谢作用等。

果酒还含有人体生长发育所需要的营养物质（蛋白质、无机盐、有机酸、果胶、各种醇类物质、单宁等）；在不同种类的果酒里，这些营养物质的含量不同；随着这些营养物质含量的变化，果酒对人体产生的功效也不同。

2. 果酒的原料

我国水果种类繁多，许多水果都可以用以酿造果酒，尤其以葡萄、苹果、猕猴桃、草莓等品种在果酒酿制中占较大比例。果酒的原料按照种类划分如下：

核果类，如桃、李、杏、梅、樱桃等；

仁果类，如梨、苹果、花红、山楂等；

柑果类，如柑、橘、橙、柚、柠檬、金柑等；

浆果类，如葡萄、无花果、猕猴桃、杨桃、香蕉等；

坚果类，如核桃、板栗、榛子、银杏等；

复果类，如菠萝、树莓、草莓等。

3. 果酒的分类

果酒品种繁多，分类方法也有所不同。

按酒精含量分类：最低的果酒酒精含量只有0.5%（体积分数），而最高的可达到15%（体积分数），一般酒精度在10%～12%（体积分数）。

按糖度分类：可分为干型果酒（含糖量<4g/L）、半干型果酒（含糖量

4～12g/L)、半甜型果酒（含糖量 12～45g/L)、甜型果酒（含糖量＞45g/L)。

根据酿造工艺和酒的特性分为：发酵果酒、蒸馏果酒、配制果酒、起泡果酒。

(1) 发酵果酒

又称酿造果酒，是由果汁或果浆直接发酵酿制而成，具有酒精度低，果香浓郁特点；一般以水果本身命名，如葡萄酒、苹果酒、山楂酒、复合果酒等。

葡萄酒是我国最早酿造的果酒，优良的葡萄品种是酿造葡萄酒的重要前提，原料在采摘后应立即进行分选，及时破碎处理，然后将葡萄汁澄清并进行发酵。

苹果酒是以苹果为主要原料，经破碎、压榨、入缸、发酵、陈酿、调配制得，它的酒精含量低，其含有的丙酮酸和矿物质能维持体内平衡，帮助人体代谢，其酒液金黄透明，具有酒香和苹果果香，酸甜适口，无悬浊物。

山楂酒是将山楂经过清洗、破碎、酶解、糖化、加入果酒酵母发酵而制得。山楂要求果皮呈现鲜艳的红色或紫红色、无霉变和虫眼、果实大小均匀，只有原料优良，才能酿造出优质的山楂酒。

复合果酒是以 2 种或 2 种以上的水果为原料，采用液态发酵工艺酿造的新型果酒。它对发酵条件（温度、时间、菌种、糖度等）有很高的要求，但是其营养价值往往相对其他单一果酒而言更高，其产品风味独特，口感醇厚，酒汁澄清透亮，有混合的水果香味。目前复合果酒的开发，通常为核果-浆果复合、核果-仁果复合、浆果-浆果复合，甚至包括蔬菜-水果、药材-水果等的复合产品。

(2) 蒸馏果酒

又称为烈性果酒、水果蒸馏酒、水果白兰地，是果品经酒精发酵后，再通过蒸馏所得到的酒，其特点是无色、酒精度高、气味浓厚，兼容了白酒和普通果酒特点。

国外一般把利用水果为原料酿制的蒸馏酒分为两种：

一种是以葡萄为原料的蒸馏酒，称为白兰地。白兰地以葡萄为原料，经过发酵、蒸馏、贮藏、橡木桶陈酿等工序而成，具有优雅细致的葡萄果香和浓郁的陈酿木香、口味柔和、香味醇厚，饮后给人以优雅、舒畅的感受，被全世界众多消费者喜爱。

另一种是以除葡萄以外的水果为原料的蒸馏酒，称水果白兰地，一定要把原料名称放在白兰地前面，如苹果白兰地、杏子白兰地、樱桃白兰地等。

(3) 配制果酒

也称为合成果酒，通常将果实或果皮、鲜花等用酒精或白酒浸泡取露，或用果汁加糖、香精、色素等调配而成的酒，称为配制果酒或浸泡果酒。这类酒的生产成本低，方法简单迅速，色泽诱人，但果香味不如发酵果酒。最具代表性的配制果酒有猕猴桃酒、青梅酒和枸杞酒等。

猕猴桃酒是把猕猴桃榨汁，用95％的精制酒精和果汁按体积比（1：45）～（1：50）配制成酒，经过滤、灭菌，得到成品。

青梅酒是用酒精度25％（体积分数）的基酒进行勾兑，使酸度降低，加入糖浆、蜂蜜、酸梅香精和甘油按比例调配而成，制作相对简单，在家中即可制作，成本较低。

（4）起泡果酒

人为在果酒中加入二氧化碳的酿品即为起泡果酒。常见的汽酒、香槟即属于此类果酒。只有法国香槟地区出品的才能被冠以“香槟”之名，而其他地方出产的只能叫作“汽酒”。

例如，草莓汽酒是以草莓为原料，经葡萄酒酵母发酵、醇浸、调配、灭菌，制成的风味独特并具有良好保健功能的新型果酒。

（八）提炼成分

水果果皮中含有大量对人体有益的糖类、蛋白质、维生素、类胡萝卜素等多种微量元素，将这些水果的果皮经过适当的物理、化学处理，可以得到具有很高使用价值的香精油、果胶、膳食纤维、色素、功能性成分等。这些都是当前糖果行业制作糖果、医药行业制作药物的紧俏原料。

1. 香精油

水果副产物中的油脂包括皮精油、果肉（汁）油以及种籽油。最具代表的水果皮油是柑橘皮精油，存在于外皮细小油胞中。常用的柑橘皮精油提取方法有压榨法、溶剂浸提法和水蒸气蒸馏法、超临界二氧化碳萃取技术，其中超临界流体萃取提取的精油往往因其萃取条件温和而具有较高的品质。柑橘皮精油的化学成分有上百种，其中85％的是苧烯，苧烯去污能力极强，是“超级清洁剂”，广泛用于电子和航空工业的清洁，同时也可作合成高级有机化合物。

2. 膳食纤维及果胶

膳食纤维是植物中难以在人类的小肠中被消化吸收、在大肠中会全部发酵分解的可食部分或类似的碳水化合物，素有“第七营养素”之称，它是平衡膳食结构的必须营养素之一。膳食纤维的主要功能是防止便秘、结肠炎、动脉硬化、高血脂、肥胖症等，另外膳食纤维也有吸附肠内有害金属，清扫肠内毒素，防止大肠癌、直肠癌等疾病，其作为功能性食品原料逐渐受到人们的重视。

随着人们对自身饮食习惯的认识，膳食纤维作为一种具有缓解如糖尿病和肥胖等流行病的功能性食品基料，受到越来越多的关注。很多研究者致力于从植物资源、特别是从果蔬加工后的下脚料中寻找并开发膳食纤维。

膳食纤维分为可溶性的膳食纤维和不可溶性的膳食纤维。柑橘皮中可溶性的膳食纤维含量高达 15%，是膳食纤维的良好来源。柑橘皮中的膳食纤维具有抗氧化功能，还可以作为优质的食品添加剂。柑橘纤维中还含有维生素 C、Ca、K 等矿物元素以及较高浓度的黄酮，具有一些别的纤维类产品难以比拟的优点，具有广阔的市场前景。

水果副产物中可溶性膳食纤维的主要成分是果胶。部分水果的果皮中含有丰富的果胶成分。果胶是一种白色或淡黄色的胶体，在酸碱条件下都能发生水解，不溶于乙醇和甘油，是一种具有生理活性的多糖衍生物，在食品工业和医疗制药工业上具有广泛用途。在食品中，果胶是天然的食品添加剂，常用作乳化剂、稳定剂、胶凝剂、增香剂等。在医药上，果胶具有抗菌、止血、消肿、解毒、降血脂、抗辐射等作用，是一种优良的药物制剂基质，常做一些硬膏、软膏之类的添加剂及重金属解毒剂。

果胶广泛地存在于植物的果实、根、茎、叶中，伴随纤维素而存在。柑橘、柚子等果皮中果胶含量 8.0% 左右，香蕉皮中果胶含量达 10% 以上，是果胶最丰富来源之一，最富有工业提取价值的是柑橘类的果皮。水果皮渣中果胶的提取方法研究较多，主要包括酸提取乙醇沉淀法、离子交换法、酸提取盐沉淀法、微生物法等。

3. 色素

大部分水果果皮中含有色素，水果果皮中的色素属于天然植物色素。天然色素主要分为水溶性色素和脂溶性色素，水溶性色素可用水、乙醇、甘油等极性溶剂提取，脂溶性色素可用乙醇或多种其他有机溶剂提取。植物食用色素的成分主要是叶绿素和多萜烯色素两部分。

4. 功能性物质

水果副产物中含有大量的功能性成分，包括花青素、黄酮类、多酚类、维生素、有机酸等，对人体健康具有特殊保健功能。水果皮中多酚物质在食品、医药等领域具有很高的应用价值。花青素、维生素、多酚类具有抗氧化作用，能清除人体内的自由基，预防心血管疾病，提高人体免疫力。

芒果中含有丰富的抗氧化物质，如多酚类化合物、没食子酸、间双没食子酸、没食子鞣质、槲皮素、异槲皮素、芒果苷等；草莓果肉提取物中含有丰富的维生素 C、维生素 E 和黄酮等抗氧化物质。

黄酮类化合物具有很强的清除自由基和抗氧化的作用，其提取一般采用热提取法和浸泡提取法，随着科技发展，逐渐采用微波提取法和超声波提取法。目前较理想的方法是用超声波提取黄酮类化合物，而微波法仍处于试验阶段。

功能性成分的提取，不仅其提取物本身对人体健康具有积极意义，同时还能提高水果加工产业的附加值，但是由于其技术应用成本高和工艺复杂的特点，阻碍了这类副产物的加工利用在国内充分推广。

第二节　巧克力与水果的混搭方式

一、混搭的可能性搜寻

我们以巧克力资源与水果资源为两轴，制成坐标，如图 10-2，在两轴相交的点都有混搭的可能，从这些相交点上去搜寻，可将水果资源中各种具体品种罗列出来，结合加工方式，去搜寻与巧克力混搭的可能性。

二、混搭的主要方式

水果多汁，和巧克力进行混搭，首先要去掉水分。通常进行冻干，采用冷冻干燥机的真空冷冻干燥法，预先将水果里面的水分冻结，然后在真空的环境下，将水果里面被冻结的水分升华，从而得到冷冻干燥的水果。

例如，将新鲜水果经净选、清洗、沥干水分、风淋、去除表面水分，摆入容器中，于 $-45 \sim -28$℃ 下快速冷冻，然后置于真空干燥机仓内，先在 $-28 \sim -15$℃ 内脱水至含水量 $20\% \sim 30\%$，再于 $-15 \sim 15$℃ 内脱水分至含水量 $1\% \sim 3\%$ 以下。

真空冷冻干燥，既能尽量多的保持新鲜水果的营养成分，基本可以达到水果营养成分的 97% 以上，又能保持水果的色泽和气味，同时解决了水果与巧克力结合后容易变质的问题。

冻干水果与巧克力的混搭，大多采用涂层、包衣、混合、镶嵌装饰等制备方法。

（一）涂层

将冻干水果置于传送带上，用涂层机将加热融化的巧克力浆喷洒在冻干水果的表面，涂覆上一层厚 $0.5 \sim 1$mm 的巧克力层，再进行降温处理，温度为 $5 \sim 18$℃，时间为 $15 \sim 25$min，待涂覆好的巧克力层冷却凝固后，进行包装，装入铝箔防潮包装袋内。

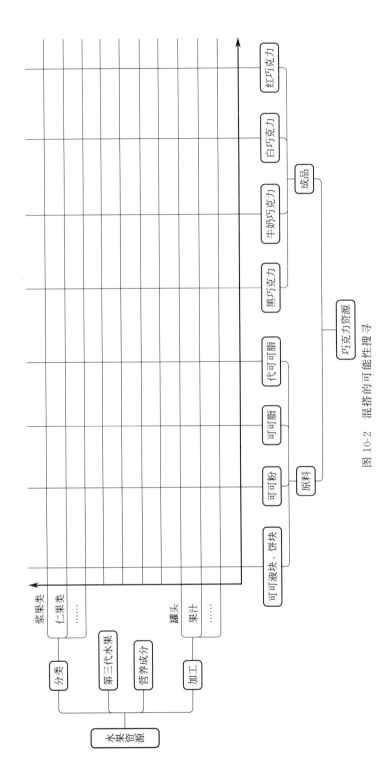

图 10-2　混搭的可能性搜寻

（二）包衣

将冻干水果粒在旋转锅中用巧克力浆包衣，再冷却，制成大颗粒水果制品。这样，不仅在巧克力中保留了水果大果粒，具有多种口味、高维生素、高植物纤维成分，让消费者在享受巧克力的同时，能够摄取到水果的营养成分，产品储存时间长，携带方便。

（三）混合

有两种方式：

一种是将冻干水果制成果粒，与加热融化的巧克力浆混合，然后冷却成型；

一种是将冻干水果制成果粉，细粒粒径＜60μm，与加热融化的巧克力浆混合，然后冷却成型。冻干形式的水果粉末，能够赋予最终产品天然的芳香特征和颜色。

（四）装饰

将冻干水果与巧克力镶嵌组合，进行外形设计，形成一定的形状，增加产品的视觉感受，既好吃又好看，为喜爱巧克力的人们提供更多口味的选择。

第三节　巧克力＋苹果→膨化苹果巧克力：配方、工艺

膨化苹果为多孔结构，食用时香脆可口，基本上不含脂肪，最大限度保持了原苹果的风味、色泽和营养，外涂巧克力外衣，组织酥脆，入口即化，受到消费者的喜爱。

一、配方

苹果50kg，巧克力浆20kg。

二、工艺

工艺如下：

原料→挑选、洗涤→去皮、去核、切片→护色→预干燥→均湿→膨化→涂衣→冷却→包装

操作要点：

（一）苹果的选择、洗涤

选择干物质含量高、纤维含量低、核小皮薄、色香味俱佳的品种，剔除霉烂、病虫严重的个果。为了消除苹果表面的农药，采用 0.5％～1.5％HCl 溶液，0.1％高锰酸钾溶液浸泡数分钟，然后取出用清水冲洗干净（可采用滚筒式洗涤机及喷淋式洗涤机）。

（二）去皮、去核、切片

1. 去皮

将苹果在 8％～12％浓度的 NaOH 溶液中（液温＞90℃）处理 1～2min，将果皮泡软、与肉质脱离，随之立即用清水冲洗或揉搓，使表皮脱落，然后再用清水漂洗，除去碱液。

也可用 0.25％～0.5％的柠檬酸或盐酸浸泡数秒钟，中和碱液，再用清水漂洗。

2. 去核

可使用特殊形状的刀具，用人工将苹果切成两半后再去核。也可用去核机操作，效率虽高，但损耗大。

3. 切片

随着切片厚度的增加，产品的膨化度增加，但厚度的增加会使预干燥的难度增大，所以将苹果片的厚度控制在 6～8mm。

（三）护色

水果在加工过程中易变成褐色，已知的原因至少有五个：即酚类由酶催化的褐变，糖和氨基酸发生的美拉德反应，抗坏血酸的氧化作用，焦糖化作用，类脂化合物的氧化作用。

针对酶促褐变的三个必要条件：酚类物质、多酚氧化酶、氧气。防止酶促褐变的方法归结为三方面：选用含酚类物质较少的原料，控制酶活性，控制氧气含量。

色泽是膨化食品很重要的一个感观指标。苹果中多酚和多酚氧化酶含量较高，会促使苹果切片后发生酶促褐变，如果不加以控制，将影响膨化产品的色泽，导致商品价值低。

脱水苹果片的护色主要有硫护色和非硫护色工艺。相对于非硫护色工艺而言，硫护色由于成本低、操作简单易行。

目前中国在苹果变温压差膨化干燥过程中，多采用亚硫酸盐对苹果进行护色处理，亚硫酸钠浓度通常为 0.1％～0.2％。护色处理时，亚硫酸盐浓度越高，护色效果将越好，但同时也可能引起膨化苹果脆片中硫残留量升高。

也有报道，使用 0.02% 亚硫酸钠溶液护色处理制备的苹果脆片，硫残留量低于 GB 2760—2014 中的规定，符合国家卫生标准。

（四）预干燥

将切分好的苹果片置于 70～80℃ 的烘箱内，烘干苹果片至含水量为 15%～30% 左右。干燥终点的确定：干燥适度的苹果干，湿润柔软，用手挤压无水滴出，紧握时不相黏着而富有弹性。

（五）均湿

由于在烘箱中各个苹果片位置摆放不同，可能存在干燥不均的情况，因此需要将所有的苹果片放入同一密闭容器中均湿，使膨化前达到所需含水量，有利于产品质量的提高。

（六）膨化

可采用多种膨化方式：

1. 压力膨化

间歇式压力系统主要由一个压力罐和一个体积相当于压力罐 5～10 倍的真空罐组成。首先将预干燥的苹果片置于压力罐内加热，由于苹果片受热后水分子不断蒸发，使得压力逐渐上升至 117kPa，待物料温度为 121℃ 时，保留时间 35s；然后迅速打开连接压力罐和真空罐的快开阀，让物料内部的水分闪蒸，达到所要求的最终含水量，即 3% 以下。

2. 微波膨化

随着微波技术的发展，现在往往采用微波膨化。它具有节能、省时，膨化与干燥、杀菌同时完成，成品品质好等特点。将预干燥过的苹果片，经过微波的特殊装置（一般为隧道式），使苹果片内压力增加。辐射温度控制在 180～220℃ 高温段内，汽化膨胀效果明显，能提高膨化率。

3. 气流膨化

苹果经预处理后，干燥至含水量 18%～24%，控制操作温度 100～106℃，控制操作压力差（压力罐与真空罐之间的压力差）0.13～0.15MPa，进行气流膨化干燥处理，直至水分含量 3% 以下。

（七）涂衣

制备好的巧克力外衣浆料，一般都已预先存放在保温缸内保温。

涂衣成型过程中要严格控制浆料的调温要求，并使浆料保持最稳定的工作温度。巧克力浆料的温度适当，保证涂抹过程顺利进行。黏度可控制在

45.5MPa·s 左右。

（八）冷却

涂层后的产品应立即送入冷却区进行冷却。冷却温度为 20℃，冷却时间 10～15min，风速 7m/s。

（九）包装

产品在包装前须经过紫外光的瞬时杀菌，以确保产品的卫生指标符合国标要求。

第四节　巧克力＋苹果→苹果脯巧克力：配方、工艺

果脯，也称为蜜饯，是一种以果蔬等为主要原料，添加（或不添加）食品添加剂和其他辅料，经糖或蜂蜜或食盐腌制（或不腌制）等工艺制成的制品。

苹果脯巧克力是以苹果为原料生产果脯，外涂巧克力外衣，形成复合的滋味；这样，既解决了果实成熟时集中采摘的储存难题，又为苹果资源的转化提供了切实可行的途径。

一、配方

巧克力浆料 16kg，新鲜苹果 20kg，白砂糖 13kg，亚硫酸氢钠 40g，氯化钙 24g，柠檬酸 16g，食盐少许。

二、工艺

工艺流程为：

苹果→挑选、洗涤→去皮→去心→护色→硫处理→硬化处理→糖煮→糖渍→烘制→ 苹果脯 →挑选→涂衣→冷却→包装

操作要点如下：

1. 苹果的选择、洗涤

选用新鲜饱满、成熟度为九成熟、褐变不显著的品种，如国光、红玉等。要求果形大而圆整、果心小、八成熟、无病变、无破损、无疤痕，剔除病虫害果和腐烂果。每批果实大小基本一致。采用人工或机械清洗均可。要求除掉附

着在表面的泥沙和异物，洗涤后必须再用清水冲洗。

2. 去皮、去心，护色、硬化处理

用旋皮机或人工削皮，去掉苹果皮后，切成两半或四瓣，挖去果核。

去掉果皮后的苹果块应尽快进行护色。可将其浸入浓度为 0.1%～0.2% 的亚硫酸钠水溶液或 1% 食盐水溶液中。

如果苹果果肉组织较疏松，则在护色处理过程中，同时进行硬化处理。即在护色液中加入配制浓度为 0.1% 氯化钙溶液，将苹果块浸泡 3～4h，然后用清水漂洗 2～3 次，沥干后待用。

3. 糖渍

采取一次糖煮或多次糖煮均可。用 2.5kg 白砂糖加水配制成 50% 浓度的糖液 5kg，加入苹果块总重量 0.1% 的柠檬酸，加热煮至沸腾；然后加入沥干的苹果块，继续加热 5min，添加浓度为 50% 的冷糖液 1kg，再煮沸，如此重复 3 次。大约煮制 40min 时，苹果块发软膨胀，表面出现细小裂纹，便可加入白砂糖 1kg。每煮沸 5min 后撒入白砂糖一次，前后共煮沸加糖 6 次。所加糖总量应控制在苹果块重量的 2/3。最后一次煮沸加糖后应该维持文火加热，煮制 20min。当苹果块呈透明状时，即可将糖液移入容器中，浸渍 1～2 天，直到糖分透明为止。

4. 烘制

将糖渍沥干后的苹果块摊铺在烘盘中，送入烘房烘制 24～48h。烘房的温度控制在 60～70℃，烘房内空气流动，上下温度基本一致。必要时进行翻盘，烘至苹果脯表面不粘手即可。

5. 挑选

将移出烘房的苹果脯置放在 25℃ 的室内，回潮 24h，然后剔除不合要求的次品。如苹果脯块头大，应改制成规格大小基本一致的成品，水分含量应在 18% 左右，总还原糖应为 57%～67%，二氧化硫残留量不得超过 30μg/g。

6. 涂衣、冷却、包装

涂衣成型过程中要严格控制巧克力浆料的调温要求，涂层后的产品立即送入冷却区进行冷却。产品在包装前经过紫外光的瞬时杀菌，以确保产品的卫生指标符合要求。

<table>
<tr><td rowspan="3">第十一章</td><td>巧克力+坚果：</td></tr>
<tr><td>资源、混搭、配方与工艺</td></tr>
</table>

巧克力+坚果：资源、混搭、配方与工艺

第十一章

　　坚果在我国是世代相传的休闲零食，兼具健康和营养，长期受到消费者的青睐，尤其在近几年，坚果行业得到飞速发展。

　　巧克力＋坚果，是一种特殊的结合。本章内容如图 11-1 所示，首先介绍坚果资源、与巧克力的混搭，然后举例介绍巧克力糖衣果仁、果仁巧克力棒。

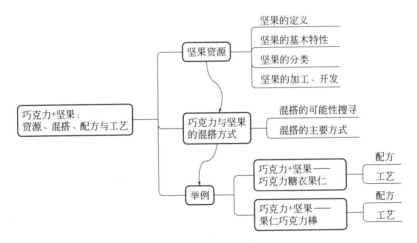

图 11-1　本章内容

第一节　坚果资源

　　坚果资源是我国一项重要的林果资源，我们从这个角度来看待坚果，对坚果的定义、分类、基本特性、主要品种、加工开发进行一番梳理，为下一步的混搭作好准备。

一、坚果的定义

坚果通常有坚硬的外壳，因而称为壳果，它是植物类果实的一种，通常指的是富含油脂的种子类食物，主要是指植物种子的子叶和胚乳。在传统植物学层面，坚果指具有一室的一种干闭果，包括坚硬的壳和可食用的仁。

二、坚果的基本特性

坚果的基本特性主要有三点：

1. 食物的补充

坚果食品是万千食品之一，富含多种营养素，可满足和补充人们摄取营养的多样性需求。

2. 休闲

口齿留香的坚果，花色品种繁多，各有香、糯、鲜、脆等特点，风味令人欣喜，富含多种营养成分，使人常食不厌。著名漫画家丰子恺在他的散文《吃瓜子》中谈到瓜子的发现时，曾这样说："吃瓜子的人，真是一个了不起的天才！这是一种最有效的消闲法，其所以最有效者，为了它具备三个条件：一、吃不厌；二、吃不饱；三、要剥壳。"

3. 食用应适度

食用坚果有一个量的范畴，绝不是多多益善。适量食用坚果，对我们的身体十分有益；但食用过量，也会影响人体健康。过量食用坚果，很容易导致油脂摄入过多，引起血糖的波动，不利于心脑血管的健康，还有可能造成肠胃的负担。

三、坚果的分类

我国的坚果品种丰富，一般分为两类：树类坚果和种子类坚果。

1. 树类坚果

树类坚果，就是生长在树上的果实，包括杏仁、腰果、榛子、核桃、松子、板栗、白果（银杏）、开心果、夏威夷果等。

（1）核桃

核桃，别名胡桃，与榛子、扁桃、腰果并列为世界四大干果。我国的核桃资源分布很广，面积较大的核桃产区主要在我国的西南高地，秦岭巴山的低山区，西北黄土丘陵区，华北山地的缓坡、山麓和山谷。

核桃营养丰富，食用价值高，是一种集脂肪、蛋白质、糖类、膳食纤维、维生素五大营养要素于一体的优质坚果，已成为我国重要的木本油料树种之一。近年来，科学家通过营养学和病理学研究发现，核桃除了有较高的营养价值之外，对预防和辅助治疗心血管疾病、癌症等慢性非传染性疾病也有一定作用。

我国传统中医认为，核桃味甘性平，微苦微涩，有补肾固精、健脾补血、润肠通便、养心安神等功效。许多古代医学名著都对核桃功效有记录，如《本草纲目》记载"核桃补气养血，润燥化痰，益命门、利三焦，温肺润肠，治虚寒喘嗽、腰脚肿痛、心腹疝痛、血痢肠风。"《开宝本草》记载：核桃"食之令人肥健，润肌、黑须发。"《食疗本草》称核桃"通经脉，润血脉，黑须发，常服骨肉细腻光润"。在现代，人们赋予核桃"万岁子"、"长寿果"、植物"脑白金"、"益智果"、"黄金药果"等多种美誉，已被公认是具有延年益寿、延缓衰老、健脑益智的功效。

（2）板栗

我国是世界最大的板栗生产国，并且在世界板栗总生产中占有绝对优势。板栗在我国的分布跨越亚热带、暖温带和温带南部。华北地区和长江流域是我国板栗分布最多、栽培最密集的地区。

板栗也称栗子，属壳斗科，是一种营养价值较高、且有一定疗效的坚果类食品，在我国已有 3000 余年栽培历史，素有"木本粮食""干果之王""铁杆庄稼"的美称。板栗富含淀粉、蛋白质、脂肪，并含有多种维生素、无机盐和黄酮类物质等。板栗的淀粉中支链淀粉含量较高，粉质细腻、香糯可口，风味极佳；板栗中蛋白质的含量高于稻米，而且所含人体必需氨基酸种类齐全。板栗含有的脂肪以不饱和脂肪酸为主，符合当代消费者健康饮食理念；板栗含有的维生素 B_1、维生素 B_2、维生素 C 是粮食所不能比拟的。板栗含有钾、镁、铁、锌、锰等矿物质，以钾含量最为丰富。

板栗不仅食用价值高，而且还有一定的药用价值。中医认为，板栗有养胃、健脾、补肾、壮腰、强筋、活血、止血、散瘀、消肿等功效，特别是对老年人有更好的滋补效能。常用于治疗肾虚所致的腰膝酸软、腿脚不遂、小便多、脾胃虚寒引起的慢性腹泻及外伤骨折、瘀血肿痛、皮肤生疮、筋骨疼痛等症，对促进人体的生理功能、增进人们的健康有重要作用。

（3）杏仁

杏仁为杏的干燥种子，扁平卵形。杏仁含有丰富的营养成分，特别富含蛋白质、脂肪、矿物质和维生素，营养价值很高，对人体有极其重要的作用，其主要功能表现为：解表宣肺、润肠、通便，润于血，行血脉，利气机，化水润，消食化积。

根据苦杏仁苷的含量不同，杏仁可以分为甜杏仁（大扁杏）和苦杏仁（山杏）

两种，营养保健功能各有侧重。

甜杏仁：颗粒大，壳纹较粗，淡黄色，尖端略歪，味甘，不含或仅含0.1%的苦杏仁苷；性平，偏于滋润及养护肺气，作用缓和，其润肠通便之功效较苦杏仁更为显著，并能润肺，宽胃，祛痰止咳，适用于肺虚久咳或津伤、便秘等症；在国内是保健品和食品加工业中的重要原料。

苦杏仁：颗粒较小，壳纹细，深黄色，味苦，含有2%～4%苦杏仁苷；性属苦泄，善降气，入肺和大肠，具有止咳通便功能。多项研究表明，苦杏仁具有下以生理功能：抗肿瘤、降血糖、抗炎、镇痛、镇咳、平喘、驱虫杀菌、抗突变等；主要作为药品和活性成分的提取材料。

（4）榛子仁

榛子为榛科，榛属，又名平榛，广泛分布于东北、华北及陕西、甘肃等地。榛子的果壳薄，出仁率高，一般可达45%～60%，果仁肥白，外形卵状，有香气，含油量大，有油腻感。

现代科学研究证明，榛子仁富含脂肪、蛋白质、碳水化合物及人体所需的多种氨基酸，其中苹果酸、精氨酸和蔗糖在榛子的口感和风味特色中起了很重要的作用。

榛子有药用价值，中医学认为，榛子果仁性温，味甘咸，无毒，入脾、胃、肾经，具有养胃健脾、补肾强筋、活血止血、拔毒消肿之功效。榛子能有效延缓衰老，防治血管硬化，还具有降低胆固醇的作用，有助于调整血压；榛子有补脾胃、益气力、明目的功效，对视力有一定的保健作用；榛子可用于治疗病后体虚、营养不良、慢性支气管炎、便血以及肾虚、月经不调等症。榛子富含的天冬氨酸和精氨酸，可增强精氨酸酶活性，排除血液中的氨，从而增强免疫力，防止癌变。

因此，榛子仁是集保健、营养、食疗于一身的天然功能性食物资源，有"坚果之王"的美称，其营养丰富，用途广泛，经济价值高，是加工各种巧克力、糖果、冰淇淋以及榛子粉和榛子乳等高级营养品的重要原料。

（5）松子仁

松子仁，又名松仁、海松子、新果松子、松果、松实、松元，为松科植物红松、油松、马尾松的种子，呈圆锥形，外有一层硬壳，主要产于我国东北。松子去壳后即得松子仁，呈白色，有芬芳清香。我国的松树资源十分丰富，产地主要集中在辽宁、吉林、河北、山东等省。

人们对松子中的生物活性成分进行了大量的研究，其营养成分极其丰富，主要有多种类型的不饱和脂肪酸，包括亚油酸、亚麻酸和油酸等，还含有丰富的磷脂，含量高达0.7%～0.9%，另有大量的蛋白质、糖类、维生素E，还富含人体所需的 19 种氨基酸及多种人体所必需的微量元素和多种矿物质等。这些营养素，对激活酶的活性、促进蛋白质合成、增强机体免疫功能、增加人体耐缺氧能力、延缓衰老等，都有很好的促进作用。

中医认为，松子味甘、性微温，入肝、肺、大肠经，有强阳补骨、补气充饥、和血美肤、润肺止咳、润肠通便等功效。适用于病后体虚、羸瘦少气、皮肤干燥、头晕眼花、口渴便秘、盗汗心悸等症。它对老年慢性支气管炎、支气管哮喘、便秘、风湿性关节炎、神经衰弱和头晕眼花等，均有一定的辅助治疗作用。因此，经常适量食用松子仁，可起到补充营养和滋补强壮、抗衰延寿作用。

（6）白果

银杏在我国被称为白果和公孙树，已经在地球上存活了约 3 亿年，是被称为"活化石"的裸子植物。银杏在我国作为观赏树及药用植物被广泛栽培，资源量占全世界的 70%。白果是银杏树的种子，呈椭圆形至近球形，可食用，也可入药。

目前我国银杏的自然分布，北起辽宁东南部，西达甘肃东部、四川盆地西缘，南到广东广西，东到江苏沿海及台湾地区，以江苏、山东、浙江、广西居多，其中江苏占全国种植面积的 50%，是白果的主要产区，年产量达到 1.5 万吨。

白果含有丰富的营养成分和特异的化学物质，主要包括淀粉、蛋白质、黄酮类、萜类、生物碱、多糖类、酚类、氨基酸、微量元素等，此外还含有银杏醇、白果酸、白果酚、氢化白果亚酸、氢化白果酸、五碳多糖等成分。

现代医学对白果众多的成分研究认为，白果酸能不同程度的抑制大肠杆菌、炭疽杆菌、伤寒杆菌、葡萄球菌、链球菌等多种细菌；白果酚甲具有降压作用，而且能提高血管的通透性。中医实践认为，经常食用白果，可温肺益气、清热扰菌、定喘祛痰、健身美容、延年益寿等；西医认为，白果的提取物可以控制血压、扩张血管、增加冠状动脉血流量、降低心肌耗氧量、镇咳祛痰、呼吸道平滑肌解痉、防衰老、止白带等，对于心脑血管、呼吸系统、皮肤病、牙痛等疾病有很好的保健治疗作用。

（7）扁桃

扁桃，又名巴旦杏、巴旦木，是世界重要干果树种之一。

扁桃浑身是宝，果仁香脆可口，富含脂肪、蛋白质、维生素、矿物质，还富含色素、苦杏仁苷（又称为扁桃苷）以及抗氧化活性很高的植物多酚类物质，含优质蛋白和必需氨基酸，微量元素含量高，属于高 K、高 Ca、富 Fe、富 Zn 的健康食品。

扁桃仁具有滋阴补肾、明目健脑、健脾养胃、抗癌防癌，增强免疫力等多种医疗功能，与其他药材配伍，可用于治疗冠心病、高血压、神经衰弱、肺炎、佝偻病等疾病，尤其是在治疗肺炎、支气管炎等呼吸道疾患上疗效显著，此外扁桃仁还具有降血脂、清除自由基、抗氧化的功效，被喻为长寿之果。

（8）阿月浑子

阿月浑子，别名胡榛子，维吾尔语称皮斯坦，又名必思答、绿仁果、无名子等，商业名称"开心果"。阿月浑子是世界四大干果之一，也是我国新疆喀什地区特有的经济树种，兼具珍贵木本油料、干果、药用等多种用途。

阿月浑子是一种集蛋白质、脂肪、糖类、纤维素、维生素等五大营养要素于一体的优良干坚果类食品，果实富含维生素、矿物质和抗氧化元素，具有低脂肪、低卡路里、高纤维等显著特点。据检测，阿月浑子蛋白质中的赖氨酸、缬氨酸、异亮氨酸的含量均超过了联合国粮农组织/世界卫生组织（FAO/WHO）的标准，特别是赖氨酸的得分远远超过了标准模式；阿月浑子还含有丰富的无机酸、Ca、Fe、Zn、K、P 等营养物质，营养价值很高，能补肾壮阳、调中气，是治疗神经衰弱、贫血、营养不良的滋补品，被人们誉为"人参果"。

阿月浑子也是药用食品。最早在唐代，陈藏器所著的《本草拾遗》中记载：阿月浑子，味辛，温，涩，无毒，主诸痢，去冷气，令人肥健。据检测，阿月浑子中不饱和脂肪酸总量为 95.67%，高于核桃和巴旦杏；高不饱和脂肪酸不仅有较高的营养价值，而且还具有一定的药用功效，有利于活血栓、降血压、防止血小板聚集、加速胆固醇排泄、促进卵磷脂合成和抗衰老等。

（9）腰果

腰果是热带重要干果和油料树种，其果仁是世界著名的果仁之一，深受世界人民喜爱。腰果原产巴西东北部、南纬 10°以内的地区，16 世纪上半叶传入亚洲和非洲，现已遍及东非和南非各国。在我国，腰果已有 60 多年的引种栽培历史，栽培地区主要分布在海南岛和云南西双版纳。

腰果主要由腰果梨、腰果仁、腰果壳和腰果皮 4 部分组成。腰果果仁富含多种营养成分，包括脂肪、蛋白质、淀粉、糖类，此外还含有多种氨基酸、维生素及磷、铁、钙等微量元素。腰果仁所含脂肪酸中，不饱和脂肪酸含量高达80%，特别是腰果中的不饱和脂肪酸组成，单不饱和脂肪酸约占 63%，远远高于多不饱和脂肪酸（17%）。营养学上，单不饱和脂肪酸在防治心血管疾病等方面优于多不饱和脂肪酸。腰果仁所含氨基酸种类齐全，富含 18 种氨基酸，包括 8 种人体必需氨基酸，占氨基酸总含量的 31%，约占腰果仁蛋白质总量的 25%，都在营养学规定的范围内。

腰果不仅是人们理想的美味佳肴，具有较高的营养价值，而且它的保健药用功能越来越受到人们的重视。中医学认为，腰果味甘，性平，无毒，补脑养血，补肾，健脾，下逆气，止久渴。现代医学研究表明，腰果具有许多重要的医药保健作用。腰果中的脂肪成分主要是不饱和脂肪酸，有很好的软化血管作用，对保护血管、防治心血管疾病大有益处。腰果含有丰富的油脂、蛋白质和铁、钙、磷等矿质元素，可以起到润肤美容、润肠通便、延缓衰老等作用。腰果仁中维生素 B_3、维生素 B_5 等 B 族维生素含量高，对调节新陈代谢，维持皮肤和肌肉健康，增强免疫力等方面有积极作用。

（10）澳洲坚果

澳洲坚果的果实由外壳（青皮）、果壳（木质硬壳）和果仁组成，圆形果仁是其唯一可食用部分，香脆滑嫩可口，具有独特的奶油香味，营养价值高，被认为是世界上品质最佳的食用果。澳洲坚果具有高含量的脂质、丰富的蛋白质、碳水化合物、多种维生素及矿质元素等，属高档干果，富含热能，不含胆固醇，又有多种人体生长所必需营养物质，口感风味极佳，素有"干果皇后""世界坚果之王"之美称。

澳洲坚果仁中含油量高达 80%，其中单不饱和脂肪酸比例占 80%。由于人体不能合成不饱和脂肪酸，只能从食物中获得，又被称为"必需脂肪酸"。澳洲坚果油中富含的单不饱和脂肪酸能降低血压、调节和控制血糖水平，是糖尿病患者最好的脂肪补充来源。澳洲坚果油含有维生素 E、B_1、B_2、B_5 以及一些人体必需的矿物质，这些微量元素能促进骨骼和牙齿的健康。食用澳洲坚果油的人比不食用的人更不容易患风湿性关节炎，因此长期食用澳洲坚果油，可以有效预防风湿性关节炎。对于爱美人士而言，澳洲坚果油有助于营养和美化皮肤，可以起到抗衰老的作用。

澳洲坚果是坚果中热量最高的一种，对于身体脂肪含量过多的人，应适当减少澳洲坚果的摄入；对于身体偏瘦的人，可以适当多食用澳洲坚果，增加身体脂肪含量，从而提高身体素质。

（11）香榧子

香榧子，为红豆杉科植物香榧树的干燥成熟种子，是香榧的可食部分，又称香榧、赤果、玉山果、玉榧、野极子等，是世界稀有珍贵干果。香榧在我国已有1300多年的栽培历史，是我国特有的经济树种，具有很高的食用和药用价值，系第三纪子遗植物，仅分布在我国北纬27°～32°亚热带丘陵地区，主产于浙江诸暨、东阳等地。

香榧子营养丰富，含脂肪 48%～60%，蛋白质 8%～12%，碳水化合物25%左右，此外还含有多种维生素和矿物元素。香榧子油中不饱和脂肪酸含量很高，还含有一种特殊脂肪酸金松酸（顺-5,11,14-二十碳三烯酸），是松柏科和红豆杉科等裸子植物的特征脂肪酸。

香榧子始载于《神农本草经》，历版《中国药典》均收载，具有杀虫消积、润肺化痰、滑肠消痔、健脾补气、去瘀生新等药用价值；具有一定的降血脂和降低血清胆固醇作用；有软化血管，促进血液循环，调节老化的内分泌系统的疗效，同时还具有一定的抗菌、抗癌作用。有研究表明，香榧子提取物还具有抗氧化、预防动脉粥样硬化和抗炎方面的生理功能。因此香榧在食用、药用等方面都具有较大的开发潜力，被称为"著名珍稀干果"。

2. 种子类坚果

种子类坚果，主要可以用作种子播种，包括花生、葵花子、南瓜子、西瓜子等。

（1）花生仁

花生属豆科，碟形花亚科，落花生属，一年生双子叶草本植物。花生是全球最重要的四大油料作物（油菜、大豆、花生、芝麻）之一，种植面积仅次于油菜，居油料作物第二位，在世界油脂生产中具有举足轻重的地位。我国花生种植广泛，河南、山东、河北、广东、安徽、广西、四川、江苏、江西、湖北、湖南、辽宁、福建等地均有种植；花生在我国栽培面积仅次于油菜，但总产居油料作物之首，是我国产量丰富、食用广泛的一种坚果。

花生仁富含蛋白质、脂肪，营养非常丰富，被誉为"长生果""绿色牛奶"，花生制品具有诱人的香味，美国宇航局将其列为宇航食品，美国心脏学会大力提倡食用橄榄油和花生油。

成熟的花生仁富含油脂，国内外多数花生品种的含油量为50%左右，含油量居油料作物前列。花生油中的油酸和亚油酸等不饱和脂肪酸的含量高达80%以上，脂肪酸组成优于多数其他植物油脂，花生油所含有的人体所必需的亚油酸、亚麻酸、花生四烯酸等多种不饱和脂肪酸，对于降低人体血液中的胆固醇、预防心血管疾病有重要作用。花生油中富含人体必需的微量元素锌，锌元素参与免疫系统，提高人体免疫力，延缓人体衰老。花生果实和花生油中的白藜芦醇是肿瘤疾病的天然化学预防剂，是一种天然的抗氧化剂，具有抗菌、抗氧化、抗自由基、抗癌、预防心脏病、抗血小板凝集、保护肝脏、防辐射、降血脂、抗诱变和抗艾滋病等生理活性。

（2）葵花子

葵花子是菊科向日葵属植物向日葵的种子。向日葵为一年生草本植物，别名葵花。我国栽培向日葵至少已有近400年的历史。其主要产区为新疆、内蒙古、东北和甘肃地区。近20年来，葵花子生产发展很快，葵花子已成为仅次于大豆的重要油料。

葵花子是由果皮（壳）和种子组成。果皮分三层，外果皮膜质，上有短毛；中果皮革质，硬而厚；内果皮绒毛状。种子由种皮、两片子叶和胚组成。

葵花子种仁的蛋白质含量约为 30%，可与大豆、瘦肉、鸡蛋、牛乳相媲美；脂肪含量接近 50%，富含不饱和脂肪酸，其中亚油酸占 55% 左右；钾、钙、磷、铁、镁也十分丰富，尤其是钾的含量较高；此外还含有维生素 A、维生素 B_1、维生素 B_2。

（3）南瓜子

南瓜子是葫芦科南瓜属南瓜的种子。

南瓜在我国各地广泛种植，主产于浙江、江苏、河北、山东、山西、四川等地。南瓜花期在 7～8 月，果期在 9～10 月。种子扁圆形，长 1.2～1.8cm，宽 0.7～1cm。表面淡黄白至淡黄色，两面平坦而微隆起。除去种皮，有黄绿色薄膜状胚乳。子叶 2 枚，黄色，肥厚，有油性。

南瓜子味甘、性平、气微香，有补脾益气、下乳汁、润肺燥、驱虫等功效，一般人群均可食用。

南瓜子营养价值丰富，含氨基酸、脂肪、蛋白质、维生素 A、维生素 B_1、维生素 B_2、维生素 C、胡萝卜素等。

（4）西瓜子

西瓜子是葫芦科西瓜属植物西瓜的种子，可供食用或药用。西瓜籽黑边白心，颗粒饱满，片形较大。按片粒大小可分为小片、中片和大片；按颜色可分为红色西瓜子、黑色西瓜子。

西瓜子含有丰富的蛋白质、脂肪酸、B 族维生素、维生素 E、钾、铁、硒等营养元素。西瓜子味甘，性平，具有利肺、润肠、止血、健胃等作用。

四、坚果的加工、开发

主要有以下方式：

1. 干制

果仁通常都需要经过干制处理，成为初级加工品，既延长保质期，同时也有助于后续的深加工。

现有坚果产品的干制方式主要有烘制、炒制、油炸等，由此成为休闲零食。

在烘制、炒制过程中，由于加温，细胞间的游离水首先被蒸发出去，使得各细胞间的联系变得松散，产生空隙，整个颗粒的多孔性提高，颗粒内的孔容以及内表面积增加，大量空气随之进入其中。

随着干燥时间的增加，细胞内的结合水会游离出来。在水分逸出的过程中，细胞的微结构发生改变，细胞内部呈多孔状变化，细胞膜和细胞壁遭到破坏，已经融化的油脂和脂肪会流动到细胞外，并汇集在一起，使油脂与空气的接触面成几何级数扩大，促进油脂的氧化酸败。

　　在熟制干燥过程中，温度越高、温度的提升速率越大，水分逸出愈快，蛋白质变性越快，则细胞的微结构被破坏得更加严重；水分逸出的速度越快，则颗粒的多孔性变化越快，颗粒内的孔容以及内表面积增加得越多，油脂的流动性越强，油脂与氧气的接触面积越大，油脂的氧化酸败速度更快。

　　因此采用高温、快炒、瞬间（短时）的加工工艺，对植物种子的微结构破坏更大。当然也正因为大量油脂析出，使产品的口感和风味更加诱人。

　　对油炸过程来讲，由于温度较高，一般在180℃甚至更高，细胞中水分逸出非常快，对植物种子的微结构破坏更大，多孔结构迅速增多增大。

2. 深加工

　　坚果的深加工是对原有普通的坚果进行多元化的利用，通过各种技术加工，使坚果的价值或功效大大提升。通过深加工，使果仁生产及加工水平得到提升，加工布局得到优化，产品种类增多，将会大大推进坚果产业的发展。

　　深加工产品主要有：

　　① 油类　　例如，花生油、核桃油、杏仁油、苦杏仁精油等。

　　花生油：花生加工成花生油，按制作工艺分为浸出花生油和压榨花生油。浸出花生油是经溶剂浸出制取的油，压榨花生油是用压榨方法制取的油。花生油淡黄透明，色泽清亮，气味芬芳，滋味可口，易于人体消化吸收。花生油由20%饱和脂肪酸和80%的不饱和脂肪酸组成，其中主要是油酸、亚油酸和棕榈酸；经常食用花生油，可以防止皮肤皲裂老化，保护血管壁，防止血栓形成，有助于预防动脉硬化和冠心病。

　　核桃油：核桃仁加工成核桃油，可采取压榨法和溶剂萃取法，充分保留核桃的精华。核桃油中油酸、亚油酸、亚麻酸和花生四烯酸等不饱和脂肪酸含量高达80%以上，是其他油脂所不能比拟的。它对软化血管、降低人体胆固醇含量、防止动脉硬化、补气养血、美容和抗衰老、预防血栓的形成具有积极的作用。在国际市场上，核桃油被誉为"东方橄榄油"，同橄榄油一样备受消费者青睐。

　　杏仁油：提取方法主要有冷榨法、热榨法、有机溶剂浸出法、酶法、超临界CO_2法和超声波提取法等。杏仁油为不干性油，是一种高级润滑油，可用于航空和精密仪器的润滑和防锈，同时还是制造高级化妆品的原料，在轻工业领域具有一定的应用价值。杏仁油中的磷脂、维生素E具重要生理功能。

苦杏仁精油：将萃取油脂后所得的苦杏仁残渣在冷水中浸泡，待苦杏仁苷水解后，进行水蒸气蒸馏，油水自然分离后，得到苦杏仁精油。苦杏仁精油具有重要药理活性，在国外已经广泛应用于食品、香料、化妆品等领域。

② 蛋白类 例如，花生蛋白、苦杏仁蛋白等。

花生蛋白：常用的提取方法有碱溶酸沉、醇洗、反胶束萃取、等电点沉淀、超滤等。花生蛋白保留了花生内大部分营养物质，营养较为完全，水溶性好，洁白，风味清淡，具有花生特有的清香气味，营养价值可与动物蛋白相比拟，富含大量的人体必需氨基酸、维生素、微量元素及矿物质，可吸收率超过90%，易为人体消化吸收，并含有比大豆更少的抗营养因子，是低糖、低脂肪、不含胆固醇、高营养的天然营养品。它具有良好的加工特性，可在食品加工中广泛应用，丰富人们的饮食结构，满足人们的营养需求。

苦杏仁蛋白：提取方法主要有醇提法、碱溶酸沉法、酶法、反胶束法、超声波辅助盐溶法、微波辅助盐溶法等，可根据对提取率和分离蛋白功能特性的需求来选择提取方法。苦杏仁蛋白的氨基酸组成丰富，其中人体必需的 8 种氨基酸与总氨基酸比值（EAA/TAA）约为 28.37%，接近于国际上对蛋白质组成的参考模式（FAO/WHO），是一种良好的植物蛋白，具有广阔的应用前景。

③ 粉类 例如，花生粉、核桃粉等。

花生粉：加工方式主要有两种，一种是将花生仁直接磨成粉，只是形态的变化，并不会影响其性质和原有营养；另一种是将花生仁榨油后的残渣经烘干、粉碎后制成的粉状物，含有丰富的蛋白质、微量元素，也含少量的花生油。

核桃粉：采用喷雾干燥法生产的核桃粉，产品颗粒蓬松多孔，流动性、速溶性好，冲调时溶解迅速而不易分层；采用超微粉碎法生产的核桃粉，具有很强的表面吸附力，因而具有很好的分散性和溶解性，易于消化吸收。

为降低成本，市面上的核桃粉主要以核桃仁为主要原料，复合大豆和玉米等辅料（作为填充物）加工而成，具有营养全面，搭配合理，风味独特的特点，受到儿童和老人的喜爱。

④ 乳类 例如，花生乳、核桃乳、杏仁乳等。

花生乳：以花生、或再加牛乳等为主要原料，经过烘焙、磨浆、过滤、调配、均质、杀菌、灌装等工序加工而成的，具有浓郁花生香气的植物蛋白饮品，是老少皆宜的营养饮品。

核桃乳：具有浓郁的核桃香味，是人们喜爱的营养型饮料，是蛋白质、维生素B、尼克酸以及多种微量元素的良好来源。核桃乳对钙、铁吸收不良者有较好的食疗效果，对婴幼儿、青少年、老年人尤为适用。

杏仁乳：将苦杏仁去皮、脱苦，加水磨浆，再进行调配、装瓶、杀菌等工序加工而成，洁白如奶，细腻如玉，香味独特，营养丰富，可作为普通牛奶的代替品，不含胆固醇和乳糖，有益于健康。

3. 保健

坚果中的有效成分具有药理作用，可作为保健食品和药品开发，这是对坚果经济价值的发掘利用。

例如，陈勤等研发的西施口服液（保健品）是以枸杞子、核桃仁、茯苓、大枣、蜂蜜等为原料，具有补肾活血养颜亮肤功能；研发的葆春精胶囊是以枸杞子、核桃仁、山药、山茱萸、仙灵脾、韭子等原料制成，具有补肾壮阳作用。

第二节　巧克力与坚果的混搭方式

一、混搭的可能性搜寻

我们以巧克力资源与坚果资源为两轴，制成坐标，如图 11-2，在两轴相交的点都有混搭的可能。将坚果资源中各种具体品种都罗列出来，结合加工开发方式，从两轴的相交点上去搜寻各种混搭的可能性。

二、混搭的主要方式

巧克力与坚果的混搭方式，主要有以下几种：

1. 混合

将果仁用粉碎机打成碎粒，加入熔融状态的巧克力浆中，搅拌均匀，让其自然形成细流注入巧克力模具中，也可装入裱花袋，挤入模具，待其自然冷却后，倒出模具，即为成品。这样，将果仁融入巧克力中，不仅增加了巧克力的香味，也丰富了口感。

2. 装饰

以其他食品为心料，倒入熔融状态的巧克力浆中，使心料表面黏附一层巧克力浆料后取出控浆，然后再放入盛有已被粉碎的果仁碎粒的容器中进行滚动，让果仁碎粒黏附在巧克力上，并滚动，使果仁碎粒压紧在巧克力上，然后冷却硬化成型。

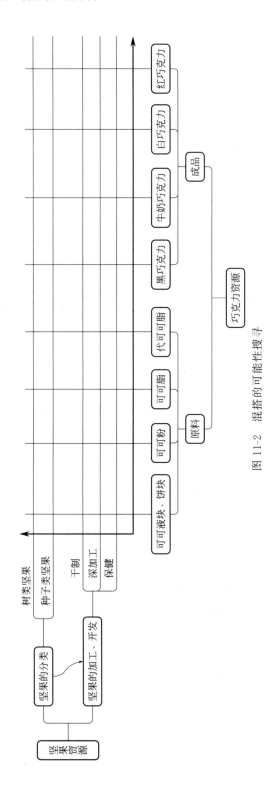

图 11-2　混搭的可能性搜寻

3. 涂层

巧克力涂层是将熔融状态的巧克力涂覆于已经成型的食品上，待冷却后在其表面形成一层外壳，给食用者提供丝滑、细腻的口感体验，并且在制备涂层料的过程中，可引入各种添加剂来改变涂层的风味，以满足各类人群的需求。

这种涂层混搭的方式有两种：

一种是将坚果作为心料，再将融化的巧克力浆料在其表面进行涂衣成型、冷却硬化，得到涂覆巧克力浆的坚果果仁。

一种是将巧克力或其他食品作为半成品，经过巧克力浸涂机涂上一层薄薄的巧克力浆，放在搓果仁机上均匀地搓上果仁或果仁碎粒，厚度为 1～3mm，然后再次经过巧克力浸涂机涂衣，经过冷道冷却、硬化成型。

第三节　巧克力+坚果→巧克力糖衣果仁：配方、工艺

巧克力糖衣果仁是以果仁为心子，再涂裹一层均匀的巧克力，经上光精制而成。它把果仁和巧克力的优良特性结合在一起，是集营养美味、口感柔和、色泽鲜艳于一身的老少皆宜的食品。

果仁以花生仁、葡萄干为例。

一、配方

巧克力浆，通常为牛奶巧克力，参考配方为：糖粉 40%～50%，可可脂或类可可脂 25%～30%，可可液块 10%～18%，全脂奶粉 8%～15%，磷脂 0.4%～0.5%，香兰素适量。

花生仁与巧克力浆料的重量比约为 1∶（1～3），葡萄干与巧克力浆料的重量比约为 1∶1。

二、工艺

工艺流程如图 11-3 所示。其中，涂巧克力层和涂糖衣的先后次序可以互换，但先涂巧克力再涂糖衣的效果更好一些，能够较好地覆盖上巧克力外衣，反之会出现裸露的现象。

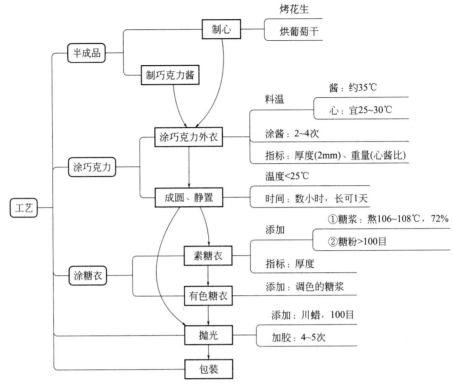

图 11-3　巧克力糖衣果仁的工艺流程图

1. 制心

（1）花生仁

① 挑选　挑选无霉变、不出芽、气味正常的花生仁，拣去虫蛀、霉变、半片的和颗粒过大及过小的，剔除石子、泥土等杂质，进行烘烤。

② 烘烤　通常有两种方式，可供选择：a. 烘箱，温度 105℃，烘烤 1～2h；b. 旋转式烘炒机，温度 150℃，烘烤 26～28min。

烘烤达到的标准：a. 色泽：牙黄色；b. 滋味及气味：酥脆、香味浓郁，有花生正常的香味，无焦糊味，无哈败味，无生味；c. 杂质：无肉眼可见的杂质。

③ 冷却　将烘烤出来的花生迅速出料至冷却机上，使花生迅速冷却至常温，防止花生吸湿而降低酥脆度。

④ 脱皮　将冷却的花生输送至脱皮机中，脱去表面的红衣。注意脱皮的花生一定要冷却至常温，否则会因温度过高而影响脱皮效果。

（2）葡萄干

① 清洗、烘干　将选用的无核葡萄干挑选干净，除去果梗和杂物，基本保持颗粒大小一致。在清水中清净泥沙，然后置于强力鼓风干燥箱中烘干或自

然晾干，烘干温度 50～60℃，大约 3h，取出自然冷却。

②挂糖浆　将冷却好的葡萄干投入 34%～35%糖度的糖液中浸泡 10～20s，使葡萄干表面均匀地挂一层糖浆液，然后控干糖液，进入涂衣工序。

由于葡萄干挂了糖浆，在后工序中涂巧克力后，不再涂糖衣，就进行抛光、包装。

2. 制巧克力浆

①原料的预处理　可可液块、可可脂在常温下呈固态，投料前熔化，使其具有流动性才能精磨。熔化后的可可浆料与可可脂的温度，一般控制在不超过 60℃。熔化后的保温时间尽量缩短。

白砂糖应选择精炼过的优质砂糖，并粉碎成糖粉，细度均匀。

奶粉有些会受湿结块，投料前应筛选，并除去杂质。

②精磨　巧克力浆料用三辊或五辊精磨机加工，一般都能在短时间内完成。对于小型工厂来说，使用圆形精磨机，每连续磨一次，时间一般应控制在18～20h 之间为宜，温度恒定在 40～50℃之间，平均细度达到 20μm，含水量不超过 1%。

③精炼　在常规条件下，一般精炼 24～28h，温度控制在 48～65℃。

在精炼即将结束时，添加香料和磷脂，然后将浆料移入保温缸内保温待用。保温缸温度控制在 40～50℃为宜。

3. 涂巧克力

涂巧克力一般都是在抛光锅内进行的。

（1）涂巧克力外衣

按抛光锅生产能力的 1/2～1/3 量，将制好的心倒入锅内。开动抛光锅，开启冷风，冷风温度＜10℃，用勺子加入巧克力浆料。每次 1～1.5kg，待第一次加入的巧克力浆料冷却结晶后，再加入下一次浆料。如此反复循环 3～4次，使心外表面的巧克力浆料达到所要求的厚度。通常涂层厚度为 2mm，最多至 2.5mm。

（2）成圆、静置

成圆操作在抛光锅内进行。将上好衣的半成品移至干净的糖衣机中，借助抛光锅的旋转作用，使得半成品在锅壁的摩擦力作用下，对半成品表面的凹凸不平之处进行修正，直至圆整为止。

然后取出，静置数小时，长则可为 1 天，使巧克力内部结构稳定为止，也就是使巧克力中的脂肪结晶更稳定。

4. 涂糖衣

涂的糖衣分为素糖衣和有色糖衣。

（1）涂素糖衣

糖浆的配制：白砂糖 97%～98%、葡萄糖 2%～3%，加水 1/3，搅拌，熬煮至 106～108℃，浓度为 72%，冷却至约 50℃，备用。现用现配，切勿使其返砂。

糖粉：采用优级白砂糖，经粉碎机粉碎至 100 目以上，封存备用。

涂糖衣在糖衣锅内进行。将涂巧克力的半成品倒入锅内时，开动糖衣锅及冷风，锅内的冷风温度<15℃，相对湿度<60%（最好<30%）。在滚动着的半成品上面，先少量多次地加入糖浆，待其表面全部涂裹上一层糖浆后，再取糖浆约 300～500g 泼入锅内，待还未完全干燥时，加入少量糖粉。这样往复循环，直到达到所需厚度为止。

（2）涂有色糖衣

有色糖浆配制，是在上述糖浆的基础上，按需调入所需色素。涂有色糖衣的工艺与素糖衣相同，即在已涂裹好了的坯子上面，少量多次浇入颜色糖浆，同时开启热风，进行干燥。当色泽达到要求时，经缓慢干燥、冷却。

5. 抛光

有两种方式可供选择：

（1）采用虫胶

首先配胶液：虫胶与无水酒精按 1∶8 配制。

然后将半成品倒入抛光锅中，在冷风的配合下，分数次将虫胶酒精溶液加入，一直到能摩擦出满意的光亮度，便可取出，进行包装。

（2）采用川蜡

挑选质地坚硬、手感粗糙无油质感、表面纹流明显、蜡质结晶粗大的川蜡，粉碎，过 100 目筛，备用。

将半成品倒入抛光锅中，分数次筛入少量的粉状川蜡，进行抛光，直至产品表面的光亮程度达到要求为止。然后取出，进行包装。

第四节　巧克力＋坚果→果仁巧克力棒：配方、工艺

果仁巧克力棒是将果仁与巧克力浆混合后浇注成型，形态如棒状，也可做成其他形状。

一、配方

白砂糖 8kg，可可液块 4.8kg，可可脂 4kg，食盐 60g，卵磷脂 100g，碎果仁或脆米 3.2kg，香兰素 12g。

二、工艺

工艺流程为：

碎果仁或脆米＋巧克力浆→混合→浇注成型→冷却硬化→脱模→包装

1. 制巧克力浆

首先进行化油（化浆）。分别将可可脂、可可液块在夹层锅或保温槽等加热设备中进行融化，融化温度≤60℃；融化后的可可脂和可可浆料要尽快使用；使用前，可可脂用 120 目筛网过滤，可可浆料用 60 目筛网过滤。

然后进行精磨、精炼、调温。

2. 混合

巧克力浆料与碎果仁或脆米的混合，最好使用混合机，充分混合均匀，碎粒的大小规格要符合浇注头的技术要求，不宜太大，以免堵塞。

3. 浇注成型

保证浇注时模板温度为 25～27℃。生产时，保证料斗的实际温度为 29～31℃。料斗中的巧克力混合浆料液位超过搅拌器轴的中心线时，开始浇模。按产品净含量要求调整好浇注量，根据振动和脱气情况及时调整好振动器的频率，使浇模振动能达到最好效果。

4. 冷却硬化、脱模、包装

经浇注、振动后，模板自动进入冷却隧道，冷却隧道温度控制在 5～10℃。浆料固化后，自动脱模于输送带上送出，整理后，再送入平衡或包装工序。

第十二章 巧克力+花儿：资源、混搭、配方与工艺

花儿，称为花朵，为了吸引蜜蜂和蝴蝶等昆虫来传粉，一般都有艳丽的颜色和香味。

花的色、香、味、型俱佳，对人体具有营养、美容和食疗价值；悠久的食花历史，形成了独具特色的食花文化。

巧克力＋花儿，是一种奇妙的结合。本章内容，如图 12-1 所示，首先介绍花的资源、与巧克力的混搭，然后举例介绍鲜花巧克力、花粉巧克力。

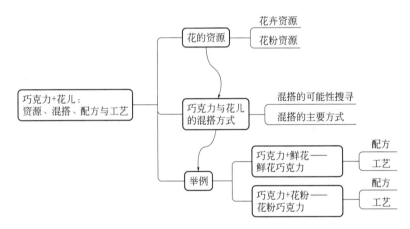

图 12-1　本章内容

第一节　花的资源

我们从资源的角度来看待花儿，对花卉、花粉的定义、分类、营养价值、应用等进行一番梳理，为下一步的混搭作好准备。

一、花卉资源

1. 花卉的定义

"花"是植物的繁殖器官，它是姿态优美、色彩鲜艳、气味香馥的观赏植物；"卉"是草的总称。

食用花卉是指叶或花朵可以直接食用的花卉植物，也指供人们日常生活食用的花卉品种。

2. 食用花卉的品种

我国幅员辽阔，各种气候类型并存，花的资源相当丰富，种植品种丰富多样，规模可观。可供食用的花卉很多，如表 12-1 所示，据不完全统计，可食用的花卉约 97 个科，100 多个属，180 多种。目前，经卫生部门批准的食用花卉有 100 多种。

表 12-1　常见食用花卉

食用花卉分类	具体品种
食花花卉	翠菊、红花、鸡冠花、君子兰、千日红、曼陀罗、野菊花、菊花、黄花萱草、玉簪花、紫罗兰、晚香玉、万寿菊、金莲花、旱金莲、百日草、昙花、米兰、茶花、凌霄花、腊梅、芫花、丁香、无花果、木槿、茉莉花、忍冬、玉兰、辛夷花、白兰花、桂花、杜鹃、月季、玫瑰、槐花、芍药、薰衣草
食果花卉	蛇莓、樱桃番茄、仙人掌、野罂粟、酸浆、龙葵、玳玳花、佛手柑、连翘、金橘、海棠、覆盆子、五味子、构树
食用种子的花卉	筒麻、华黄芪、天仙子、凤仙花、马蔺、紫苏、牵牛、银杏、山桃
食根花卉	草乌、牛蒡、紫苑、东北铁线莲、大丽花、山麦冬、芍药、桔梗
食叶花卉	仙鹤草、芦荟、羽衣甘蓝、金盏菊、睡莲、黄芩、十大功劳、映山红
食茎花卉	食用根状茎：鸢尾、莲、睡莲、玉竹、黄精；食用块茎：白芨、菊芋等 食用鳞茎：百合、山丹、水仙等 食用球茎：山慈菇 食用地上茎和木本枝条：龙葵、刺五加、香椿、珍珠梅等的幼嫩茎叶和枝条
食用全株的花卉	鸭拓草、秋英、石竹、菊三七、角蒿、益母草、薄荷、半枝莲、一串红、新疆雪莲、蒲公英、紫花地丁、景天三七
食用多种器官的花卉	筒麻、牛蒡、鸡冠花、曼陀罗、莲、玉簪、天仙子、紫罗兰、睡莲、仙人掌、黄芩、紫苏

按照季节对食用花卉进行分类：

春季主要有白玉兰、玫瑰、芍药、金雀花、月季、石斛花、金银花、紫花地丁、槐花以及水果类花卉苹果、梨、桃等的疏花。

夏季有百合、荷花、薄荷花、白莲、茉莉、栀子花、珠兰、玳玳花、晚香玉、黄花以及瓜类雄花丝瓜花等。

秋季如菊花、芙蓉花、南瓜花、木槿花和桂花等。

冬季可食用的花卉有腊梅花、梅花、金莲花等。

3. 食用花卉的营养价值

花卉作为植物的精华，色彩斑斓、气味芬芳、气质高雅，其欣赏价值历来被人类所钟爱。花卉不但有色彩鲜艳的外表，给人视觉感官上的满足，而且营养丰富，受到人们的青睐。

对食用花卉中的菊花、芙蓉花、金银花中微量元素 Fe、Zn 的分布状态研究发现，Zn 元素蛋白质结合态分布较多，平均为 20.26%，Fe 元素蛋白质结合态分布平均为 13.06%，金银花和菊花中的 Fe、Zn 蛋白质结合态形态分布更为接近，而且均比芙蓉花高。

菊花、百合花、玫瑰花、金银花、桂花、红花、苹果花、木槿花的蛋白质含量均在 100mg/g 以上，除了金银花不含色氨酸外，其余几种花均含有 18 种氨基酸，包括人体所必需的 8 种氨基酸。

有学者用氨基酸自动分析仪分析了 15 种食用植物花卉中的氨基酸组分，发现除栀子花蛋氨酸含量很少而没有被检出以外，其余 14 种花卉 17 种氨基酸齐全，其中色氨酸由于被酸所破坏而没有被检出。说明食用花卉的氨基酸种类丰富，而且食用花卉是一类有利于人体氨基酸营养平衡的天然绿色食品。

用花卉加工生产食品，不需要添加色素或香精，就可以赋予食物独特的色泽和风味，不但可以满足人们的食欲，有的还可以起到保养滋补的作用，并且属于纯绿色食品，近年被海内外热捧为 21 世纪食品消费新潮流。

4. 食用花卉的保健作用

随着科技的发展，人们对花卉的营养价值在前人的基础上有了更新更全面的认识。大量研究表明，可食性花卉（含花瓣、花叶、花茎、花粉等）中含有丰富的营养成分，具有较强的保健功能，可以用于深加工作为食品、医药、化妆品等系列，满足人们饮食医疗保健方面的需求。

花朵作为植物生理代谢最旺盛的器官，对人体有奇特的生理效应，花卉植物中的纤维素能够促进人体胃肠蠕动，清洁肠壁，有助于防止肠道恶性肿瘤的发生。花卉植物中的维生素和花色素被人体吸收后，能清除体内具有氧化破坏作用的自由基，延缓衰老，防止和减少心血管疾病及癌症的发生。

食用花卉具有丰富的药理功能，是我国传统中医重要的药材资源之一，《食疗本草》《本草纲目》等历代中医典籍中记载的花卉药材占比 1/3 左右。

国内外医学、营养学的相关研究认为，大部分食用花卉中含有较多黄酮、多酚类保健功能性物质。常见的 10 种食用花卉：杭白菊、百合花、玫瑰花、牡丹花、桂花、金银花、桃花、茉莉花、薰衣草、洛神花等都具备抗氧化、抗肿瘤等生物功效；其中玫瑰花、牡丹花和桂花的抗氧化活性最强。

金银花具有清热解毒、杀菌消炎的功能；菊花有降低血压、疏风散热、清肝明目、清热解毒等功效；沙枣花中黄酮类化合物对羟基自由基具有良好的清除效果；食用仙人掌有利尿作用，是肾炎、糖尿病人的理想疗效食物；百合具有调肺止咳，清心安神等功效；桂花有止咳、化痰、平喘、解郁、益肾散寒、暖胃平肝等功效；火龙果花具有预防便秘、促进眼睛健康、抗氧化、抗自由基、抑制痴呆症的功效等。

5. 食用花卉的美容功效

花卉中含有抗氧化物质，可延缓衰老。食用鲜花，不仅能达到让身体散发幽香、美容养颜的功效，而且还可以使气血通畅，并有标本兼治、保健养生的作用。

常见的花卉，美容养颜类有玫瑰花、薰衣草、千日红、桃花、腊梅花等；去皱抗衰类有勿忘我、洋甘菊、康乃馨、紫罗兰等；减肥降压类有荷叶、茉莉花、三七花、甜叶菊等；养生类有金莲花、牡丹花等。

其中，玫瑰有抗衰老、使面色红润、排毒、润肤、美肤等功效；菊花有延缓肌肤老化、使肤色柔润、美容养颜、防晒、防紫外线等功效；芦荟具有美白保湿、抑制黑色素生成、祛雀斑、滋养肌肤、补水、晒后修复等美容功效。

花卉不仅具有缤纷的色彩、美丽的外观，而且还有独特的芳香和风味。不同的花卉茶根据其本身含有的色素不同，泡出的茶水晶莹剔透，色彩斑斓，不但可以饮用，还具有一定的欣赏价值，为多数人特别是年轻女性所钟爱。

6. 食用花卉的应用途径

目前食用花卉主要应用的途径有 5 个方面：

① 作为烹饪配料，成为餐桌上的美味佳肴。花卉在烹饪中的应用十分广泛，可以说蒸、煮、炒、炸、炖等烹饪方法无不可用，热炒、冷盘、火锅、沙拉、糕点、粥品等应有尽有。如菊花瓣内含丰富的胡萝卜素、维生素 C，是菜肴中不可缺少的佐料，也是烧羊肉汤、烧鱼汤的必备之品；兰花鸭肝羹、茉莉花汤等都是色、形、味皆具的佳肴。

② 作为食品配料、主料，开发各类花卉食品，能赋予食品一定的香气，改善食品风味，提高食品的质量和价值。

例如茉莉、玫瑰、桂花、丁香等用于糕点、糖果、饮料、调料、酒等各个方面。花汁饮料，是用多种花汁进行混合调配而成的饮料；常用的花有洋槐花、荷花、金银花、木槿花、玉兰花、红景天、菊花、桂花、白兰花、腊梅花等。

花茶，是由茶叶和鲜花窨制而成的，是我国人民创制的一种独特的茶类，具有 700 多年的悠久历史。可用来窨制花茶的香花种类很多，如玉兰花、珠兰花、玫瑰花、柚子花、桂花、树兰花、荷花、栀子花等。

花卉甜食，用桂花、玫瑰花、玉兰花、月季花、白兰花、紫藤花等鲜花可制成果酱或蜜饯。

③ 提取鲜花芳香油。根据统计，约有 40％的植物鲜花中含有丰富的芳香物质，可以从白玉兰、玫瑰、丁香、月季、金莲花等花瓣中，提取芳香油和食用香精，作为食品加色剂、矫正剂或增色剂。

④ 提取花卉色素。花卉色素种类多、数量大。用于提取色素的花卉有：槐花、蒲公英、毛茛、番红花、向日葵、牵牛花、鸡冠花等。

⑤ 治病良药、美容。如前面的保健作用、美容功效中所述，食用花卉不仅是美食，而且是良药。

二、花粉资源

中国有着悠久的花粉食用史，早在 2000 多年前，松花粉就作为药食兼用的品种而被记载。目前，中国卫健委将油菜花粉、玉米花粉、松花粉、向日葵花粉、紫云英花粉、荞麦花粉、芝麻花粉、高粱花粉 8 种花粉作为普通食品管理。在生产实际中，油菜花粉、松花粉、蜂花粉已经被常规应用于普通食品、保健食品；花粉作为保健食品原料有着巨大的开发潜力和宽阔的开发空间。

1. 花粉的概念

花粉是被子植物雄蕊花药或裸子植物小孢子叶上的小孢子囊内的粉状物，它是有花植物的雄性生殖细胞，植物繁衍后代的"精子"，是植物生命的精华，来自于蜜源植物和专门的粉源植物。

目前，我国大部分商品蜂花粉主要来自蜜源植物，如油菜、紫云英、向日葵和荞麦等，这些蜜源植物泌蜜量大，又有丰富的花粉。也有泌蜜少、花粉量多的蜜源植物，如蚕豆、紫穗槐、椰子树和柠檬等；不分泌花蜜，只提供花粉的粉源植物也很多，主要为禾本科，利用较好的粉源植物有玉米、高粱、水稻以及马尾松等。

2. 花粉的分类

按照传播方式的不同，花粉可分为虫媒花粉和风媒花粉。

（1）虫媒花粉

虫媒花粉是吸引和利用昆虫、蝙蝠、鸟类或其他动物传播花粉。这些花朵都有特化的形状和雄蕊的生长方式，以确保授粉者由引诱剂（如花蜜、花粉或配偶）吸引而来时，花粉粒能顺利传入其体内。一般而言，借由动物传播的花粉颗粒较大，具黏性，并含有丰富的蛋白质（算是对授粉者另一种"奖励"）。

人类开发利用最多的是虫媒花粉中的蜂花粉，如玉米花粉、油菜花粉、洋槐花粉、苹果花粉等，即工蜂从花蕊内采集的花粉粒，在采集过程中混入了蜜蜂的唾液，形成了不规则扁圆形的团状物。

（2）风媒花粉

风媒花粉使用风力帮助传粉，由于无需吸引他人传粉，因此花朵往往不太引人注目，花粉通常是小颗粒，很轻。

风媒花粉主要有松花粉、蒲公英花粉等，松花粉原料主要依靠人工采集。

3. 花粉的营养价值

花粉是高等植物的雄配子体，是植物生命的精华。目前已知花粉含有200多种营养成分；科学研究表明，花粉中蛋白质含量高达25％～35％，其中氨基酸多达十几种，并且是以游离状态存在，极易被人体吸收，这是其他任何天然食品难以比拟的。

花粉里还含有40％的糖和大量的脂肪、丰富的维生素（以B族维生素为主，还含有维生素A、维生素C、维生素E、维生素K等）、类胡萝卜素（叶黄素、β-玉米黄质、β-胡萝卜素等）、矿物质（铁、锌、钙、钾）、多酚、酶、辅酶、激素、黄酮、多肽、微量元素等生理活性物质，其营养的全面性、配比的合理性，远远超过任何营养食品。因而，花粉被营养学家誉为当代世界的"营养之冠""完全营养素""全面的微型营养库"。

4. 花粉的保健作用

我国是世界上开发、利用花粉最早的国家，古代中国和埃及就以花粉作为抗衰老的药物，人们称花粉是"青春的源泉"。在中国传统医书《神农本草经》《新修本草》《本草集要》《本草纲目》《本草汇言》中，都记载了蒲公英花粉、松花粉等在利尿、轻身、润心肺、除风湿等方面的作用。

近年来，随着花粉功能被越来越多的人所认识，"花粉热"的现象已在国内外掀起一阵阵热潮。现代科学研究表明，花粉不仅具有极高的营养价值，其医疗保健效用也是多方面的。

花粉具有较为全面的营养成分，为机体组织细胞的生长和修复提供了丰富的原料，同时含有氨基酸、核酸、酶、黄酮类、微量元素等许多生物活性物质，对机体的各种生理功能、各个器官的生理活动具有调节、增强和保护作用。花粉对皮肤、胃肠、肝脏、心脑血管和前列腺具有保健功能，且能抗疲劳、抗衰老、美容养颜、美发、减肥、抗糖尿病、抗癌、调节神经系统、增强免疫功能，有利于睡眠。常食鲜花花粉具有延年益寿的功能，还有抗神经衰弱、健脑增进智力、调节人体机能、助长儿童发育等作用。

不同花粉的药效也不相同：山楂花粉可作为强心剂，洋槐花粉是一种健胃剂和镇静剂，油菜花粉对静脉曲张性溃疡有效，百里香花粉能加速血液循环，欧石楠花粉是治疗前列腺的特效药，苹果花粉能预防心肌梗塞并有抗衰作用，荞麦花粉有防治血管系统疾病的作用，水飞蓟花粉有保肝作用，栗树花粉有补血作用，菊花粉有利尿、抗风湿作用，橙树花粉有强身健胃作用，蒲公英花粉有利尿作用，椴树花粉有镇静作用。

第二节　巧克力与花儿的混搭方式

一、混搭的可能性搜寻

我们以巧克力资源与花的资源为两轴，制成坐标，如图 12-2，在两轴相交的点都有混搭的可能。将花卉、花粉的各种具体的品种罗列出来，从两轴的相交点上去搜寻各种混搭的可能性。

例如，虫媒花粉中开发利用最多的是蜂花粉，可与可可液块、可可脂等混搭，也可直接与牛奶巧克力混搭，生产花粉巧克力。

二、混搭的主要方式

花卉、花粉与巧克力的混搭方式主要有以下两种：

1. 装饰

例如，用鲜花花瓣来装饰巧克力：

① 将鲜花花瓣放入清水中浸泡，沥水控干，经过脱水处理，脱去 70%～80%水分。

② 将巧克力进行精磨精炼，制成巧克力浆。

③ 将经过脱水处理的新鲜花瓣撒布在巧克力的表面，让花瓣附着于巧克力的外部，融入巧克力内部。这样，不但在造型上呈现花瓣的独特质感，还融入了鲜花的独特香气，同时还使巧克力增加了鲜花的营养成分。

2. 混合

花以超微粉、花粉、鲜花提取物等形态与巧克力进行混合。

（1）鲜花超微粉与巧克力混合

将鲜花制成超微粉，与巧克力混合，制成巧克力成品。

（2）花粉与巧克力混合

将花粉与可可液块、可可脂等进行混合，生产花粉巧克力，利用巧克力的风味掩饰花粉的不适异味和口感，同时又使巧克力产品增加了花粉的活性物质和营养成分。

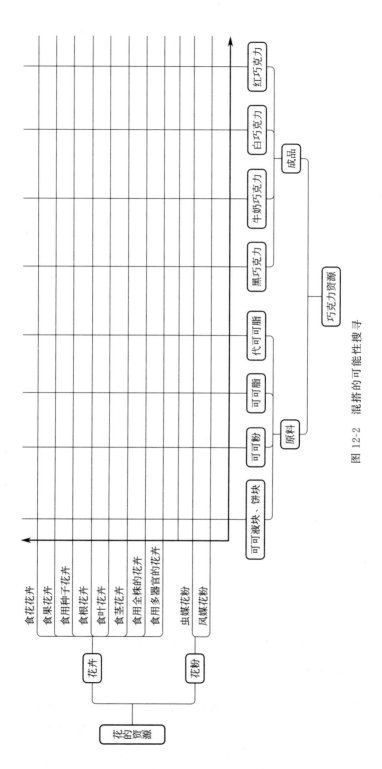

图 12-2　混搭的可能性搜寻

花粉（蜂花粉）的添加量通常在 20％以下，具体生产方法与常规巧克力生产方法相同：将可可液块、可可脂可加热熔化，熔化温度为 60℃；白砂糖、花粉在粉碎机中粉碎成一定细度的粉状；然后进行混合、精磨、精炼、调温、浇模成型、包装。

注意：由于花粉的许多活性物质不耐高温，加工过程中温度不能高于 60℃。

（3）鲜花提取物与巧克力混合

以桂花为例。

桂花有效成分的提取：将桂花清洗干净，微波干燥 5min，超微粉碎至粒径为 15～20μm；将桂花粉末和水按（1:10）～（1:15）的质量比混合后，在 55～58℃的热水中超声波浸提 1～2h，将提取液加热浓缩，得到相对密度为 0.75～0.98 的稠浸膏，稠浸膏中加入 95％的乙醇，静置，取上清液，减压回收乙醇，干燥得粉料，备用。

将所得粉料与巧克力原料混合，经精磨、精炼、调温后制得桂花巧克力浆，成型、冷却，即得成品。

第三节 巧克力＋鲜花→ 鲜花巧克力：配方、工艺

鲜花巧克力采用新鲜花瓣，例如玫瑰花、茉莉花、樱花、杜鹃花等常见鲜花的花瓣，装饰于巧克力表面。

一、配方

巧克力浆 85％～95％、鲜花 5％～15％。

还可适量添加饼干粒，或装饰彩糖、跳跳糖等。

鲜花为玫瑰花、茉莉花、樱花、杜鹃花等。

二、工艺

① 鲜花脱水　将鲜花放入清水中浸泡 30～40min，沥水控干，脱去水分 70％～80％，使其保留鲜花的完整形态、色泽，保持纯天然风味。

② 制浆　将巧克力进行精磨精炼，制成巧克力浆。

③ 成型 将巧克力浆倒入模具中，撒上花瓣、饼干粒等装饰料，均匀地洒在巧克力表面，冷却至巧克力变硬凝固，取出包装，即为成品。

第四节　巧克力＋花粉→花粉巧克力：配方、工艺

花粉具有使人难以接受的口感，不易让人接受。花粉巧克力利用可可原料的风味掩饰了花粉的不适异味和口感，又使巧克力产品增加了花粉的活性物质和营养成分。

一、配方

白砂糖 40 份、可可脂 25 份、可可液块 10 份、奶粉 10 份、花粉（蜂花粉）10 份、磷脂 1 份。

花粉的添加量根据成本而定，以普通的巧克力为基质，添加 5％的松花粉，制成高能营养食品。例如，添加 5％的精制马尾松花粉，成品可散发出一种特有的清香味。

二、工艺

工艺流程为：

预处理→精磨→精炼→调温→浇模成型→包装

1. 预处理

将可可液块、可可脂可加热熔化，熔化温度为 60℃；将白砂糖、花粉在粉碎机中粉成一定细度的粉状。

2. 精磨

将白糖粉、花粉、奶粉一块加入到熔化后的可可浆料中，进行精磨，磨到细度达 15～30μm。

经过机械粉碎的花粉，相当一部分花粉粒带有坚硬的外壳，必须在加工阶段与可可粉进一步研磨，使巧克力浆料的粒度达 25μm，才能使人感觉产品光滑适口，香味浓郁。

3. 精炼

精磨后的浆料，加入卵磷脂在精炼机中精炼，精炼时间为 24～27h，精炼

温度为55℃。

4. 调温

用调温缸进行调温，花粉巧克力调温温度为29～30℃。

5. 浇模成型

将调温后的花粉巧克力浆，按照各自所需形状规格，将浆料浇入，然后振动硬化，当巧克力浆料凝固成型，表面明亮有光泽时，可从模具中脱出。

6. 包装

挑去残破的次品，进行包装。

参考文献

[1] 刘静,邢建华. 畅销食品设计 7 步[M]. 北京:化学工业出版社,2018.

[2] 刘静,邢建华. 糖果巧克力:设计、配方与工艺[M]. 北京:化学工业出版社,2018.

[3] 方修贵,曹雪丹,赵凯. 悬浮型果粒饮料的原理及研究进展[J]. 饮料工业,2014,17(1):7.

[4] 李朱承. 高酰基结冷胶悬浮指标的测定方法研究及应用[D]. 杭州:浙江工商大学,2020.

[5] 谢元. 夹心巧克力的生产工艺技术[J]. 食品工业,1997(6):1.

[6] 韩野,刘艳秋,孙广仁,等. 3D食品打印技术及影响因素的研究进展[J]. 食品工业科技,2019,40(24):7.

[7] 曹沐曦,詹倩怡,沈晓琦,等. 3D打印技术在食品工业中的应用概述[J]. 农产品加工,2021(1):5.

[8] 杜姗姗,周爱军,陈洪,等. 3D打印技术在食品中的应用进展[J]. 中国农业科技导报,2018,20(3):7.

[9] 冯芸. 可可仁/粉碱化工艺的研究[D]. 无锡:江南大学,2008.

[10] 顾瑞霞. 乳与乳制品工艺学[M]. 北京:中国计量出版社,2006.

[11] 武建新. 乳制品生产技术[M]. 北京:中国轻工业出版社,2000.

[12] 揣玉多,岳鹍. 乳制品生产与检验技术[M]. 北京:化学工业出版社,2021.

[13] 孙涛,屈笑宇,张辉. 乳和乳制品的分类[J]. 质量天地,2001(7):1.

[14] 苏海霞. 乳制品的分类与营养[J]. 食品安全导刊,2016(9):2.

[15] 任秋鸿,庄超,彭华. 我国乳制品分类浅析[J]. 中国乳业,2019(9):3.

[16] 张鹏飞. 论牛奶营养与健康[J]. 内蒙古教育(职教版),2012(6):39-40.

[17] 刘畅,许晓丹,史永翠,等. 羊奶的营养保健功能与研究现状[J]. 乳业科学与技术,2013(1):4.

[18] 高佳媛,邵玉宇,王毕妮,等. 羊奶及其制品的研究进展[J]. 中国乳品工业,2017,45(1):5.

[19] 王凤翼,钱方,卢明春,等. 功能性食品与功能性乳制品的开发[J]. 中国乳品工业,2000,28(1):4.

[20] 侯萍. 巧克力牛奶稳定性的研究[D]. 无锡:江南大学,2005.

[21] 黎铭,乐坚. 巧克力牛奶的研制[J]. 食品工业科技,2007,28(4):3.

[22] 严成. 巧克力风味牛奶的研制与开发[J]. 食品科技,2006,31(11):4.

[23] 吕玉珍. 搅拌型酸奶的加工[J]. 现代化农业,2004(10):2.

[24] 刘铁,马钢. 巧克力凝胶酸奶的加工工艺[J]. 食品科学,1996,17(2):3.

[25] 安承松,贾宁. 搅拌型酸奶用复合稳定剂[J]. 保鲜与加工,2001,1(3):1.

[26] 张爱琳,樊秀花,司懿敏,等. 新型巧克力搅拌酸奶的研制[J]. 天津农学院学报,2008,15(1):35-37.

[27] 阮美娟,徐怀德. 饮料工艺学[M]. 北京:中国轻工业出版社,2013.

[28] 蒲彪,胡小松. 饮料工艺学[M]. 北京:中国农业大学出版社,2009.

[29] 都凤华,谢春阳. 软饮料工艺学[M]. 郑州:郑州大学出版社,2011.

[30] 高庭苇,彭文娟,韩秉均,等. 包装饮用水口感的水质影响因素和人群偏好研究[J]. 给水排水,2021,47(4):11-18.

[31] 王小生. 巧克力风味乳饮料中容易发生的质量问题及其解决方法[J]. 中国乳业,2005(5):2.

[32] 赵良忠,段林东. 巧克力豆奶生产工艺[J]. 邵阳高专学报,1994,7(1):3.

[33] 华欲飞. 豆奶饮料加工技术原理及产品开发[J]. 饮料工业,2017,20(4):78-80.

[34] 周锡源，狄济乐. 巧克力风味花生饮料的开发[J]. 陕西粮油科技，1990(4)：2.

[35] 金黎明，周歌扬，潘登，等. 板栗壳棕色素拟巧克力乳饮料的研制[J]. 食品科技，2016(6)：4.

[36] 刘彬，涂冰丰，周俊子，等. 巧克力风味奶茶的研制[J]. 中国乳品工业，2017，45(1)：4.

[37] 傅新征，张美玲. 大红袍奶茶加工工艺的研究[J]. 武夷学院学报，2014，33(5)：5.

[38] 李晨晨，王莹，向孙敏，等. 酒的功用及发展历史[J]. 中国实验方剂学杂志，2013，19(11)：365-369.

[39] 章克昌. 酒精与蒸馏酒工艺学[M]. 北京：中国轻工业出版社，1995.

[40] 何扩. 酒类生产工艺与配方[M]. 北京：化学工业出版社，2015.

[41] 罗晓雷，刘霞. 认知葡萄酒[J]. 食品工程，2014(1)：3.

[42] 赵任军. 葡萄酒的功能与营销[J]. 中外葡萄与葡萄酒，2006(5)：3.

[43] 郝轮轮. 啤酒的化学成分及营养分析[J]. 现代食品，2017，2(20)：3.

[44] 熊瑞华. 配制酒浅淡[J]. 酿酒科技，1994，5(5)：40.

[45] 张书田. 丛台酒传统酿造技艺及创新研究[J]. 酿酒科技，2013(5)：5.

[46] 黄业立. 低度鲁酒的生产与创新[J]. 酿酒科技，2007(11)：3.

[47] 沈毅，程伟，彭毅，等. 兼香小贵宾郎酒的工艺与风味创新[J]. 酿酒科技，2015(6)：4.

[48] 尹成虎. 风情万种，魅力鸡尾酒[J]. 健康与营养，2014(1)：4.

[49] 李祥睿. 鸡尾酒的调配艺术[J]. 中国食品，2006(15)：48-49.

[50] 李祥睿. 鸡尾酒的赏析[J]. 中国食品，2007(7)：42-43.

[51] 刘静波，林松毅. 功能性酒心巧克力生产技术的试验研究[J]. 食品与机械，2005(4)：51-54.

[52] 林松毅，殷涌光，刘静波. 开发保健新型酒心巧克力的实验研究[J]. 食品工业，2004，25(6)：3.

[53] 杨湘庆，沈悦玉. 美国冰淇淋的生产与消费一瞥[J]. 冷饮与速冻食品工业，2003，9(3)：4.

[54] 方可加. 巧克力涂层甜筒冰淇淋的生产工艺[J]. 食品科学，1998，19(9)：3.

[55] 王进华. 冰淇淋涂层技术[J]. 冷饮与速冻食品工业，2000，6(2)：3.

[56] 张红兵，马同锁，赵士豪，等. 香椿巧克力冰淇淋的制作[J]. 山西食品工业，2005(3)：8-10.

[57] 李里特，江正强. 焙烤食品工艺学 第二版[M]. 北京：中国轻工业出版社，2010.

[58] 马涛. 焙烤食品工艺[M]. 2版. 北京：化学工业出版社，2012.

[59] 刘滕. 焙烤食品的开发现状[J]. 粮食流通技术，2020，1(2)：45-46.

[60] 田洁，曹娅. 中国焙烤食品现状及发展趋势[J]. 河南农业，2012(14)：2.

[61] 王敏. 影响韧性饼干断裂现象的因素[J]. 粮油加工与食品机械，2002(2)：2.

[62] 张忠盛. 糖果巧克力生产技术问答[M]. 北京：中国轻工业出版社，2009.

[63] 来庆华，王晓琳，王朝瑾，等. 水果果皮的加工利用现状及研究进展[J]. 食品安全质量检测学报，2017，8(3)：6.

[64] 赵志敏，张潇枫. 花生的保健功能及开发利用[J]. 中国食物与营养，2007(7)：3.

[65] 翁洋洋. 坚果炒货工艺师教材：中级[M]. 成都：四川科学技术出版社，2020.

[66] 刘军丽. 产业链视角下中国食用花卉发展研究[J]. 北方园艺，2017(3)：5.

[67] 王云云，张兴，孙力，等. 国内外食用花卉的研究进展[J]. 黑龙江科学，2010(5)：4.

[68] 杨林，刘刚，雷激. 花卉加工产品的开发与利用[J]. 中国食物与营养，2008(9)：3.

[69] 杨碧云，张凤云，魏起育，等. 食用花卉的开发经营[J]. 亚热带农业研究，2011，7(1)：5.

[70] 吴荣书，袁唯，王刚. 食用花卉开发利用价值及其发展趋势[J]. 中国食品学报，2004，4(2)：5.

[71] 张桂香，迟玉森. 新型的传统食品——鲜花食品[J]. 食品科技，2000(4)：62-63，54.